DIY house building for cats

DIYで
最高の
猫家具を
つくる!

猫のためのDIY家づくり

建築知識＝編

JN082585

X-Knowledge

性格は十《じゅう》猫《ねこ》十《と》色《いろ》
あなたの猫が好きな場所は？

やっぱり高いところが好き！ な上昇志向タイプはこれ

キャットタワー、ステップのつくり方 > P6・26・34

誰よりも高く

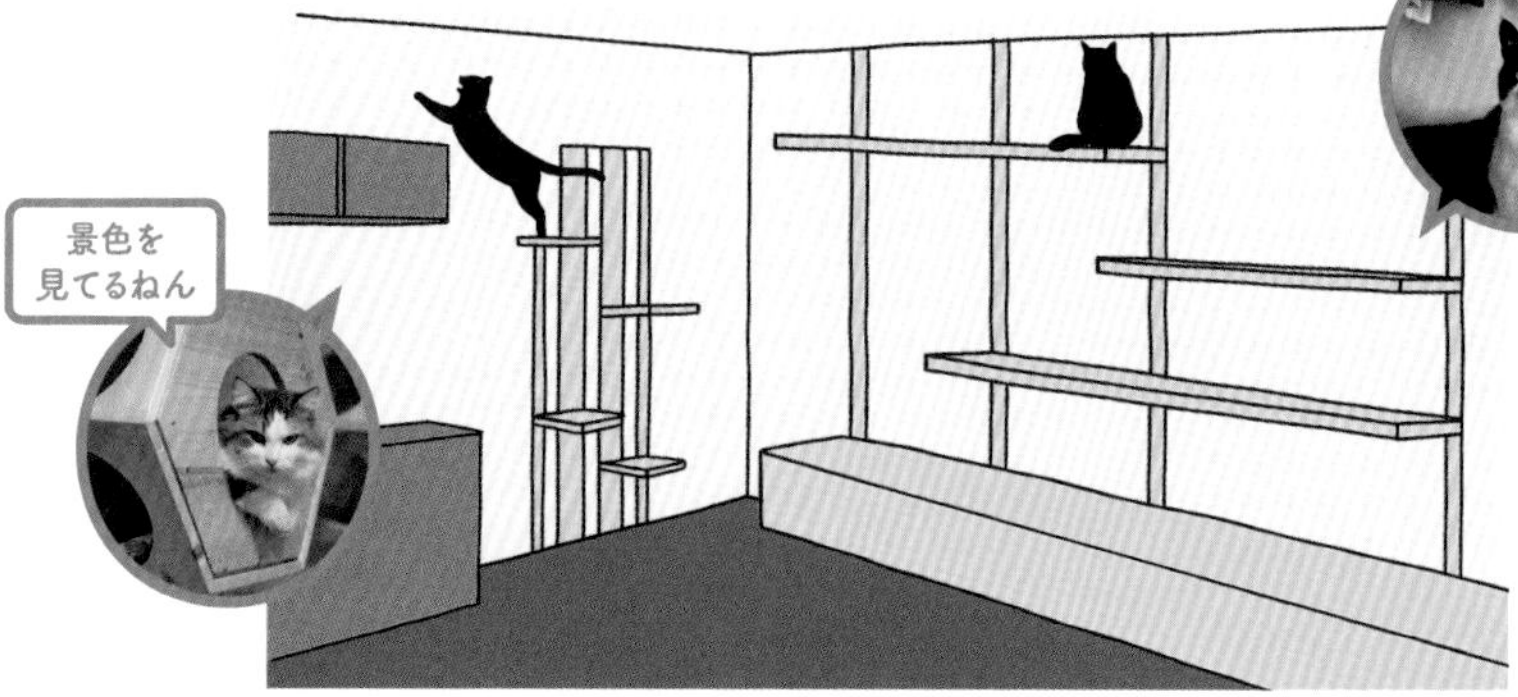
景色を
見てるねん

部屋全体を見渡せる高い棚の上。猫が好む定番のスポットです。
キャットタワーやステップを使って、たどり着くまでのルートをつくりましょう。

冷蔵庫の上から監視！ 隠れ食いしん坊に

階段ボックスのつくり方 > P30

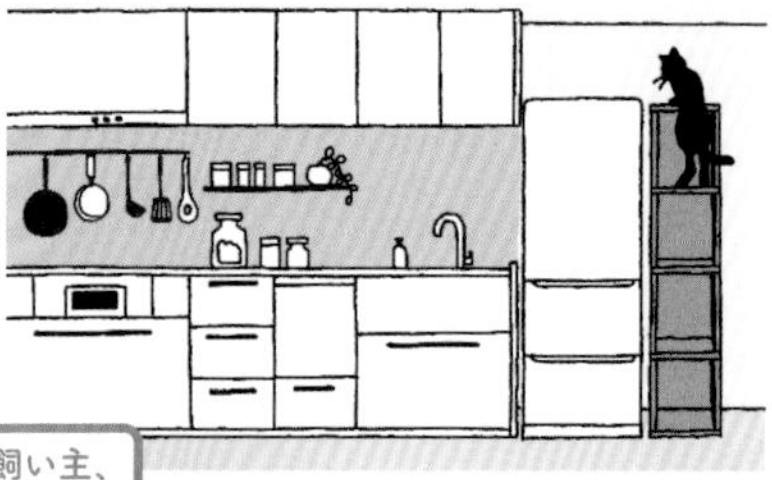

飼い主、
監視中

大人気の冷蔵庫上。温かくて、ごはんの準備にもすぐ気付ける!? 監視場所へのルートを確保して安全に到達できるようにしてあげましょう。

人のそばで寝ていたい 寂しがりやさんに

ハンモックスタンドのつくり方 > P38・46

ゆるっと
くつろぎたい

誰にも邪魔されず寝ていたい、でも人のそばには居たい。そんなツンデレ猫にはソファの横に寝床を用意しましょう。これでもうクッションを奪われない!?

低い所も好きな
どっしり安定型が喜ぶ

休憩ボックスのつくり方 > P50

実は、低い所も人気のスポット。床に置くかわいい木箱で、低い位置にも居場所をつくってあげましょう。

この箱、
気にいった

ダイナミックで野性的!
アクティブなあなたに

ツリー型キャットタワーのつくり方 > P56

野性味あふれる猫には、見た目にもダイナミックなキャットタワーを。部屋のシンボル的な存在にもなります。

この速さに
ついてこられるか

パーソナルスペースが広めの
少し臆病な慎重派なら

猫ロフトのつくり方 > P64

猫だって、人の視線を感じたくないときがあります。人の目が届かない、落ち着く居場所をつくってあげましょう。

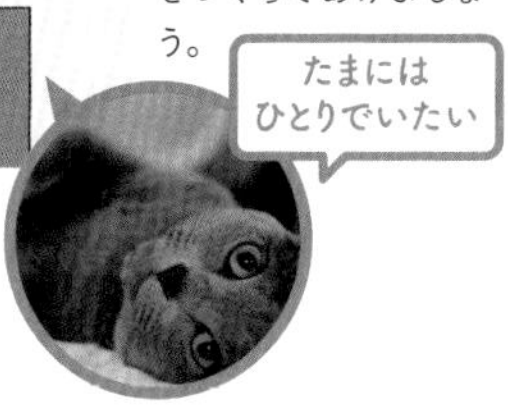
たまには
ひとりでいたい

猫砂のストックは切らすなよ!
きれい好きに

収納一体型トイレカバーのつくり方 > P76

きれい好きな猫は、汚れたトイレが大嫌い。こまめな入れ替えが必要な猫砂は、なるべくトイレの近くに置きましょう。

スンスン…
臭い、ヨシ!

ごはんはまだか!
グルメな食いしん坊に

ダイニング家具のつくり方 > P88・90・92

食いしん坊は食べることに全力投球! 食べやすい高さにフード皿を置けば、吐き戻しを防ぐ効果があります。

自分、
グルメです

ヤンチャだったあのころの
血が騒ぐあなたに

脱走防止扉のつくり方 > P94

外の世界を知っている元・野良猫は密かに、脱走の野望を抱いている場合も。天井いっぱいまで高さのある柵で、外へ至るルートを徹底ガードしましょう。

外が
気になるお年頃

なぜ「DIY」なのか？

猫にとって理想の住まいとは、一体どんなものでしょう。完全室内飼いの猫の平均寿命は16.22歳[※]。人に比べ短い期間でライフステージが変化します。また、猫の性格は千差万別。そのうえ、加齢によって好みも移り変わります。長期スパンで考える建築的なアプローチでは、変化に対応しきれません。そこで、可変性の高い空間づくりが可能な「DIY」に注目。猫にとって理想の住まいを、つくり手も楽しみながら手軽に実現できます。

猫家具は、猫の興味を惹き、年齢を経ても快適に使用できることが重要です。理想の家具を生み出せるのがDIYの醍醐味。愛する猫の年齢や性格にぴったり合わせたDIYに、ぜひチャレンジしてみてください。

子猫・成猫

猫は6カ月までが子猫、10歳までが成猫とされています。特に7歳くらいまでは体力が充実し、縄張り意識や狩猟への欲求が高まる時期。活発に運動できるキャットタワーを欲しているかも

老猫

10歳以上の老猫になると運動能力が下がり、活動量も減ります。動線の補助となるキャットステップやくつろげるハンモックなど、ライフステージに応じた猫家具を用意しましょう

多頭飼い

多頭飼いの場合は、年齢も性格も異なる猫どうしが同居するため、より可変性の高い居場所づくりが求められます。猫どうしの仲が悪い場合は、食事場所などの工夫も必要です

※ 一般社団法人ペットフード協会「令和3年　全国犬猫飼育実態調査」より

「猫心理学者」が考える

最高の猫家具とは

麻布大学獣医学研究科
特別研究員
高木佐保

猫の「心」はミステリアスなベールに包まれていましたが、近年、猫が何を考えているのかが徐々に明らかになってきました。たとえば私の最新研究では、猫は家のなかの飼い主の居場所を把握していることが分かりました。猫は家のなかを立体的に理解しているのでしょうか。

猫の性格はまさに「十猫《じゅうねこ》十《と》色《いろ》」。調査をしていても、活動的な個体、じっとしていることが得意な個体、おやつを与えればなんでも協力してくれる個体など、さまざまです。飼い主へのスタンスも個体によって大きく違います。さらに、兄弟の猫どうしであっても、性格は全然異なります。これらの行動傾向は猫の生涯を通して変化しますので、日頃からよく観察し、変化を見極めることが大切です。

猫の「城」である家のなかでは、安心できるスペースの確保が大切です。性格・年齢・頭数などに合わせて変更できると、猫にとって過ごしやすい家になります。猫の「心」を観察し、猫にとって快適な空間づくりを目指してください。

五猫五様の遊び方
壁全面キャットステップ

∨ひのき猫

∨4時間

¥∨約3万2千円（下地壁一面のみ）

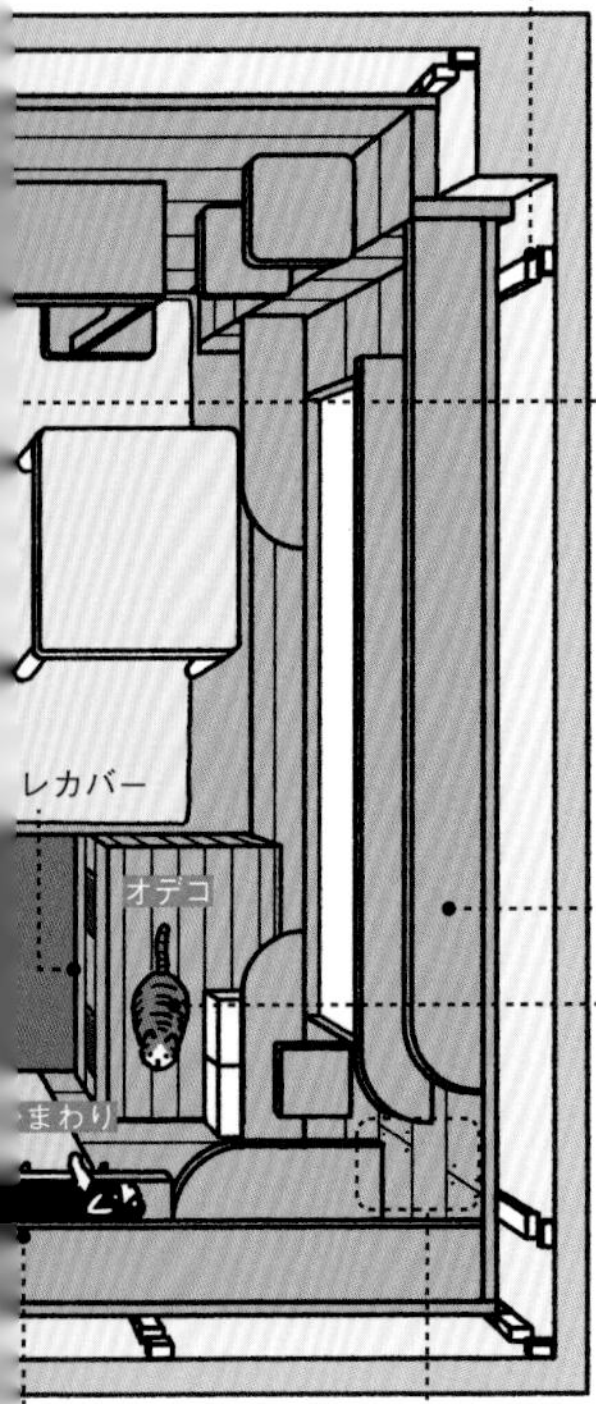

天井が浮かないよう、アジャスターは際野縁《きわのぶち》（天井の下地のうち、壁際に固定されている部材）にかかるように設置している

動画撮影での見え方を考慮し、板材は明るい色あいを選択

横板からの力が柱に加わりすぎるのを防ぐため、横板を交互に留め付けている

キャットステップの途中に休憩場所をつくると◎。秀吉は1番幅の広いキャットステップの上で寝転がっていることが多い

トイレカバーも市販のスノコ材でDIY。オデコはトイレの上で何もせず目を閉じて座っていることが多い

／ ひのき猫

ミックスの「ひのき」♀、ハチワレの「ひまわり」♀、マンチカンの「秀吉」♂、ひまわりと秀吉の子「豆大福」♂・「オデコ」♀の5匹の動画を配信しているYouTubeチャンネル。毎日、癒やしを配信中！

全面壁にして自由に組み替える

一家のなかでも、居場所の好みはいろいろ。どの猫もお気に入りのスポットで楽しく過ごせるよう、壁全面を猫たちのための空間にしています。さまざまな位置にステップを取り付けるために、ホームセンターで手軽に手に入る2×4《ツーバイフォー》材とアジャスターを用い、既存壁は使わず下地壁からDIYしました。横羽目板風の壁は電動サンダーで磨き、表面を滑らかに仕上げています。一面下地壁としたことで、猫たちの成長や好みの変化に合わせ、自由にステップを組み替えることが可能に。猫が「飽きずに自由に歩き回れるように」「自由に寛ぐことができるように」つくり上げた猫部屋を、ぜひ動画を見てみてください！

低所が好きな猫も多い。豆大福はキャットウォークよりも小上がりやスツールの上で寝るのがお気に入り

5匹同時に乗っても大丈夫なように、キャットステップは耐荷重に余裕のある棚受けを複数使用している

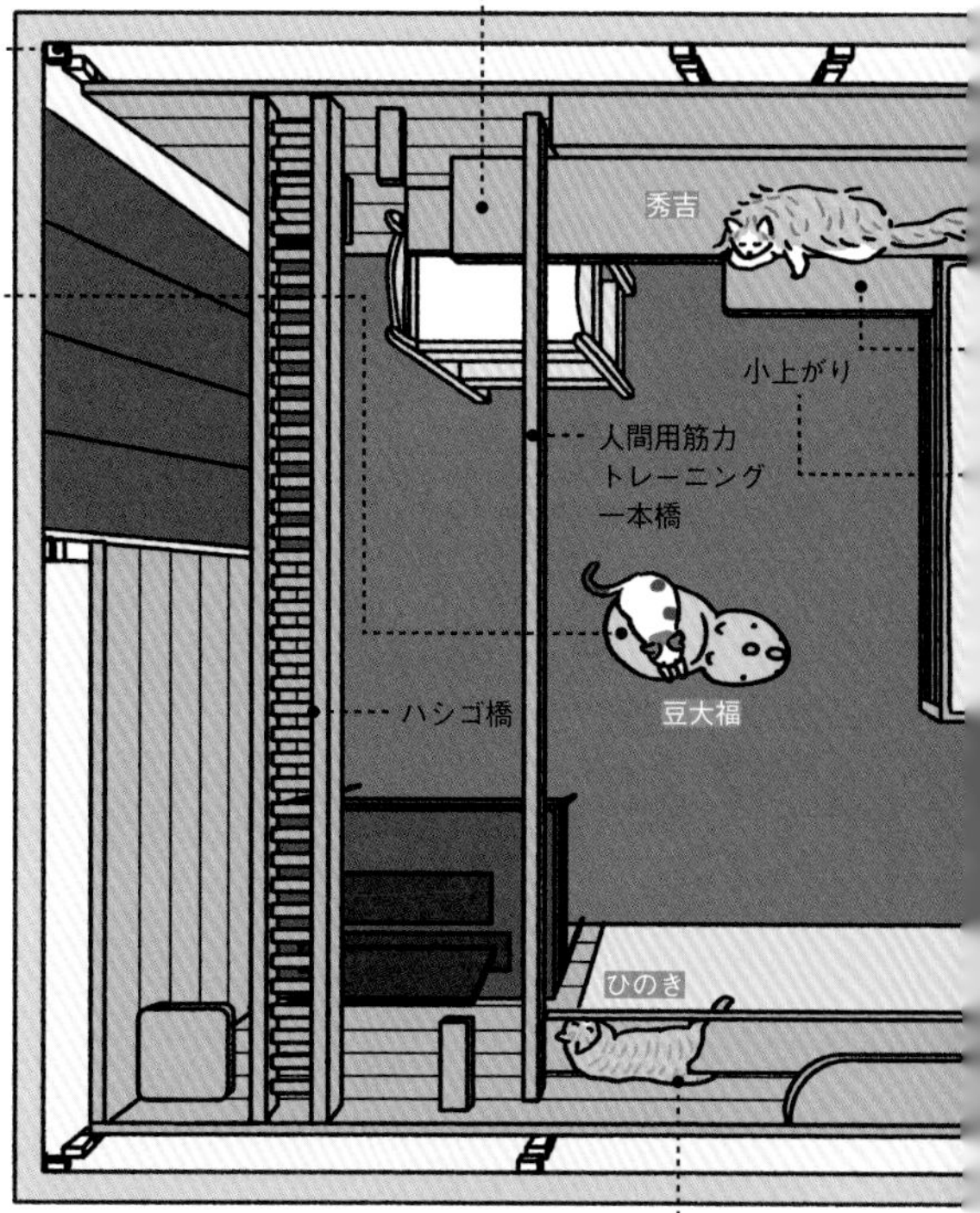

別の部屋(子ども室)のベッドで寛ぐことが多いひのき。猫部屋にいるときはキャットウォークの上で寝ている

ひまわりは1日のほとんどを猫部屋で過ごす。キャットウォーク上で「モノレール」になって寛いでいる

材料

内法寸法幅3,280㎜、高さ2,350㎜の壁の一面に設置した場合

- □1×10材(1,820㎜)……11枚
- □1×8材(1,820㎜)[※1]……6枚
- □1×4材(1,820㎜)[※1]……2枚
- □1×3材(1,820㎜)[※1]……4枚
- □2×4材(2,438㎜)[※1]……6本
- □2×4アジャスター[※2]……2個×4セット
- □45㎜コーススレッド(皿)……約120本

※1 天井付近やエアコン廻りなど1×10材が納まらない列に、幅の狭い1×8材などを適宜使用している
※2 LABRICO(平安伸銅工業)を使用

道具

- □電動ドライバー:プラスドライバービット
- □鋸
- □電動サンダー

作り方

1. 壁の内法《うちのり》(壁などから、もう一方の壁までの長さ)を測定する
2. 壁の内法寸法-1,820㎜の長さに1×10材をカットする
3. 柱を天井高さより90㎜短くカットする
4. 柱を1×10材の長さに合わせて配置。アジャスターを調整し取り付ける
5. 最下段左側から順に1×10材をコーススレッドで柱に留める。床との平行を確認
6. 2段目は右から1×10材を張る
7. 1×10材を上まで張り、付属のビスでキャットステップを留める

解説:「ひのき猫」のお父さん

もくじ

猫家具の基本

猫が遊べる家具づくり

COLUMN

猫のお悩み解決家具

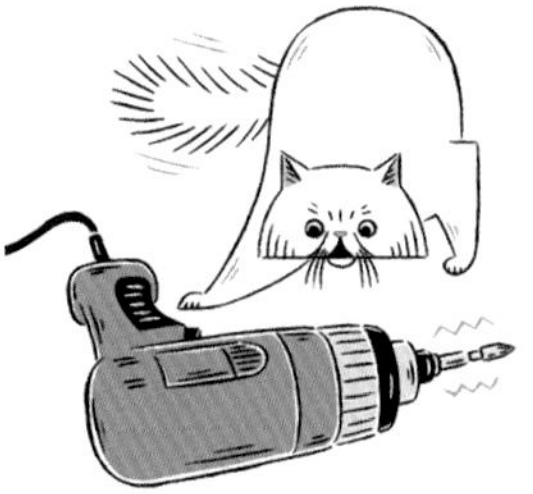

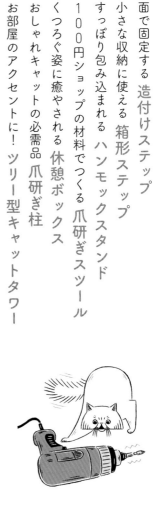

DIYの基本

／ 凡例

本書の図面に記載されている記号は下記の意味を表しています

猫の動線

作業時間の目安

材料費の目安

> 約2〜3時間 | ¥ > 約2万3千円

※ 掲載の家具の著作権は、各設計者・解説者に帰属します。
　私的利用に限り使用を許諾し、商用利用を固くお断りいたします。
※ 製作記事では、刃物や電動工具を使用しています。
　実際に作業を行う際には安全に十分ご配慮をお願いいたします。
※ 材料費は、主要な木材と部品類の目安合計金額であり、副資材、木材カット費は含まれておりません。
　また価格は取材当時の情報となります。

／ Staff Credit

［カバーアートワーク］
大川ぷくぷ＋大口勝弘
写真：IDC／a.collectionRF／amanaimages
［装丁デザイン］
名和田耕平デザイン事務所（名和田耕平＋三代紅葉）
［本文デザイン］
細山田デザイン事務所（米倉英弘＋奥山志乃）
［イラスト］
坂本奈緒
たじまなおと
野田映美
矢田ミカ
［トレース・図解イラスト］
イケウチリリー
加藤陽平
渋谷純子
田嶋広治郎（フレンチカーブ）
長岡伸行
長谷川智大
ホリナルミ
堀野千恵子
ヤマサキミノリ
吉田美春（アトリエ橙）
［DTP］
TKクリエイト
［印刷・製本］
図書印刷

猫家具の基本

猫もヒトも安心

猫のための家具設計
安心・安全な家具はどうつくる？

どんな家具をどんな手順でつくるのか、
事前にきちんと構想を立てておくことが大切です。
猫のために、愛情のこもった安心・安全な設計を考えましょう。

家具の3つのタイプ

家具には、自由に移動できる「可動タイプ」、床・壁・天井などに留め付ける「造付けタイプ」、その中間の「突っ張り固定タイプ」の3種類がある。DIY初心者には、作業上の失敗を挽回しやすい可動タイプがお薦め。

＞可動タイプ

家のつくりに影響されない可動タイプは、もし失敗してもつくり直しが可能で、初心者でも手を付けやすい。家具の配置替えをしたり、古くなったら処分したりつくり直したり、簡単に対応できる。倒れにくい設計を心がけ、使用時に床や壁などを傷つけない工夫を凝らすことが大切。

階段ボックス〔30頁参照〕

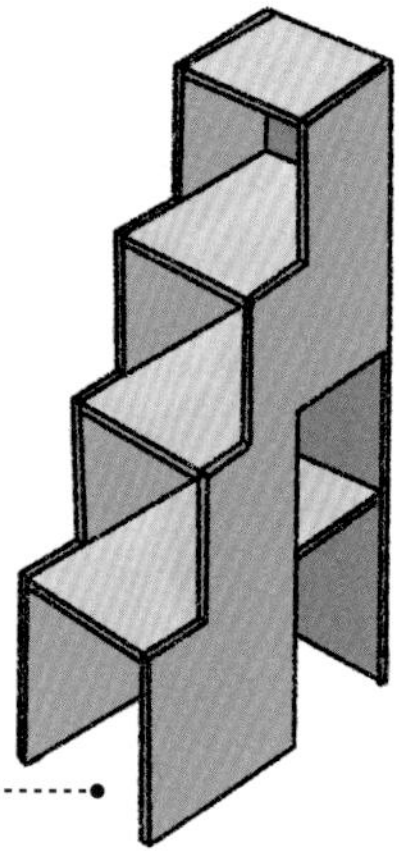

左右の側板の長さを調整することで設置面の不陸に対応できるよう、あえて底板を設けていない

爪研ぎ柱〔52頁参照〕

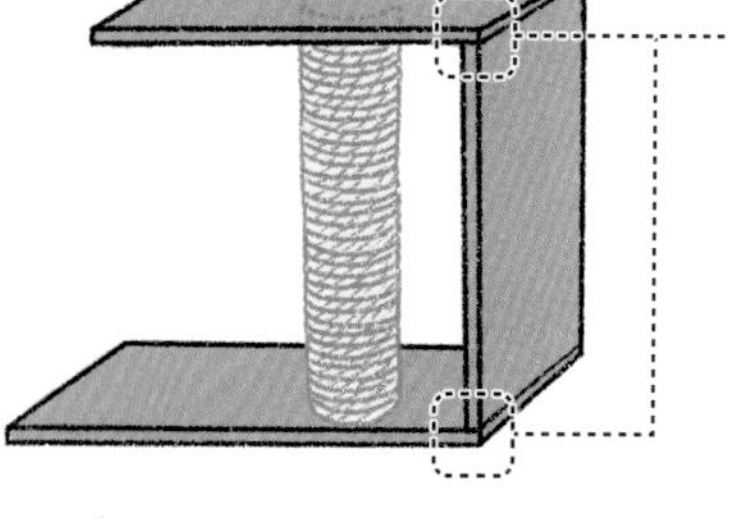

猫が爪を研ぐロープは定期的な交換が必要なので、可動タイプであまり複雑にならないつくりにする。横勝ち［134頁参照］でつくれば荷重に強くなり、小口（板の切断面）で床を傷めることもない

> 造付けタイプ

造付けタイプは、留め付ける際に壁の下地材の位置を正確に把握する必要がある。通常は下地センサーなどで位置を探らなければならず、建築に関してある程度知識のある上級者向け。

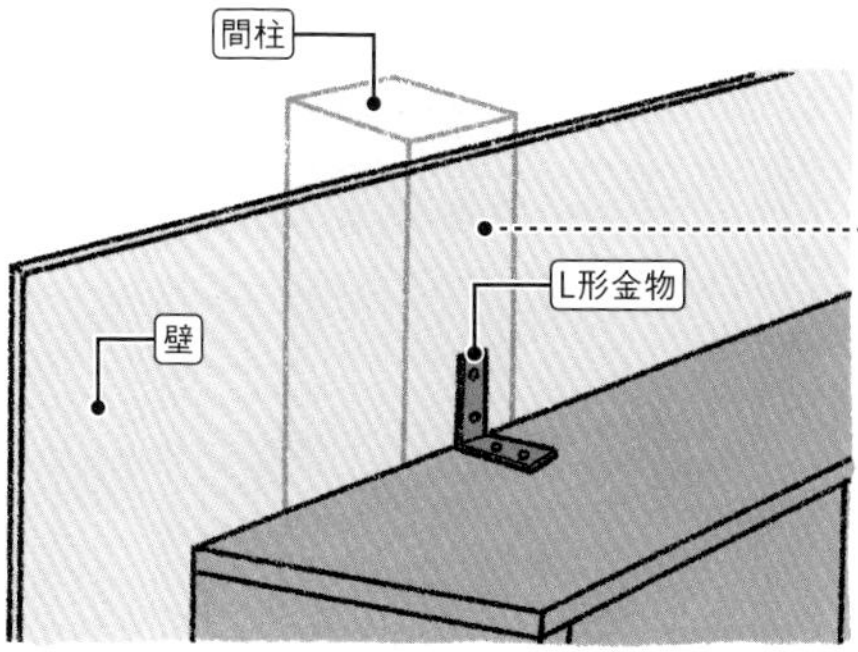

建物本体に取り付けるので、失敗のリスクが大きく、後からの変更が難しい。慎重な計画が必要だ

> 突っ張り固定タイプ

突っ張り固定タイプは、天井と床、壁と壁などの間に固定器具を突っ張って取り付ける家具。突っ張り位置は下地に当たるようにするか、あらかじめ補強が必要。

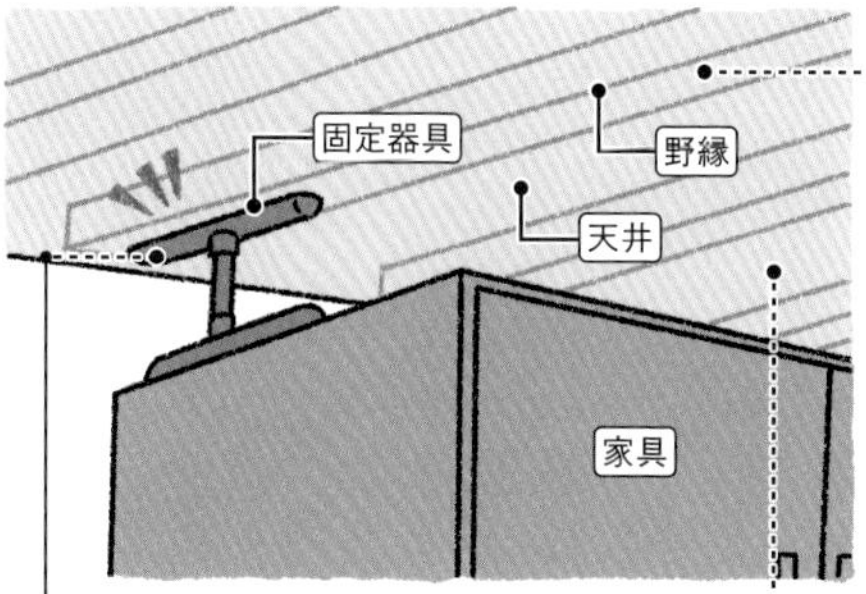

野縁は、天井仕上げ材や下地板を張るために用いられる下地材。通常は約300㎜もしくは約450㎜ピッチで取り付けられる

天井は下方からの力に弱いので、突っ張り位置は野縁に当たるようにする。それ以外の位置では、固定器具が緩みやすい。何度も締め直すと、天井材が割れたり浮き上がったりすることがあるので注意

野縁以外の位置で突っ張る場合は、天井と固定器具の間に幅の広い補助材を挟むなどの補強が必要

解説：松原要

設計・製作の流れと注意点

猫家具は安全が第一。設計から製作までの流れを押さえ、どの段階で注意が必要かを事前に把握しておく。設計の際、耐荷重には特に注意。猫の体重や積載物、その家具に猫が飛び乗ったり飛び降りたりするかどうかなども考慮する。

> 設計・製作の流れ

アイデアスケッチ
頭の中にあるアイデアを、紙に書き出して考えをまとめる

∨

入手可能な材料を確認
実店舗やインターネット販売で、入手可能な材料の寸法・規格・種類・価格などを確認。自身のアイデアに適した材料を検討する

∨

設計図・木取り図［130頁参照］の作成

∨

予算確定
必要な材料を書き出して、製作に必要な費用を算出する

∨

材料購入・部材切り出し
自力でのカットが難しい場合は、地元のホームセンターや工務店に木取り図を持参して加工を依頼するとよい［132頁参照］

∨

部材加工
小口テープ［136頁参照］は組立て前に張る必要があるので注意。部材ごとに必要な部分のみ張り付ける

∨

組立て

∨

塗装
ホゾ組み［※1］や溝実《みぞさね》［※2］など精度の高い加工をした場合は、塗装を先に施すと部材の膨張で組み立てられなくなる。基本的には、組み立てた後に塗装するのがよい

∨

完成

※1 2つの木材を接合する方法の一種。一方の木材に穴をあけ、他方に突起を設けることによって、ビスを留めずに接合できる
※2 2つの木材を接合する方法の一種。接合する木材の両内側に溝をつくり、その溝に実（さね）と呼ばれる板材を差し込んで木工用速乾接着剤で接着する

> 耐荷重に注意する

特に猫家具の場合は、つくった家具に猫が飛び乗ったり飛び下りたりする前提で、ビス留めをしっかり行い耐荷重を確保する

たとえば体重5kgの猫が1mの高さから飛び下りた場合、体重の約4倍、つまり約20kgの重さが着地面に作用する

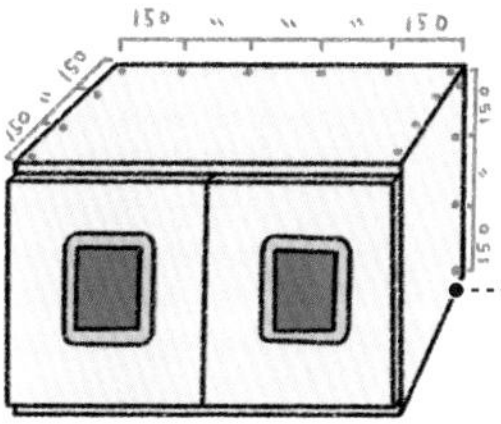

家具の構成にもよるが、ビスは材の両端（端から20mm程度の位置）と、150mmピッチ以下を目安に留めるとよい。ビスと接着剤を併用するとより強力な接合に［31頁参照］

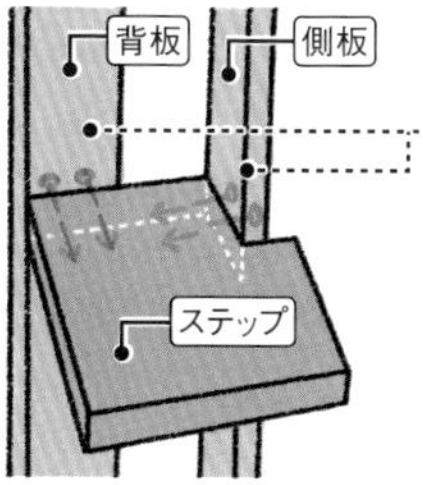

キャットタワーならば、静荷重15kg程度まで耐えられるよう設計すれば、体重8kgを超える猫でも安心。ステップなどの持ち出し部は、片持ちでは不安定なため、2方向から固定するとよい

> 触れさせたくない小物

引戸は、猫も比較的開けやすい。猫に触れさせたくない小物などは、引出しかふた付きのボックスをつくって収納する

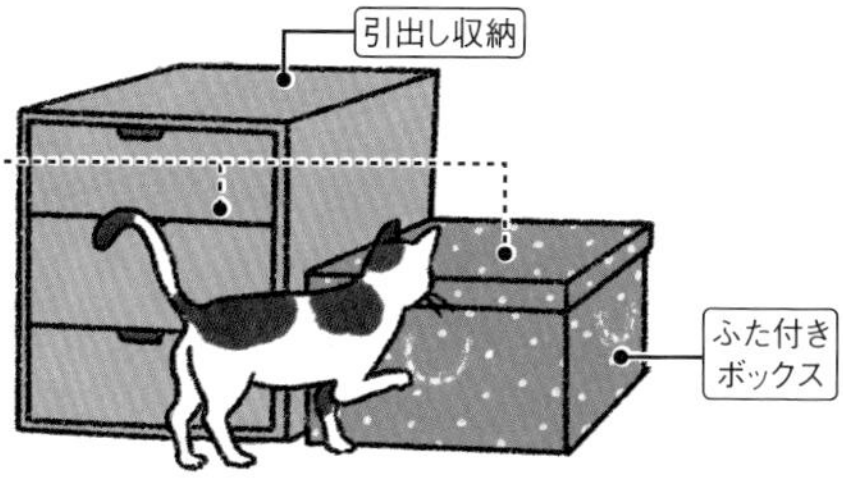

> 上らせたくない場所

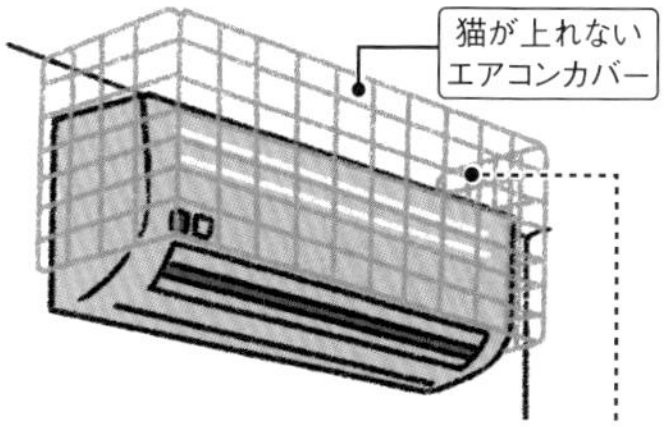

飛び乗った猫の荷重でエアコンが落下する可能性がある。エアコンには猫が近づけないようにするか、上れないようにガードで囲うとよい

猫がどうしても上りたがる場所は、あえて上りやすくするのも一手。たとえば、猫が歩けるカーテンボックスをつくれば、レールやカーテンを保護できる

解説：松原要

知っておきたい猫モジュール

猫とのよい関係は、相手をよく知ることから始まります。
安全・安心な家具をつくるためにも、
まずは猫モジュールの基本をチェックしましょう。

基本モジュールを押さえよう

猫の大きさは、体長、体高（床から肩までの高さ）、顔までの高さで示す。種類ごとに大きさ、跳ぶ高さなど身体能力が異なる。それらの特徴を見極めて、家具を計画しよう。

> 基本モジュール

サイズ

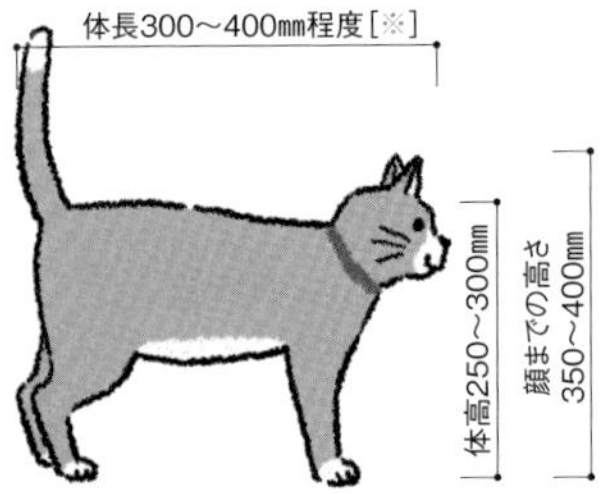

体重

成猫の標準体重は個体差があり、オスは3～6 kg、メスは3～5 kg（体脂肪率15～24%）。それ以上になると肥満のおそれがある。なお、ラグドールなどの大型種は、オスで4.5～7 kg、メスで4～6 kg程度になる

アンモニャイト

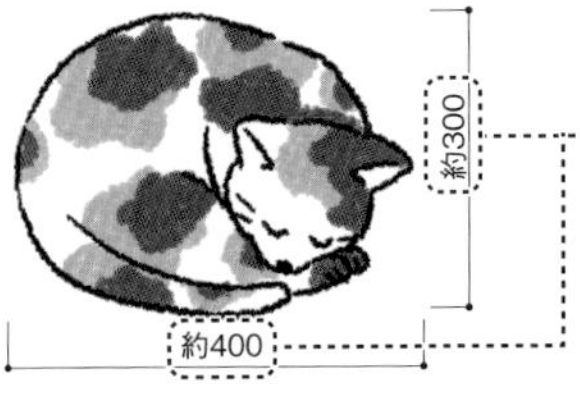

大きさが500～600㎜程度の猫は、体を丸めると約400×300㎜、高さ200㎜程度。メイン・クーンなどの大きな猫は割増しになる

※ ラグドールなどの大きい猫は600～700㎜程度にもなる

> 運動モジュール

水平跳び

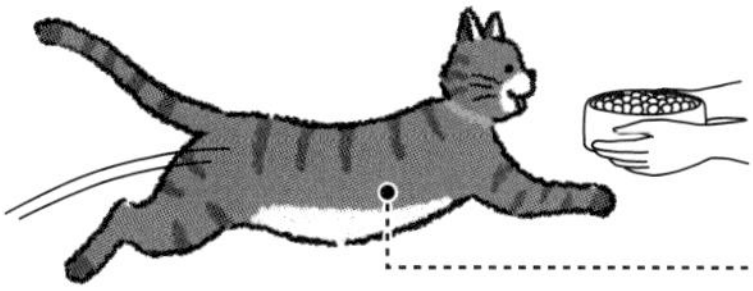

助走なしの水平跳びは、ベンガル、アビシニアン、ブリティッシュ・ショートヘア、ノルウェージャン・フォレスト・キャット、アメリカン・ショートヘアなどは1,700㎜程度まで跳べるが、ヒマラヤン、ペルシャ、エキゾチック、マンチカンなどは900㎜弱である

垂直跳び

アビシニアン、シャム、アメリカン・ショートヘア、ベンガルなどは助走なしで1,500㎜程度までジャンプできる。マンチカン、ラグドール、メイン・クーン、エキゾチック、ペルシャ、スコティッシュ・フォールドなどは800㎜弱

飛び下り

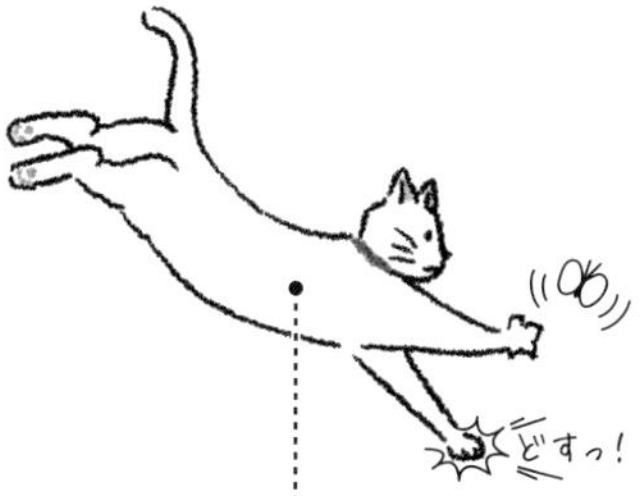

1,000㎜の高さから飛び下りる場合、体重5㎏の猫で20㎏程度の衝撃があるといわれている。ステップなどを固定する際は耐荷重を30㎏程度みておきたい

おデブさん

若くして太ってしまった猫や運動が得意ではない猫は、同種の一般サイズの猫の2割増しを目安に、ステップなどの幅寸法や耐荷重を設定するとよい

移動・いたずら・休憩のモジュール

猫は身体能力が非常に高いが、安全に移動するには適正寸法の把握が必要だ。いたずらも、キモとなる寸法を知れば対策が可能になるかも。さらにくつろぎのためのモジュールも把握して、猫との生活をより豊かにしよう。

> ステップモジュール

ステップ幅

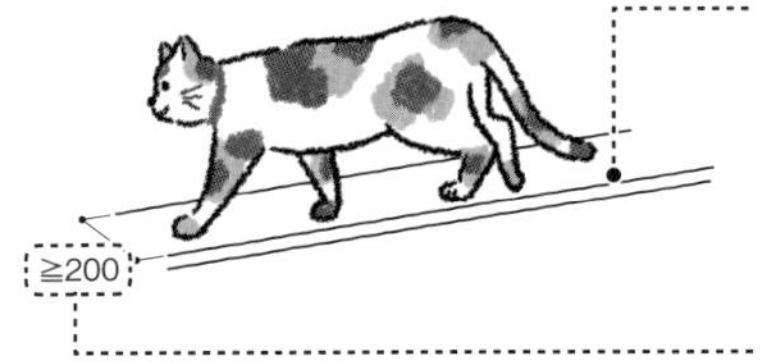

猫1匹が余裕で歩けてUターンもできる幅は150〜200mm以上。大きな猫の場合は250mm以上

この幅は、ステップの下部を文庫本やCDの収納に利用できるサイズ

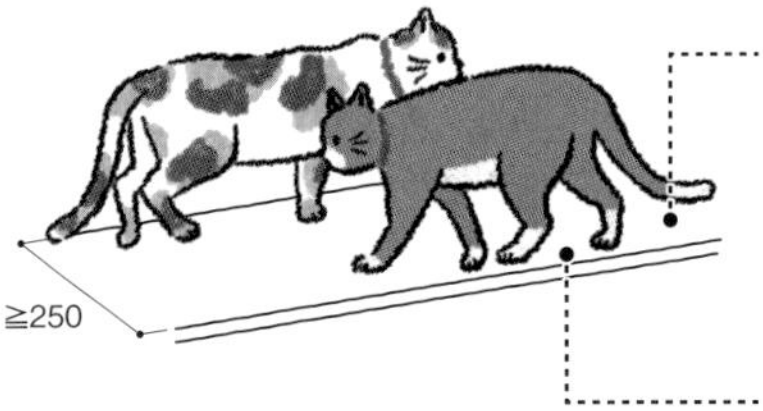

2匹がすれ違える幅は250mm以上。太った猫の場合は280mm以上必要

幅を広くすると部屋のなかでステップの存在感が強くなる。ステップの下部を本棚にしたり、RCの梁などの奥行きとそろえたりすれば、空間になじみやすくなる

ステップ（水平距離）

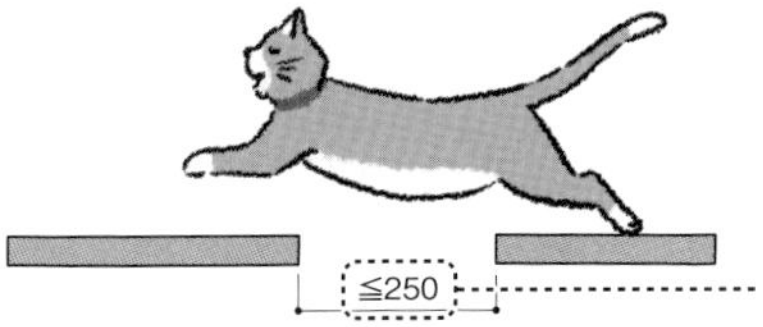

ステップ間の水平距離は250mmまで。800mmを超えると、跳べずに下りてしまうことも。運動が苦手な猫や足腰が弱い老猫の場合は150mmまでにしておきたい

ステップ（高低差）

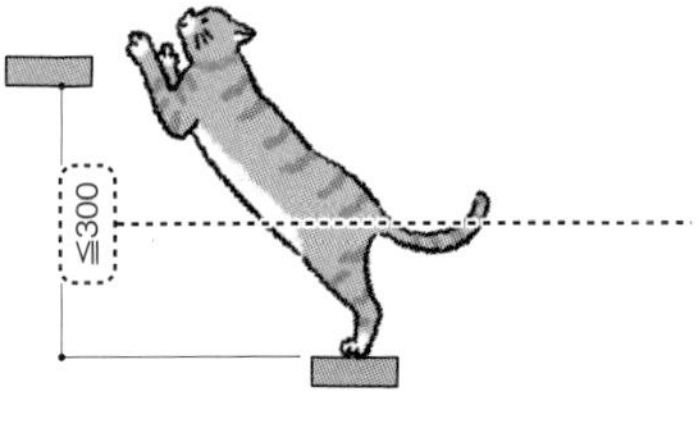

ステップの高低差は300mm以下が望ましい。最高でも400mmまでとする。運動が苦手な猫や足腰が弱い老猫の場合は200mmまでにしておきたい

> ウォークモジュール

ウォークの高さ

キャットウォークの高さは、清掃性や安全性を考慮して2,200㎜まで。人が立った状態で猫を救助できる高さは1,600㎜程度

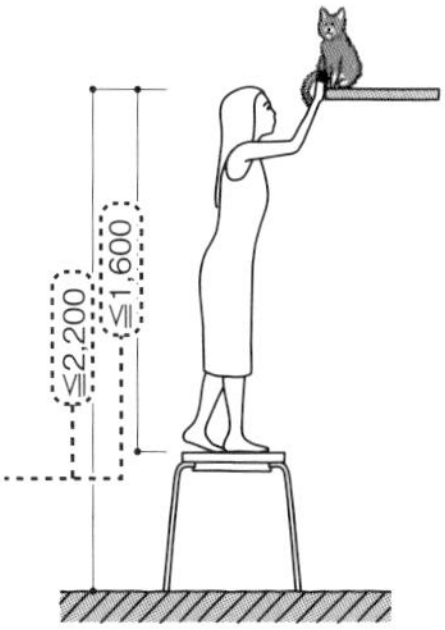

スカイウォークから天井までの高さ

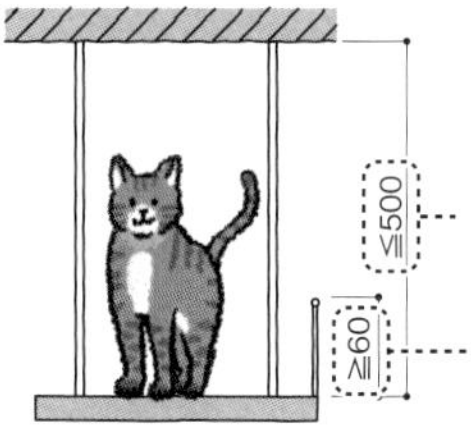

天井から吊っているため、吊り高さが大きいと揺れる。天井から500㎜以下の位置にするとよい

落下防止の柵は高さ60㎜以上、幕板の場合は100㎜以上で囲うと猫にとっても安心感が得られる

ウォーク上部の高さ

キャットウォークから天井までの高さは300㎜以上、メイン・クーンなど大きい猫なら340㎜以上確保する

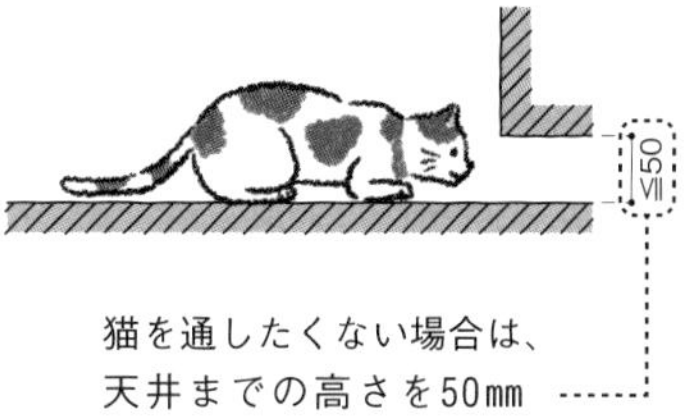

猫を通したくない場合は、天井までの高さを50㎜以下にするとよい

ウォーク勾配

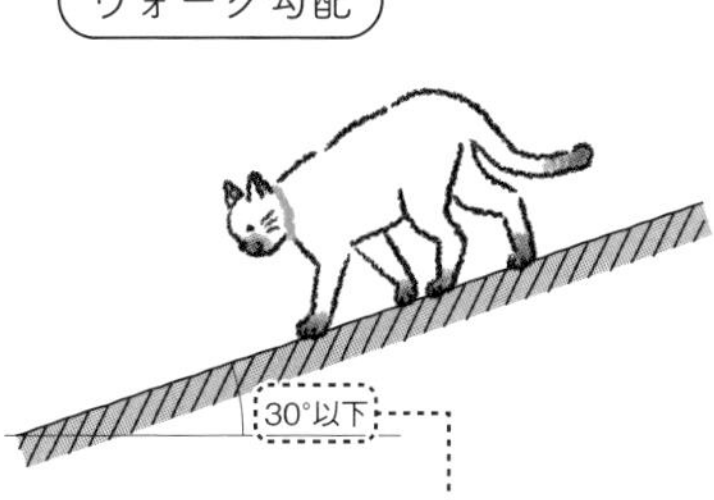

ステップをスロープにする場合、傾斜は30°が目安。それ以上急だと昇降しにくい

くぐり孔の大きさ

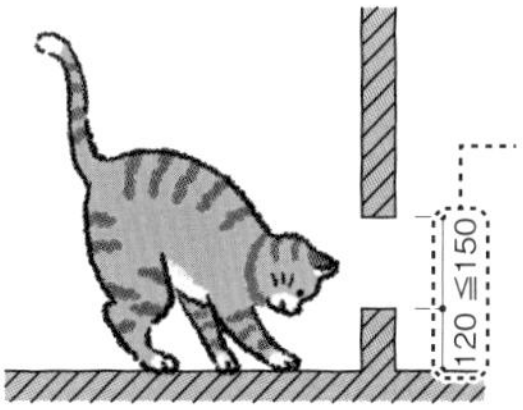

くぐり孔の直径は150㎜以上（頭が入る大きさ）。太った猫の場合は200～240㎜以上とする。また、床からの高さが120㎜ぐらいだと足腰に負担が少ない

> いたずらモジュール

爪研ぎ

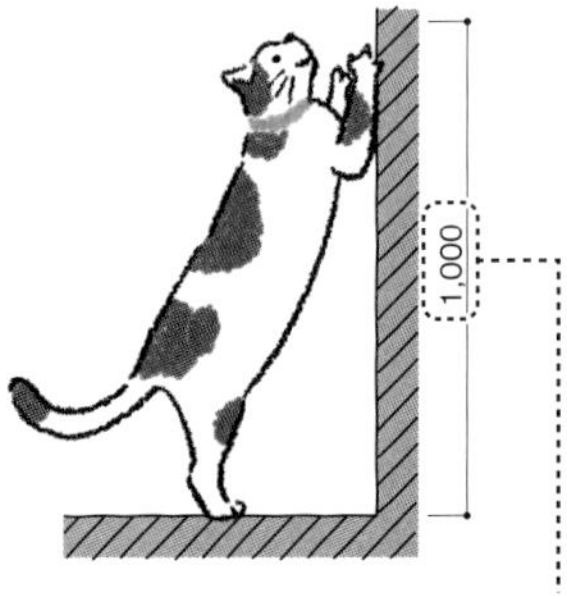

壁や柱で爪を研ぐ行為は
高さ1,000㎜程度まで

スプレー

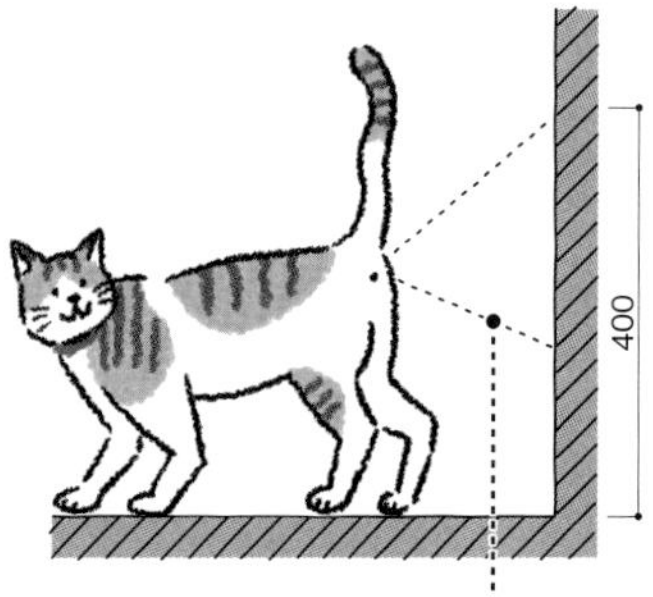

オスの成猫が壁などにおしっこを霧状に吹きかける「スプレー」は、高さ400㎜程度

侵入

レバーハンドルの扉なら猫は前脚を掛けて開けてしまうので、握り玉など丸い形状のものにするか、引戸にするとよい

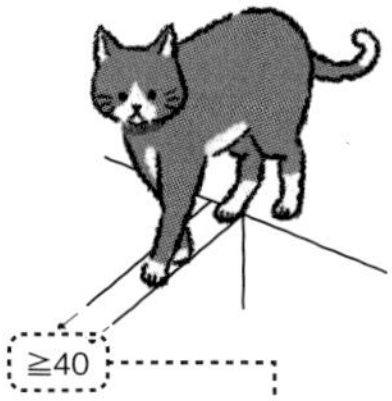

猫が歩ける最小幅は40㎜。
肉球より幅が狭いと歩けない

> 脱走モジュール

格子の隙間

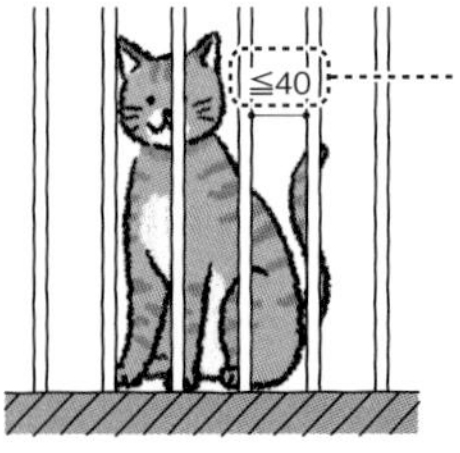

猫の多くは頭が通れば、隙間を通ることができる。格子の隙間は40㎜以下にしておくとよい

塀の高さ

外に脱走できないようにしたい場合、塀の高さを2,000㎜以上確保する

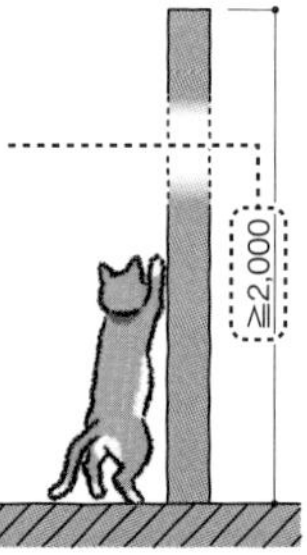

> 休憩モジュール

休憩用ステップ

猫が身体を丸めて寝られる広さのステップは、大きさが500～600㎜程度の猫の場合、520×300㎜以上にするとよい

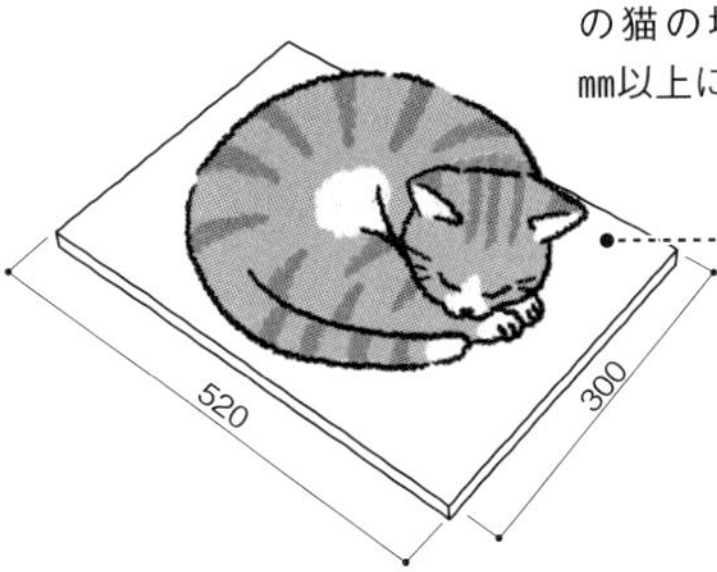

猫用ハンモック

猫がリラックスできるハンモックは、大きさと耐荷重を確認して選ぶとよい

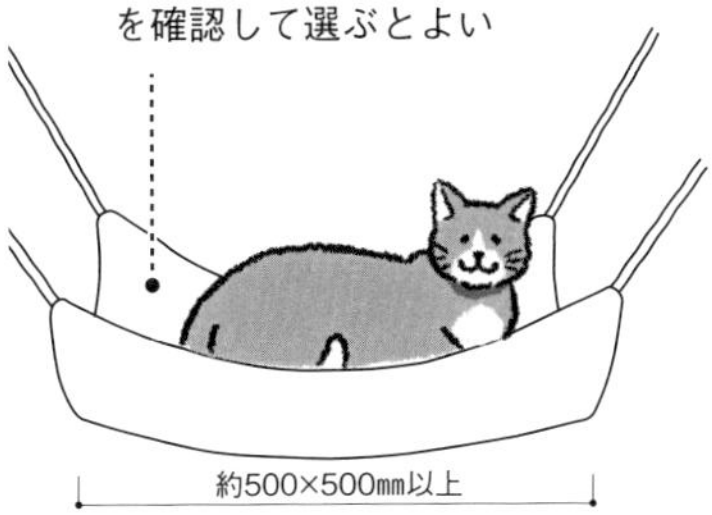

伸びサイズ

猫が伸びをすると全長1,200㎜ 程度、高さ400㎜程度

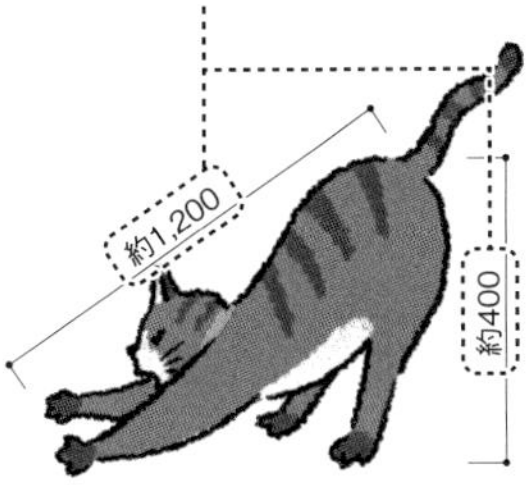

猫と一緒の休憩ボックス

360㎜の高さは猫が昇降でき、クッションを置けば450㎜程度になるので、人が腰かけやすい高さとなる

A4判の本が入る360㎜角のボックス内では、猫は身体を丸めて籠ることができる

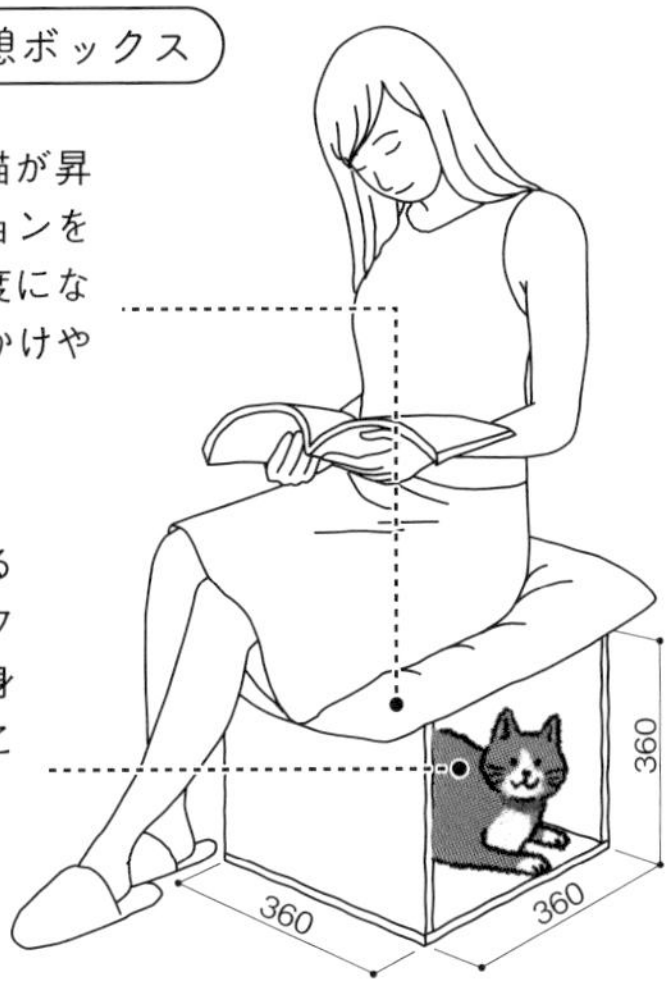

> ワンランク上を目指すモジュール

- ステップやウォークの段差を高くしたり、狭く（細く）したりする場合は、Uターンや休憩ができる広めのステップを点在させるとよい
- ステップの段差を、高い所ほど小さくなるようにすれば、猫の身体的な負担が軽くなる
- 壁付けステップの1段目を800㎜より高くすれば、猫の具合が悪いとき、けがをしているときに、ステップを使えないようにできる。普段は上れるように、手前にソファやキャビネットなどの置き家具を置けばよい

猫は
ゴロゴロするのが
仕事ですので

COLUMN

大調査!
猫の要望を整理しよう

猫の性格は出自によって違う場合が多く、個体差がかなりある。
必要な家具や設計のポイントも変わってくるので、
猫の癖や性格を整理して、“要望”を見極めよう。

> 愛猫との生活を見直して、困りごとや要望を整理しよう

- 運動能力、活動量は？→猫種・年齢・性別で変わる。高低差と落下時の事故防止を検討。猫が歳をとっても使える設計にする
- 行動の範囲をどの程度限定するか？→どの部屋まで自由に行かせるか、猫を入れない部屋の確認（例：寝室、クロゼット、キッチン）、猫の動線や猫との暮らし方、お留守番時間の長さ、そのときの室内環境など
- トイレの状況は？→こだわり、回数、散らかし具合などを整理。猫トイレの台数、猫トイレの置場、使用しているトイレのタイプ、猫砂のタイプなどを見直す
- 猫について現在困っていること、心配事はあるか？
- 猫を増やす予定があるか？→造付け家具を設計する場合、猫がいなくなっても邪魔にならないインテリア性と機能性をもたせるかを検討する

> 設計者から建築主へのヒアリングでは、これも確認!

- そもそも猫のための仕掛けが欲しいかどうか
- 頭数、年齢、性別、性格、猫種などの基本情報（病気の有無、健康状態）、出自（ペットショップ、ブリーダー、譲渡会、野良からの保護など飼い始めた状況、飼い始めた年齢）とその環境、好きなおもちゃ・遊び、起きているときの過ごし方、お気に入りの場所、食事の状況、睡眠の状況など
- 多頭飼いの場合、それぞれの関係性
- 家族との関係性（いちばん懐いている人、懐いていない人、遊ぶ係、甘える係など）
- 建築主の猫自慢

こだわり
強めです

猫が遊べる家具づくり

四方枠で安定感よし キャットタワー

> 「ニャンとも快適棚」家具設計: 充総合計画

> 約2時間 | ¥ > 約8千円

初心者でもつくれて サイズ変更も可能

市販のポール型キャットタワーのような、猫が載っても安全な片持ちステップを素人仕事でつくることは困難です。このキャットタワーは、ステップを側板と背板の2面で固定することで十分な強度を確保しています。箱形なので組み立てやすく、安定性が高まり、金物を使わなくてよいのでデザインもすっきりします。四方枠の左上角部を開けているのは、猫がくつろげるように広くするため。背板がないので状況に合わせて後ろ側に進むこともできます。ここではできるだけ端材が出ないようにサイズを決めていますが、四方枠の高さ、ステップの段差、広さはお好みで調整してください。

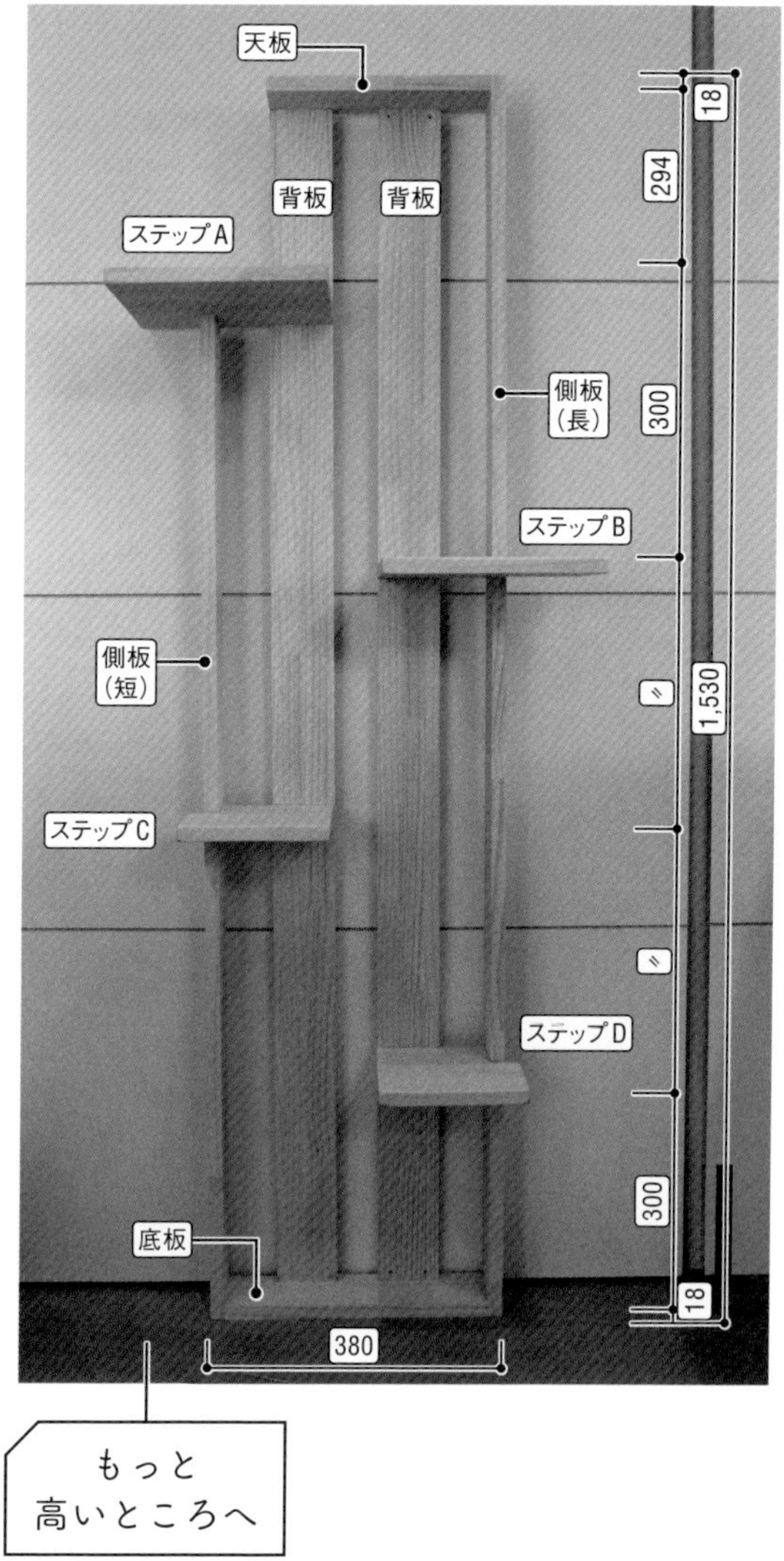

| 材料 |

□ラジアータパイン集成材［※］
910×400×18㎜ ———— 1枚
1,820×400×18㎜ ———— 1枚
□55㎜スリムビス（皿）———— 約28本
□木工用速乾接着剤

※ 溝を彫ってあるラジアータパイン棚柱を使えば、溝にステップを差し込むだけで、さらに簡単につくれる。ただし見た目のよさは多少落ちる

| 道具 |

□電動ドライバー：
プラスドライバービット、下穴錐
□手動ドライバー（増締め用）
□鋸
□サンドペーパー#120～#240（中目）

木取り図

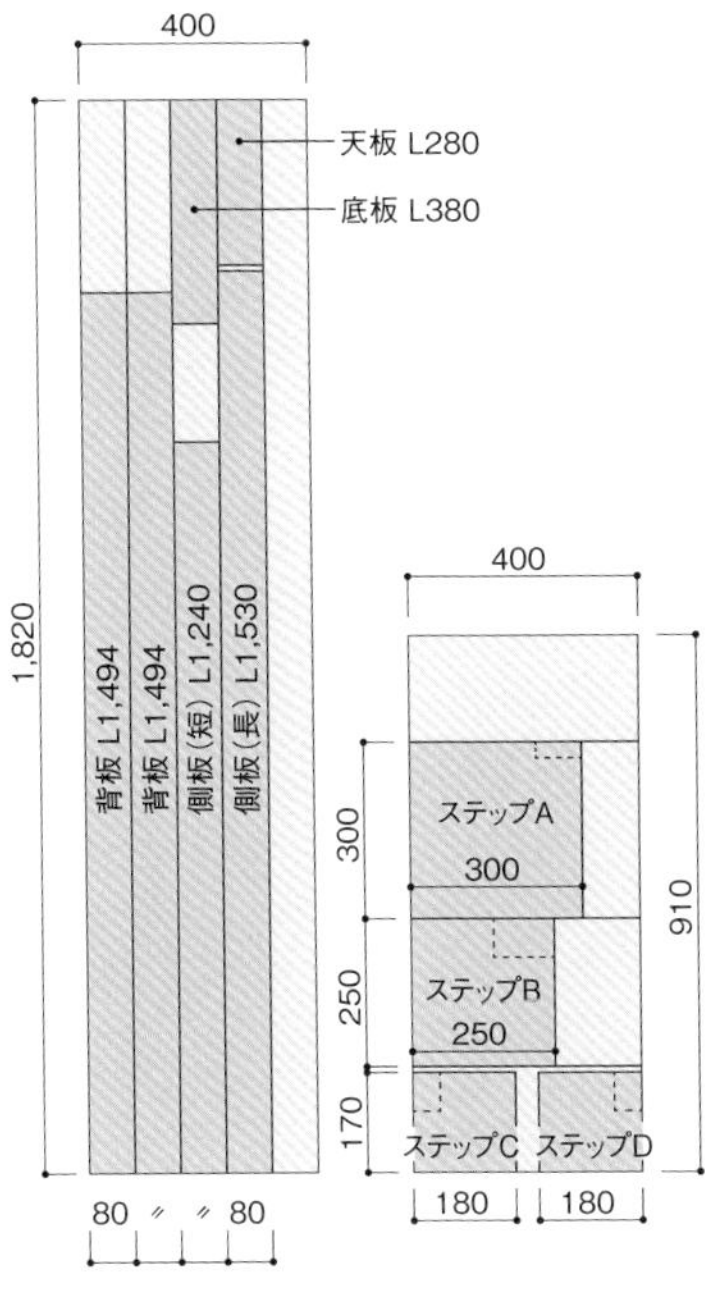

組立図

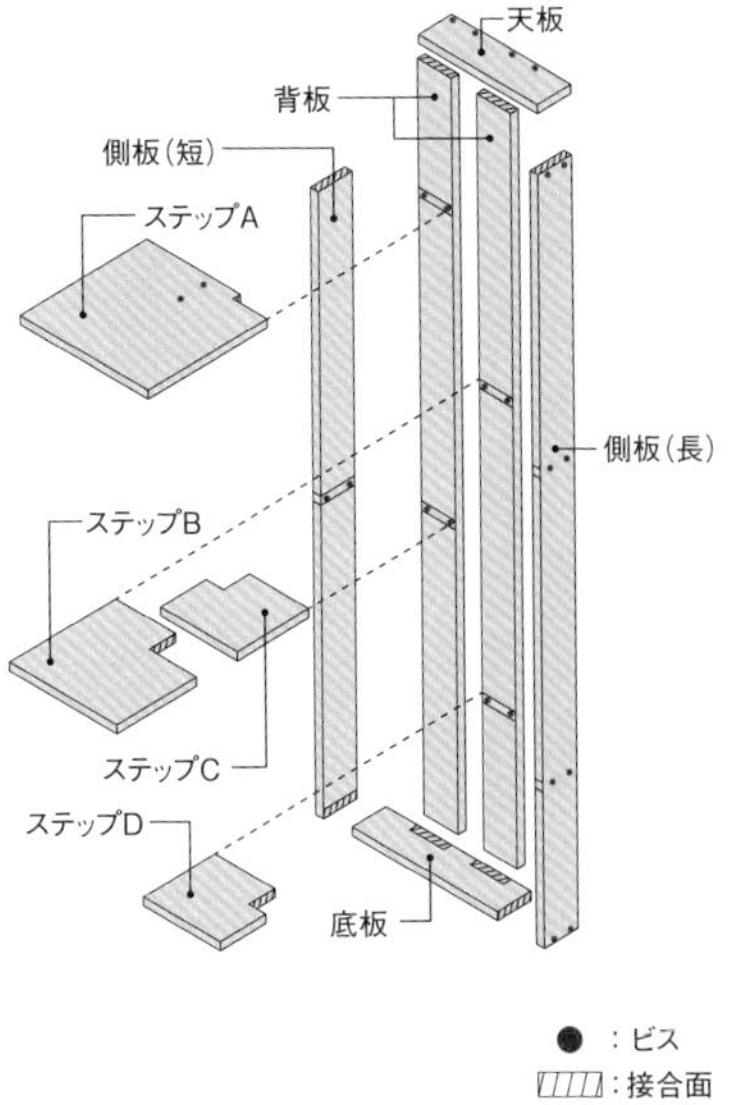

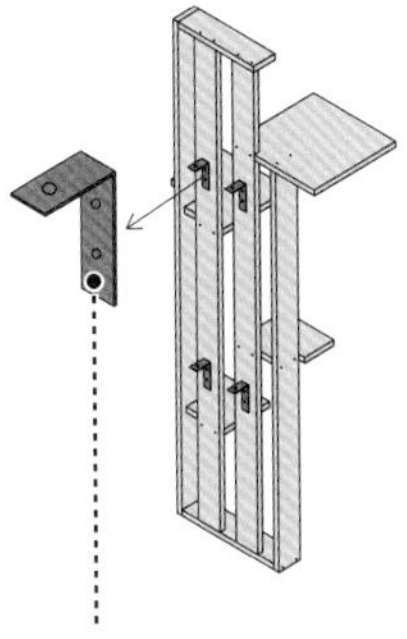

自立しないので、アングルを取り付けて壁や他のフックに掛けて使用する

四方枠で安定感よし キャットタワー

枠をつくる

① 天板と底板に長い側板をビス留め

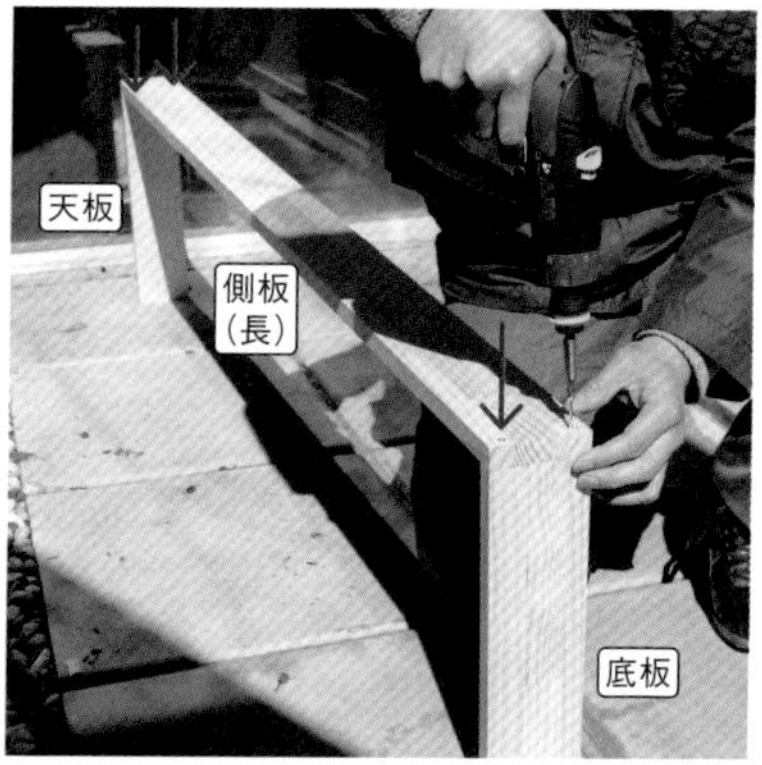

作業は短い材から取りかかるのが基本。天板を立てて上から長い側板を当て、ビス留めする。同様に底板もビス留めし、枠を組み立てる。

② 枠に背板をビス留めする

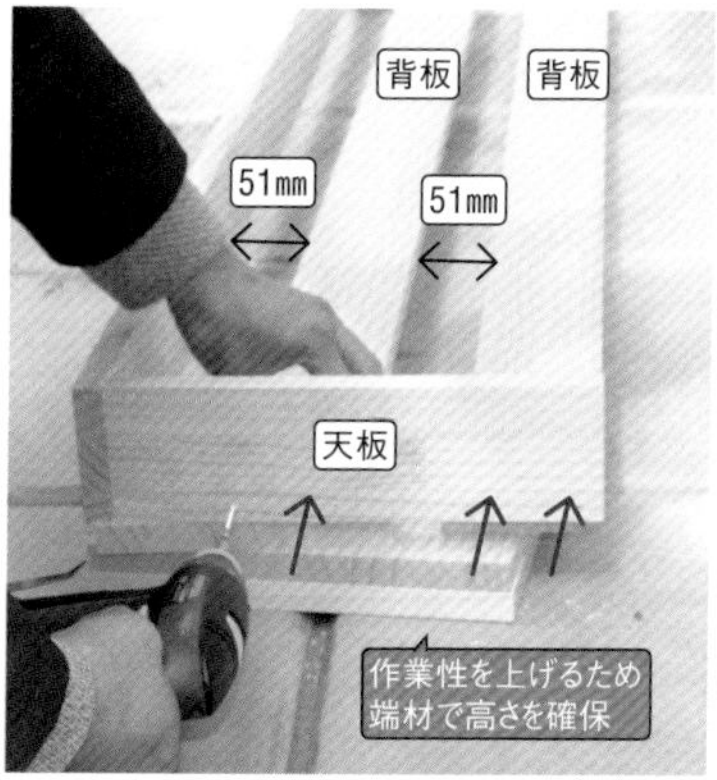

水平な面に①と背板を寝かせ、背板の間隔が均等になるように寸法を測り、天板・底板に墨付けする。そして外側から背板の小口に向かってビスを打つ。ビスを打つときは下に端材を置いて高さを確保すると、電動ドライバーが使いやすくなる。

③ 短い側板を枠にビス留め

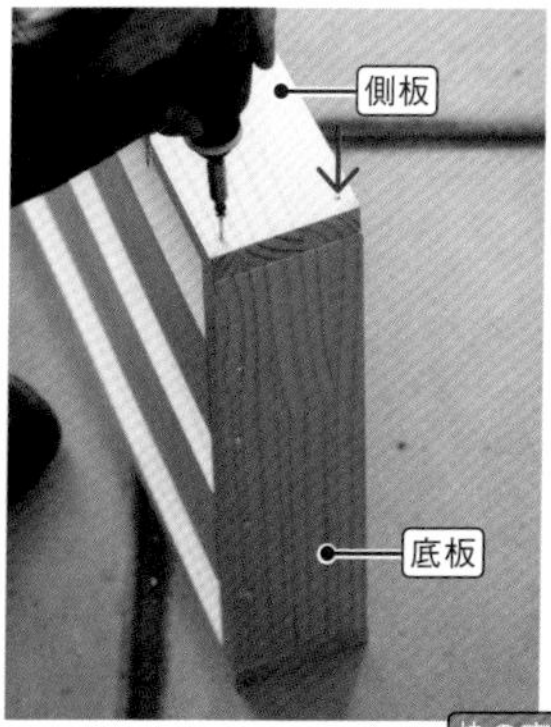

②を側板を下にして立て、短い側板を底板に当ててビス留めする。浮いている側板上部は椅子やブロックなどを利用して支えるとよい。

ステップ加工

④ ステップの角を切り落とす

ステップを③に当て、側板と取り合って切り落とす部分を墨付けし、鋸で切り落とす。切り終えたら、上面と小口をサンドペーパーでしっかり磨き、角を面取りしておく。

▷ ステップの墨付け

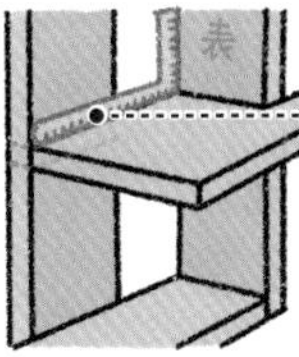

曲尺（または直角の端材）をガイドにして側板と直角をとり、ステップを水平に当てて墨付けする

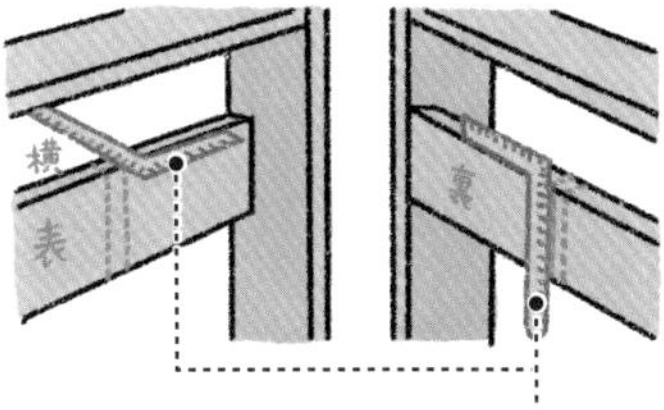

本体の表側だけでなく、横、裏側まで墨付けするとビス位置が確実になる

取り付け 5 最上段のステップをビス留め

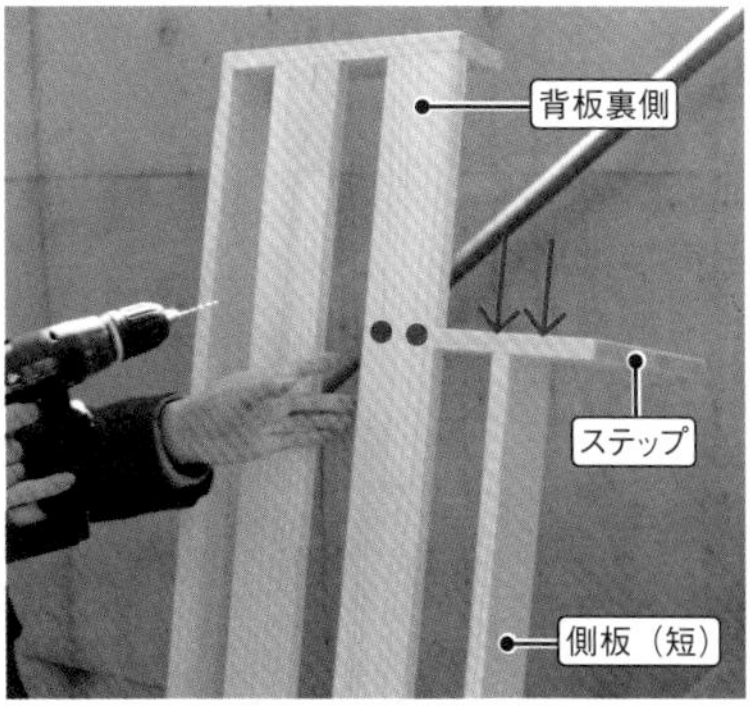

短い側板を固定するため、ステップは最上段から取り付ける。墨付けしたうえで、ステップ上面から側板の小口に向かって、さらに背板裏側からステップ小口に向かって、ビスを打つ。

6 残りのステップをビス留め

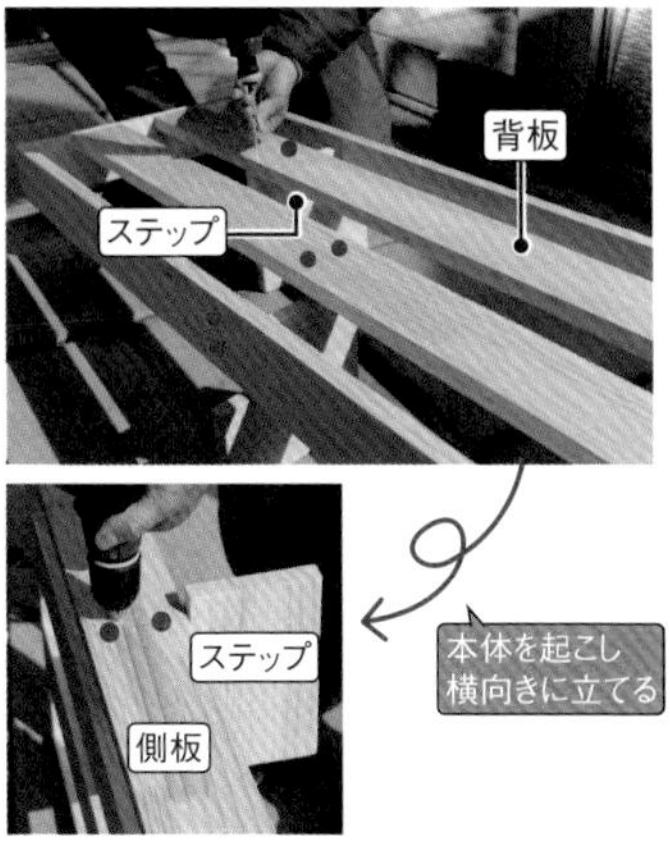

ステップの段差が均等になるよう、残りのステップの取り付け位置を墨付けする（ここでは300㎜間隔）。そしてステップを立てて上に枠を載せ、背板、側板の順にビスで留める。

仕上げ 7 サンドペーパーで磨いて仕上げる

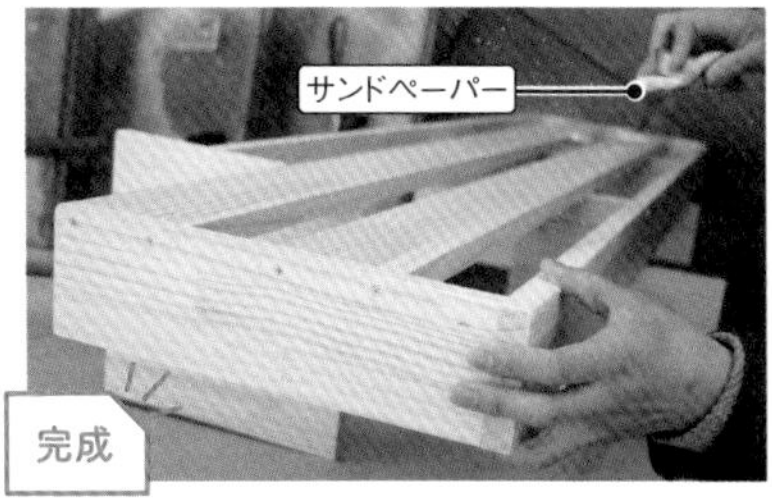

ケバ（表面にできる細かい毛羽立ち）などが気になる部分をサンドペーパーで磨き、肌ざわりをよくする。

最高の
くつろぎ
スペース

実用性の高い階段収納
階段ボックス

> 「ねこステップ」家具設計：鈴木アトリエ、協力：木匠工務店

| ◷ > 約2〜3時間 | ¥ > 約1万3千円 |

猫にも人にも便利

DIYでつくるなら、猫にも人にも使い勝手のよい家具にしたいですよね。そこで、冷蔵庫に上りたがる猫のために、階段ボックスを製作。棚の高さは2ℓのペットボトルに合わせて設定（320〜400㎜）したことで、ペットボトルのストック場所として利用でき、それが重しとなって安定性が増すつくりです。奥行きが深い下2段は、重いモノでもスムーズに出し入れできるよう、側板に開口を設けました。ストック状況も一目で把握できます。ストックが少ないときは、隠れ家のような猫のくつろぎスペースにもなります。猫の運動不足解消にも、収納としても大活躍すること間違いなしです。

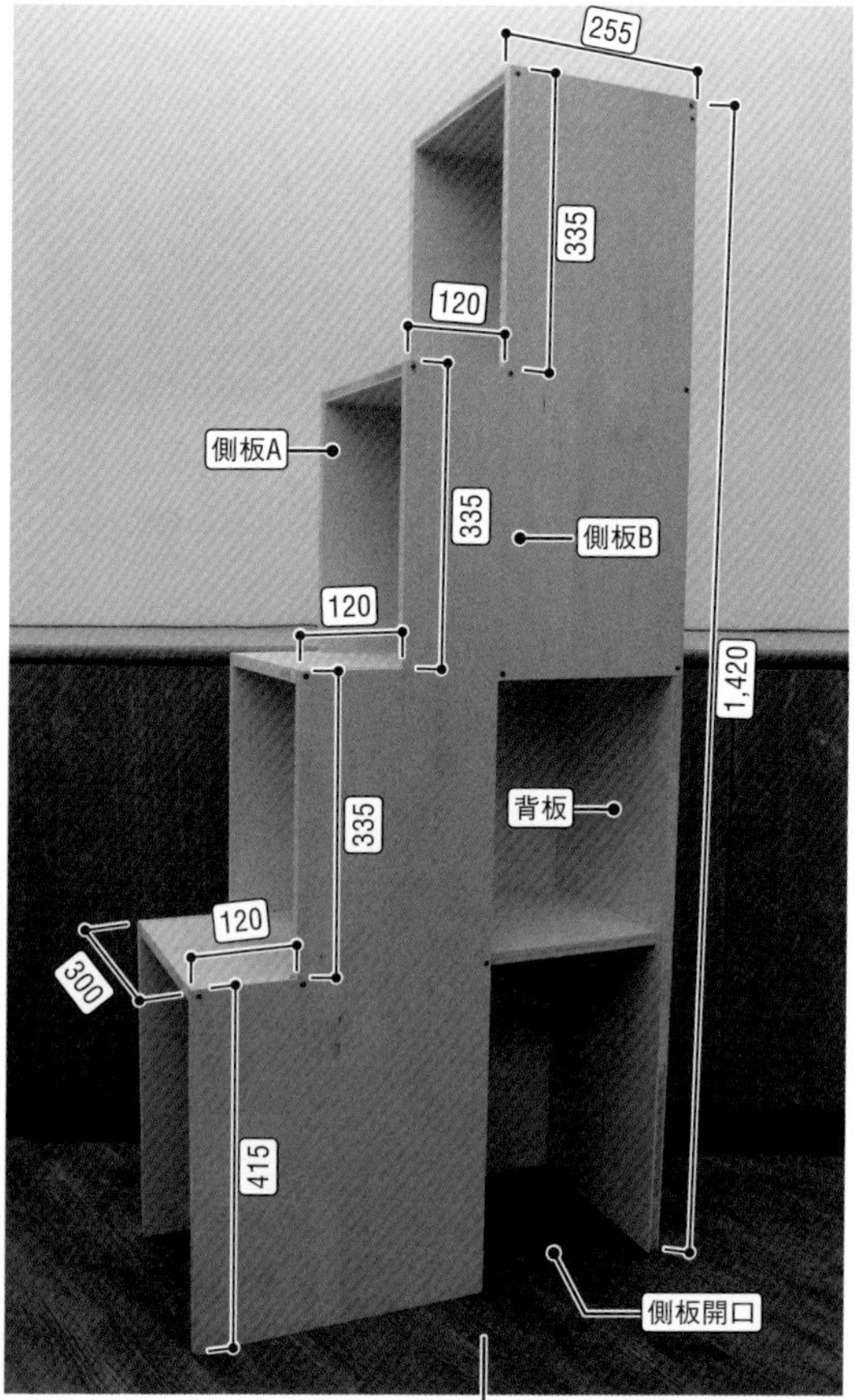

ステップ踏んで、
運動不足を
解消！

| 材料 |

□シナランバーコア
1,820×910×15㎜ ―――― 2枚
□30㎜スリムビス（皿）―――― 24本
□木工用速乾接着剤

| 道具 |

□電動ドライバー：ドリルビット
□手動ドライバー（増締め用）
□サンドペーパー ＃180～＃240（中目）
□マスキングテープ
□ウエス

木取り図

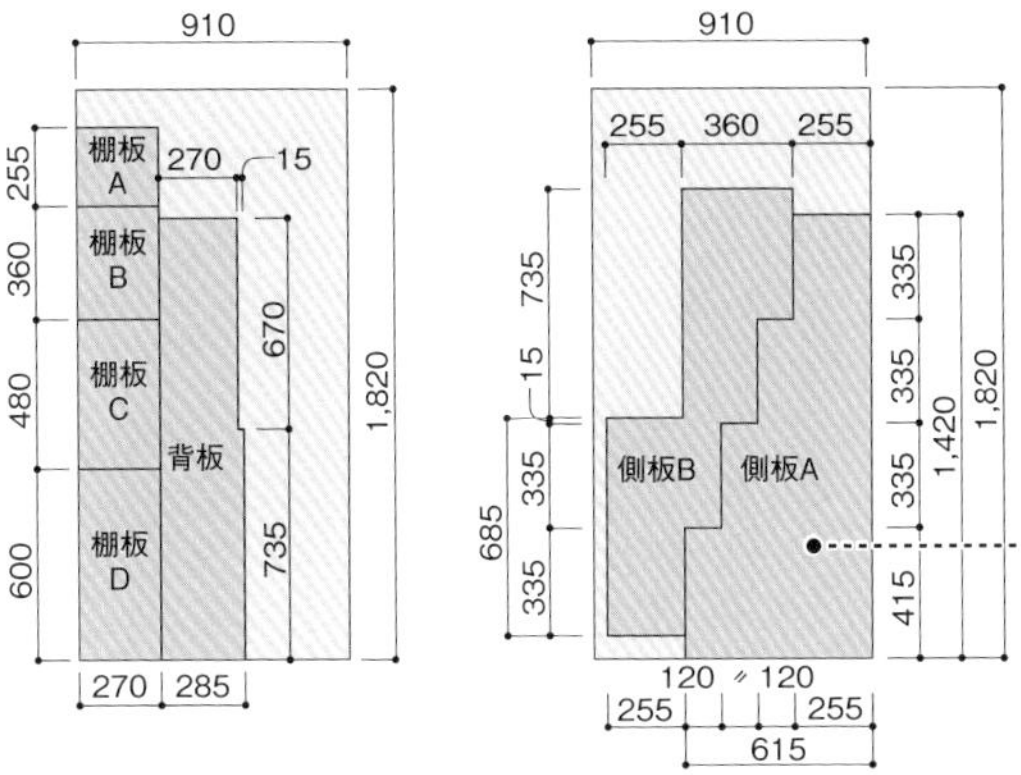

ここでの木材カットは複雑なので、地域の工務店にお任せするのがよい
[132頁参照]

組立図

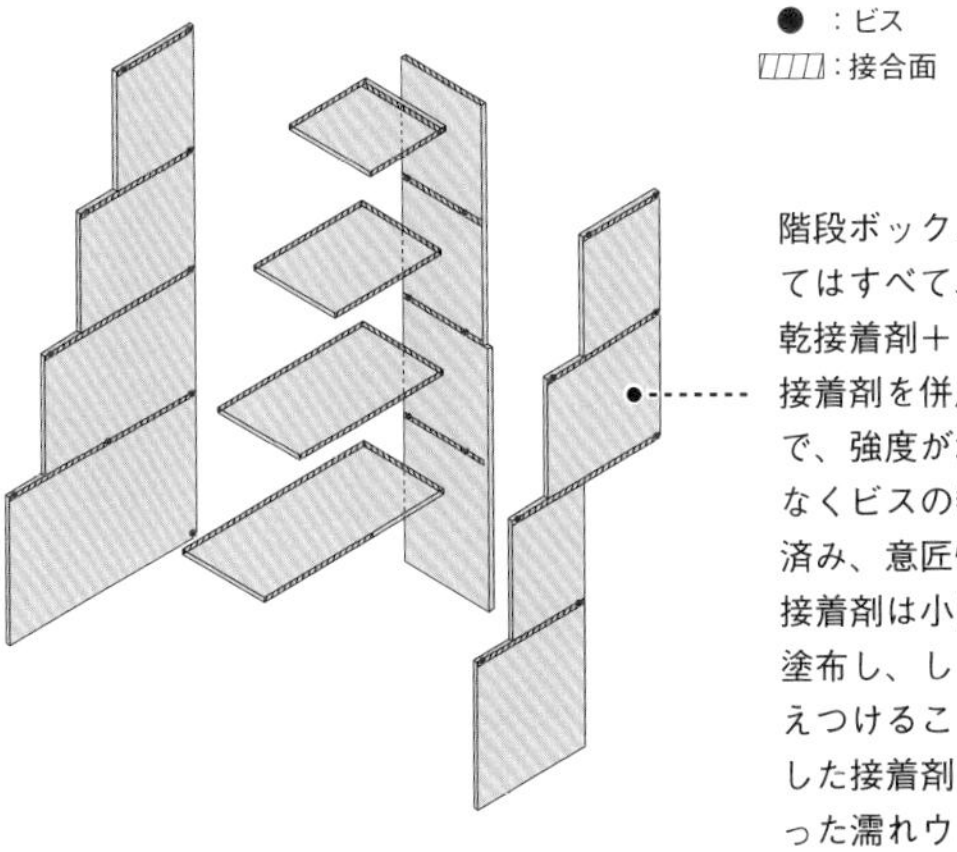

階段ボックスの組み立てはすべて、木工用速乾接着剤＋ビス留め。接着剤を併用することで、強度が増すだけでなくビスの数も少なく済み、意匠性も高まる。接着剤は小口の中央に塗布し、しっかり押さえつけること。はみ出した接着剤は、固く絞った濡れウエスですぐに拭き取る

設置例

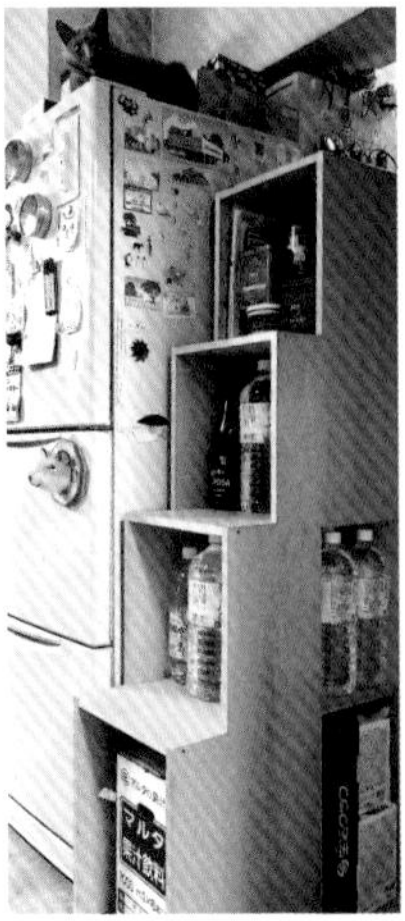

仮組み ① マスキングテープで仮組み

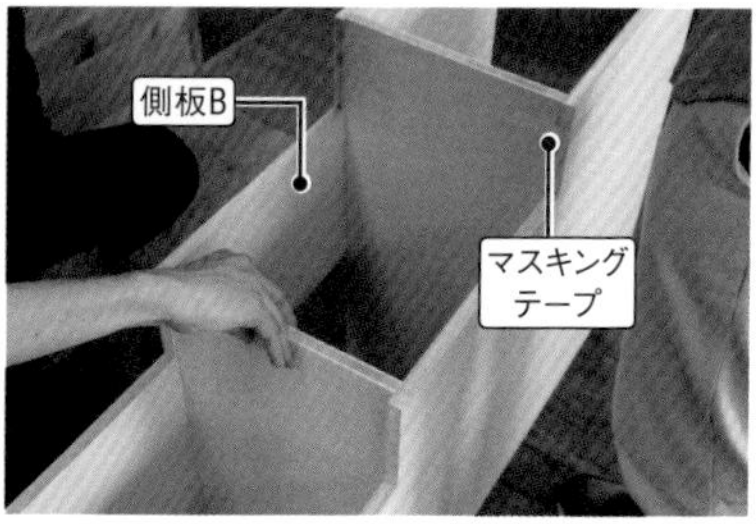

部材を仮組みして寸法に誤りがないか確かめる。このとき、開口のある側板Bを左右どちらにするか間違えないように注意。

組立て ② 棚板を利用して背板・側板Aを支える

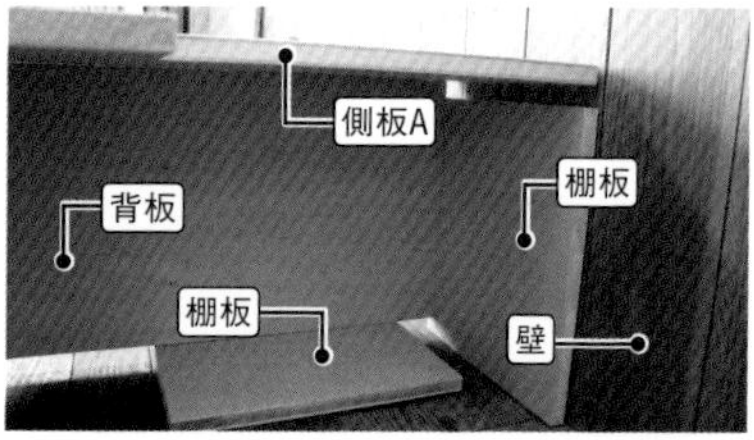

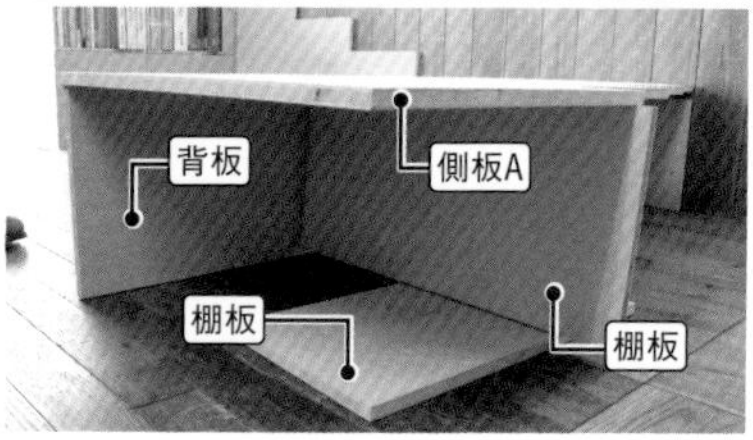

接合前の棚板を支えとして利用し、背板と側板Aのビス留めの準備をする。背板の入隅に棚板を差し込んで、背板を安定させる。棚板を2枚使って、側板Aを支える。壁に棚板を立てて当て、背板と側板Aの高さをそろえる。

③ 背板に側板Aをビス留め

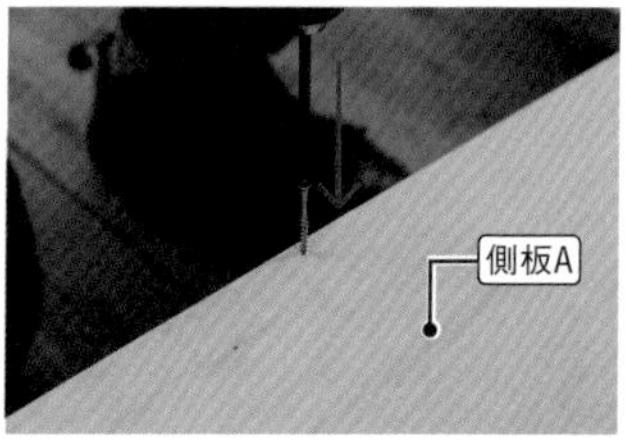

木工用速乾接着剤で背板と側板Aを接着する。このとき、ぐらつき防止のために、背板と側板Aの下端をきっちり合わせる。下穴をあけて、ビス留め。

④ 棚板Aにビス留めの範囲を墨付け

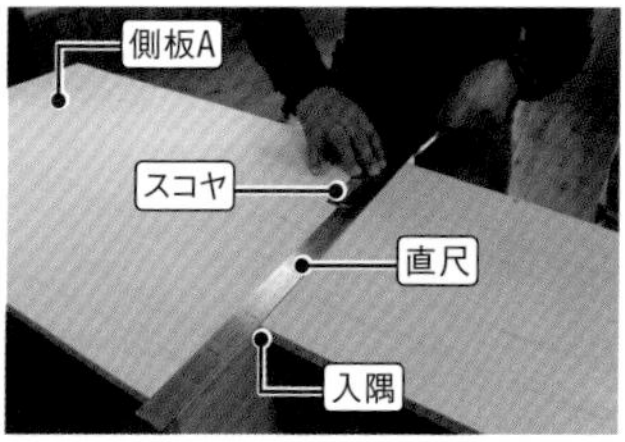

側板Aの外側に、棚板4枚のビス留めの範囲を墨付け。スコヤで直角を出し［147頁参照］、側板Aの入隅に沿って直尺で棚板の位置をマークする。

⑤ 側板Aに棚板Cをビス留め

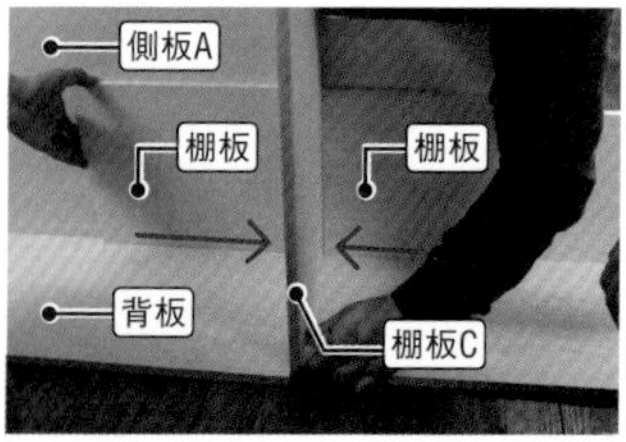

背板を下にした状態で、棚板Cをほかの棚板2枚で挟み込んで水平・垂直を取り、背板に墨付け。墨付けした位置で、棚板Cを側板Aにビス留め。

⑥ 棚板B、Dを側板Aにビス留め

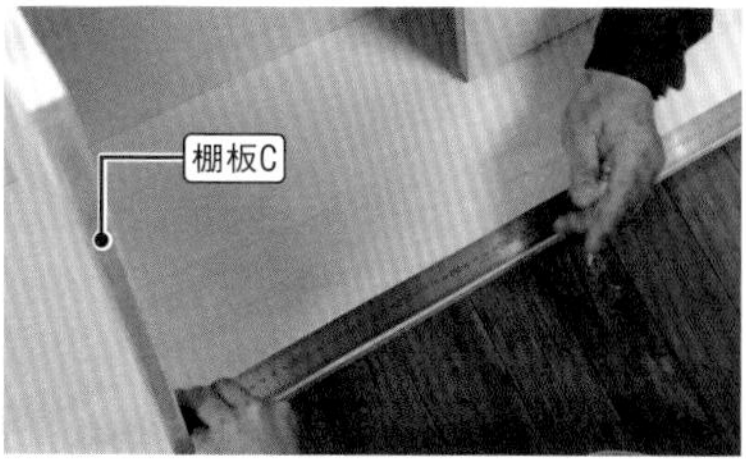

留め付けた棚板Cを基準に、棚板B、Dの墨付けを行い、木工用速乾接着剤、ビス留めの順で棚板B、Dを側板Aに接合する。

▷ 内法の墨付け

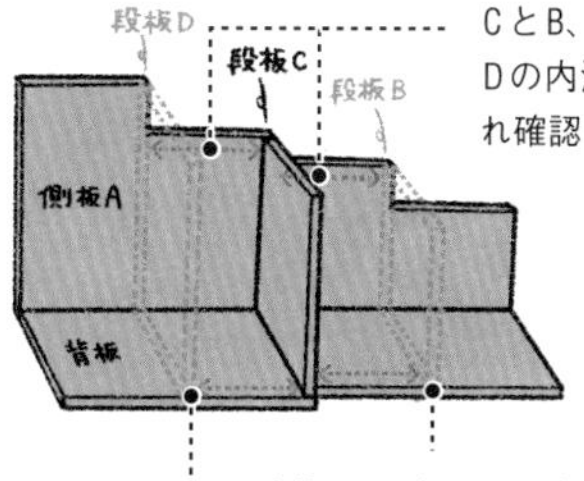
側板A部分で棚板CとB、棚板CとDの内法をそれぞれ確認する
側板Aで確認した内法をスライドさせて、背板に墨付けする

⑦ 背板と棚板B〜Dをビス留め

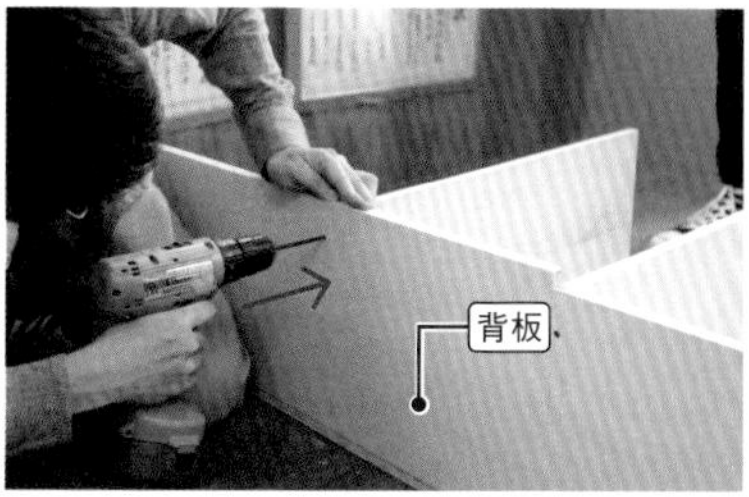

背板と棚板B〜Dを2カ所ずつビス留め。側板と棚板を留めているビスと干渉しないように、端から40㎜程度内側の位置で留める。

⑧ 側板Bと背板、棚板をビス留め

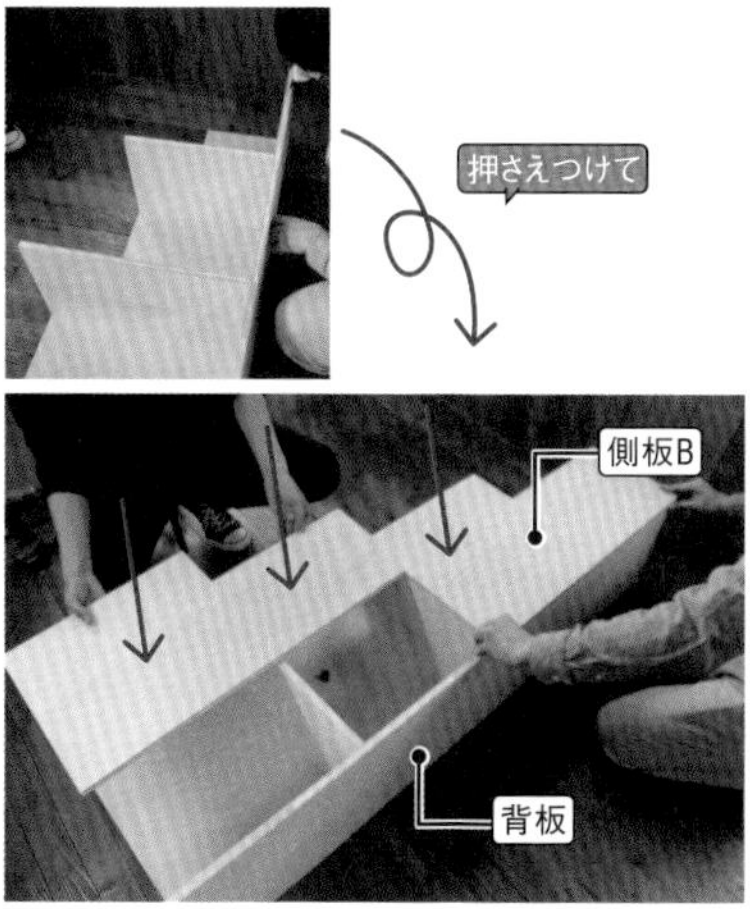

背板と棚板の小口に接着剤を塗布し、側板Bを上から押さえつける。側板Bに下穴をあけて、背板、棚板B〜Dにビス留め。

⑨ 棚板Aを接合する

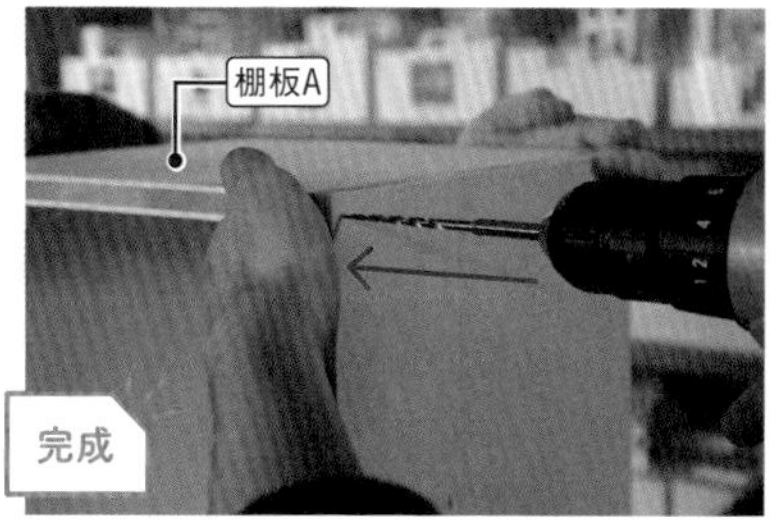

本体を立て、棚板Aを木工用速乾接着剤、ビス留めの順で側板A、B、背板に接合。適宜、増し締め・ヤスリ掛け［152頁参照］を施す。

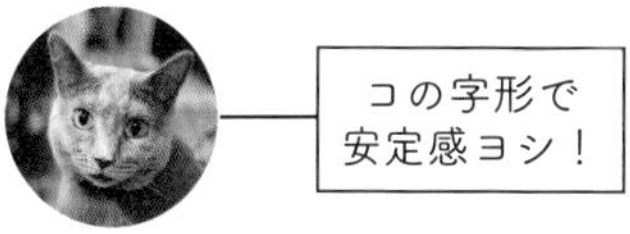

2×4材でつくる 壁面収納兼キャットステップ

>「2×4キャットタワー」
家具設計：廣田デザイン事務所

🕒 > 約3時間 | ¥ > 約3万2千円

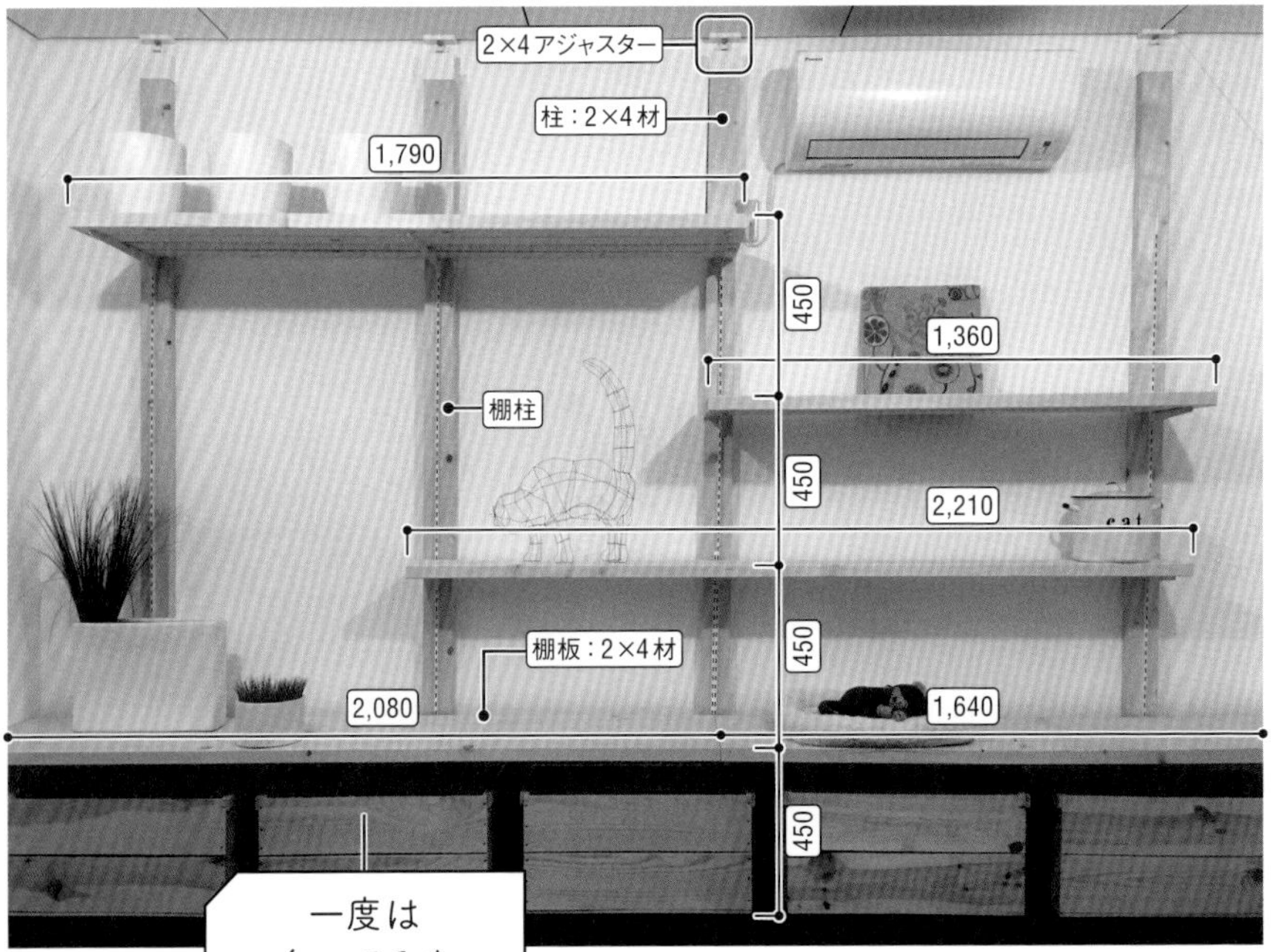

一度は
つくってみたい

高さ、幅、奥行きを簡単に変えられる

キャットステップをつくりたくても既存の壁に穴をあけられない場合は、2×4材《ツーバイフォー》の柱を下地として建てる方法があります。2×4材のみで柱と棚板を製作できるので、組み立てはとても簡単。柱に棚柱をビス留めすれば、可動棚（ステップ）をつくることができます。後で棚板の位置を変えたり棚板を追加したりできる可変性がポイントです。若く元気な猫には高低差を設けて楽しませ、老猫には奥行きの広い棚板（ステップ）をつくってあげましょう。猫に合わせて長さ、奥行き、高低差を考え、必要な本数の2×4材を準備します。棚は人の収納用にも使え、解体しても跡は残りません。

| 材料 |

□2×4材（長さは天井高による）—— 21本程度
□2×4アジャスター ———— 2個×4セット
□棚柱 ———— 4本
□棚受け ———— 12本
□連結用プレート金物 ———— 18枚
□30㎜スリムビス（皿）———— 約96本

| 道具 |

□鋸
□電動ドライバー：プラスドライバービット、下穴錐
□手動ドライバー（増締め用）
□水準器［※］

※ 水平面、あるいは鉛直面を定めたり、水平面からの傾斜を調べたりする器具。一般的な気泡管水準器は、管が水平になったとき気泡が中央に来るようにしたもの。水平器、レベルとも

平面図

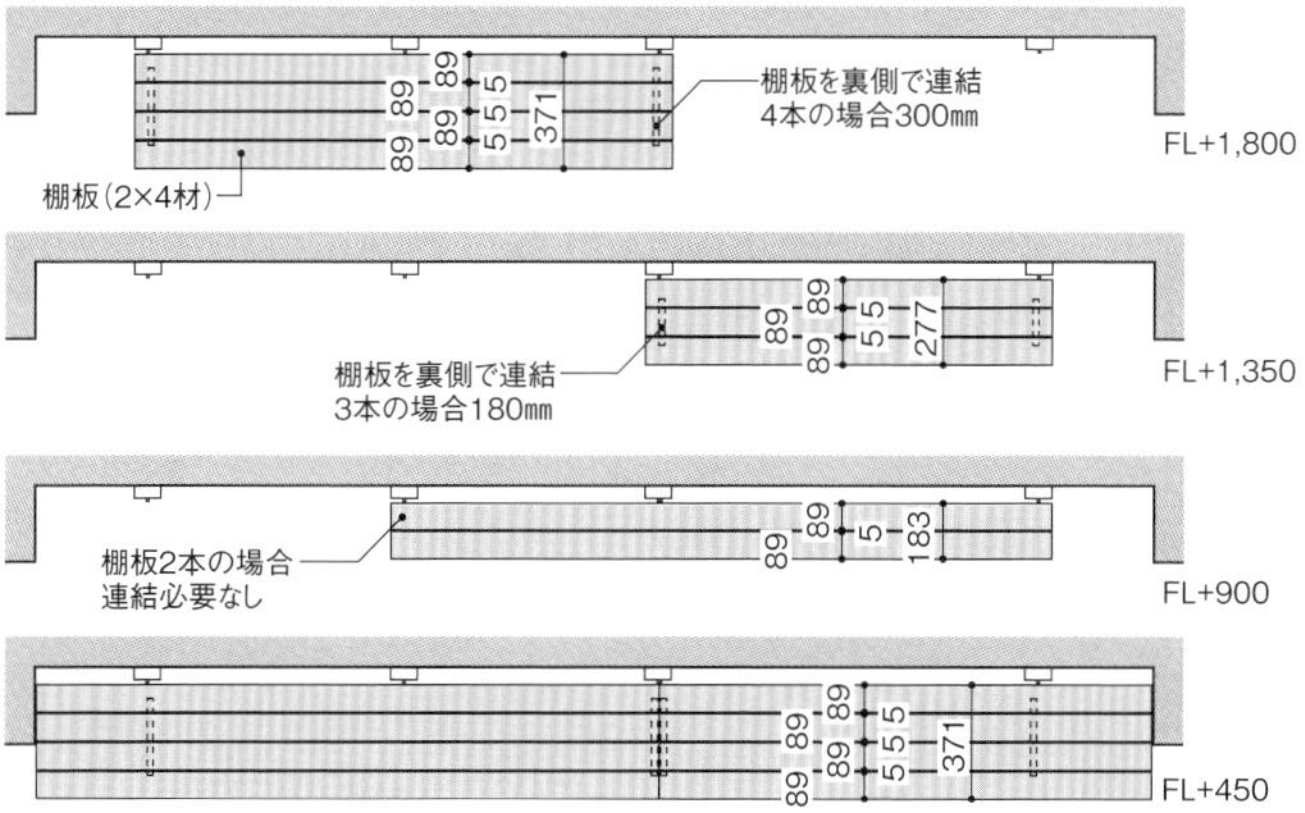

作業の流れ

① ＞ 柱になる2×4材を天井高に合わせて鋸で切る（詳しい長さは2×4アジャスターの説明書を参照のこと）

② ＞ ①に2×4アジャスターを差し込み、設置したい場所に立て、水準器で垂直を確認。調節ねじを回して突っ張り固定する

③ ＞ 棚柱を②の柱に固定

④ ＞ 棚受けを取り付け、棚板になる2×4 材を仮置きして柱の間隔を確認

⑤ ＞ 2×4材をプレートで連結し棚板をつくる

⑥ ＞ 棚受けに⑤の棚板をビス留めして完成！

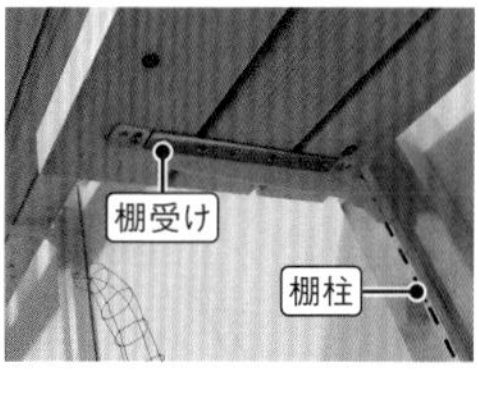

面で固定する 造付けステップ

> 「レギュラーウォーク」家具設計：LOYD

造付けのステップは壁下地の位置と壁厚を正確に把握する必要があるため、上級者向けです。正しい知識と技術が身に付けば、DIYでの製作も可能です。新築の場合、ステップは壁下地を補強して壁内に呑み込ませることが多いのですが、後付けの場合は、既存の下地（柱・間柱）にビス留めします。背板を設けて面で固定すれば強度が高まります。

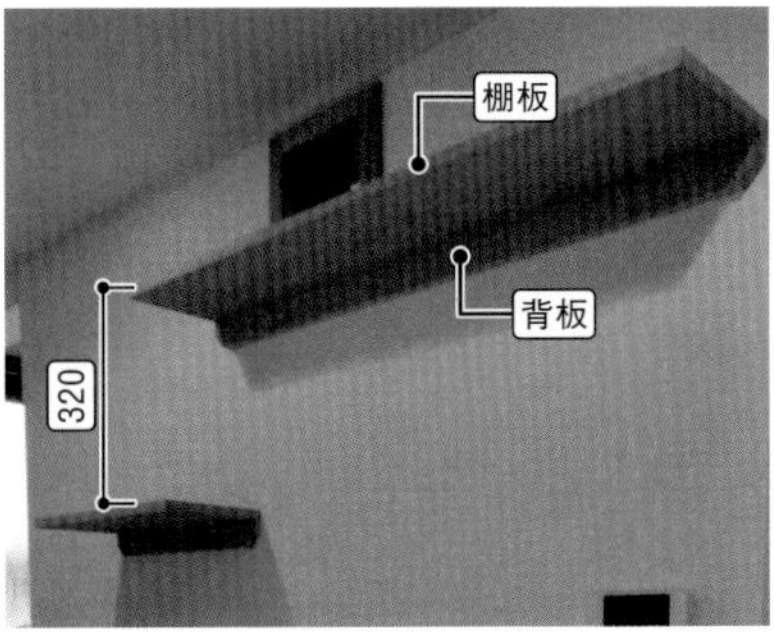

材料

- □シナ合板300×600×18㎜
- □小口テープ
- □内装用速乾接着剤
- □55㎜スリムビス（皿）――― 約10本
- □木材保護塗料

道具

□電動ドライバー：プラスドライバービット、下穴錐　□手動ドライバー（増締め用）
□サンドペーパー#120～#240（中目）
□水準器　□刷毛　□ウエス

作業の流れ

1. 見える部分に小口テープを内装用速乾接着剤で張り、小口の角をサンドペーパーで面取りする
2. 背板に棚板をビス留めする
3. 必要に応じて木材保護塗料を塗る［145頁参照］
4. 壁の下地位置にマスキングテープなどで印を付ける
5. 水準器で水平を測りながら、背板を壁下地にビス留めする

木取り図

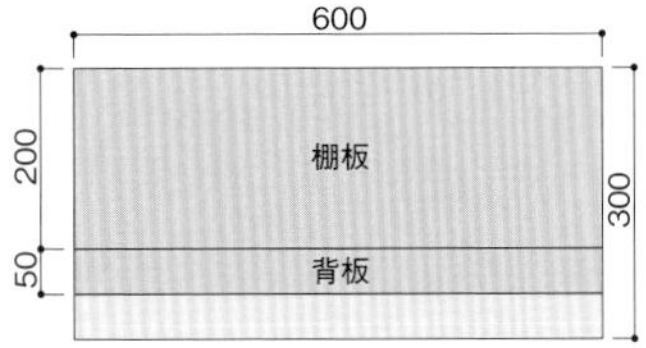

組立図

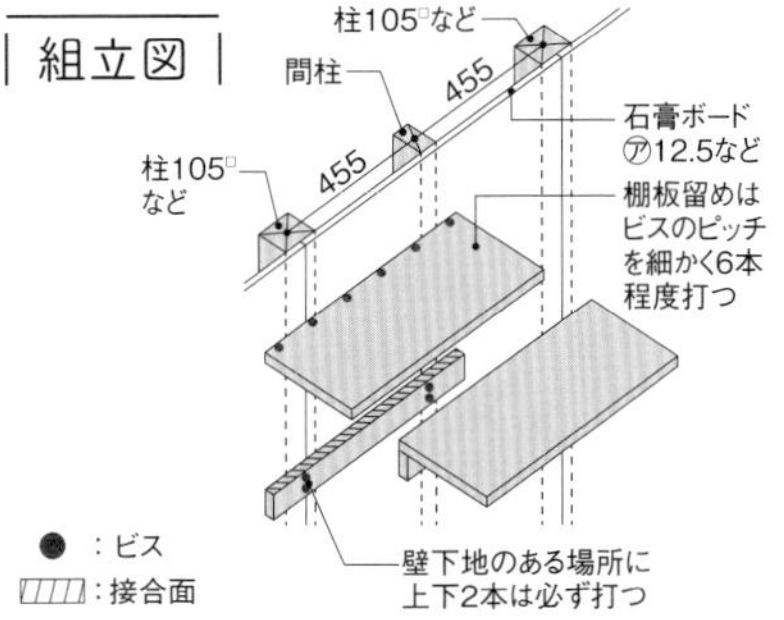

小さな収納に使える箱形ステップ

>「ボックスウォーク」家具設計: LOYD

箱形のステップも面で壁に固定できます。高さと奥行きが200㎜あれば、文庫本やCD、小物を収納可能。一般的な木造住宅の455㎜間隔の下地(2本)に固定するため、幅は600㎜以上確保します。H200×W600×D200㎜の箱でもよいですが、H236×W200×D200㎜の箱を3つ階段状に組み合わせて、ワンランク上の家具にしてみましょう。

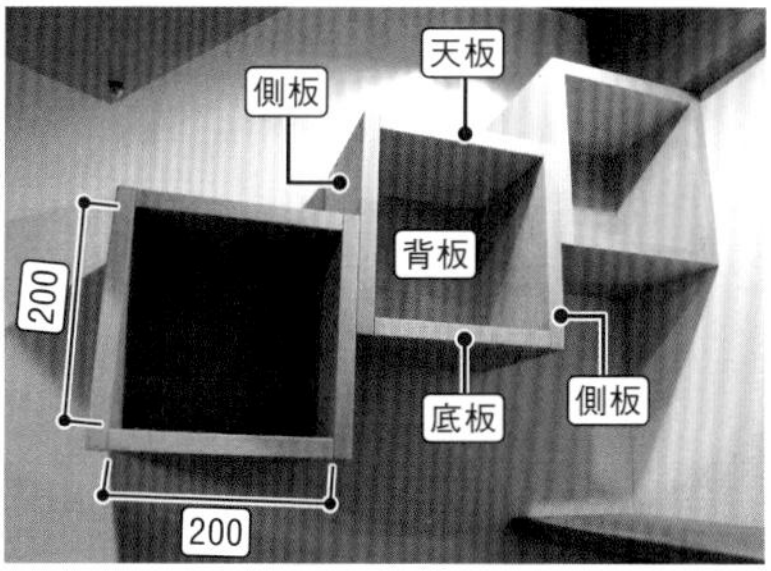

| 材料 |

- □シナ合板910×1,820×18㎜ —— 1枚
- □小口テープ
- □内装用速乾接着剤
- □55㎜スリムビス（皿）——— 約44本
- □木材保護塗料

| 道具 |

□電動ドライバー：プラスドライバービット、下穴錐　□手動ドライバー（増締め用）
□サンドペーパー　#120～#240（中目）
□水準器　□刷毛　□ウエス

作業の流れ

1. > 見える部分に小口テープを内装用速乾接着剤で張り、小口の角をサンドペーパーで面取りする
2. > 側板を天板と底板にビス留めする
3. > ②に側板をビス留めして箱をつくる
4. > 必要に応じて木材保護塗料を塗る〔145頁参照〕
5. > 壁の下地位置にマスキングテープなどで印を付ける
6. > 水準器で水平を測りながら、背板を壁下地にビス留めする

木取り図

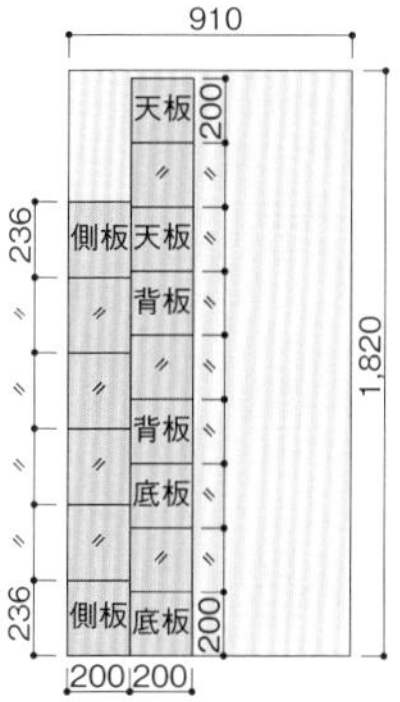

組立図

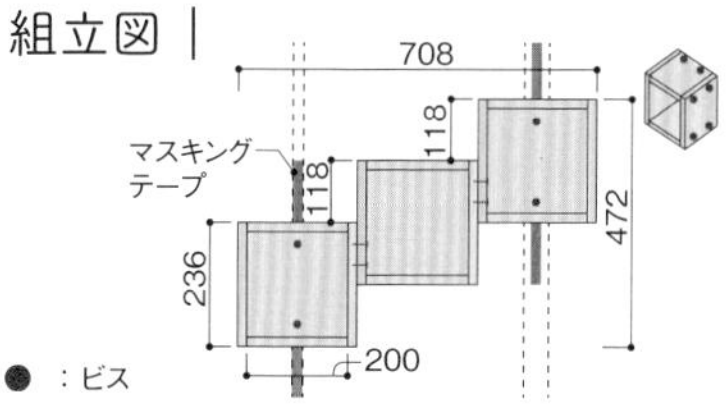

すっぽり包み込まれる ハンモックスタンド

＞「LOYDオリジナルハンモックスタンド」家具設計：LOYD

| ◷＞約2時間 | ¥＞約1万2千円 |

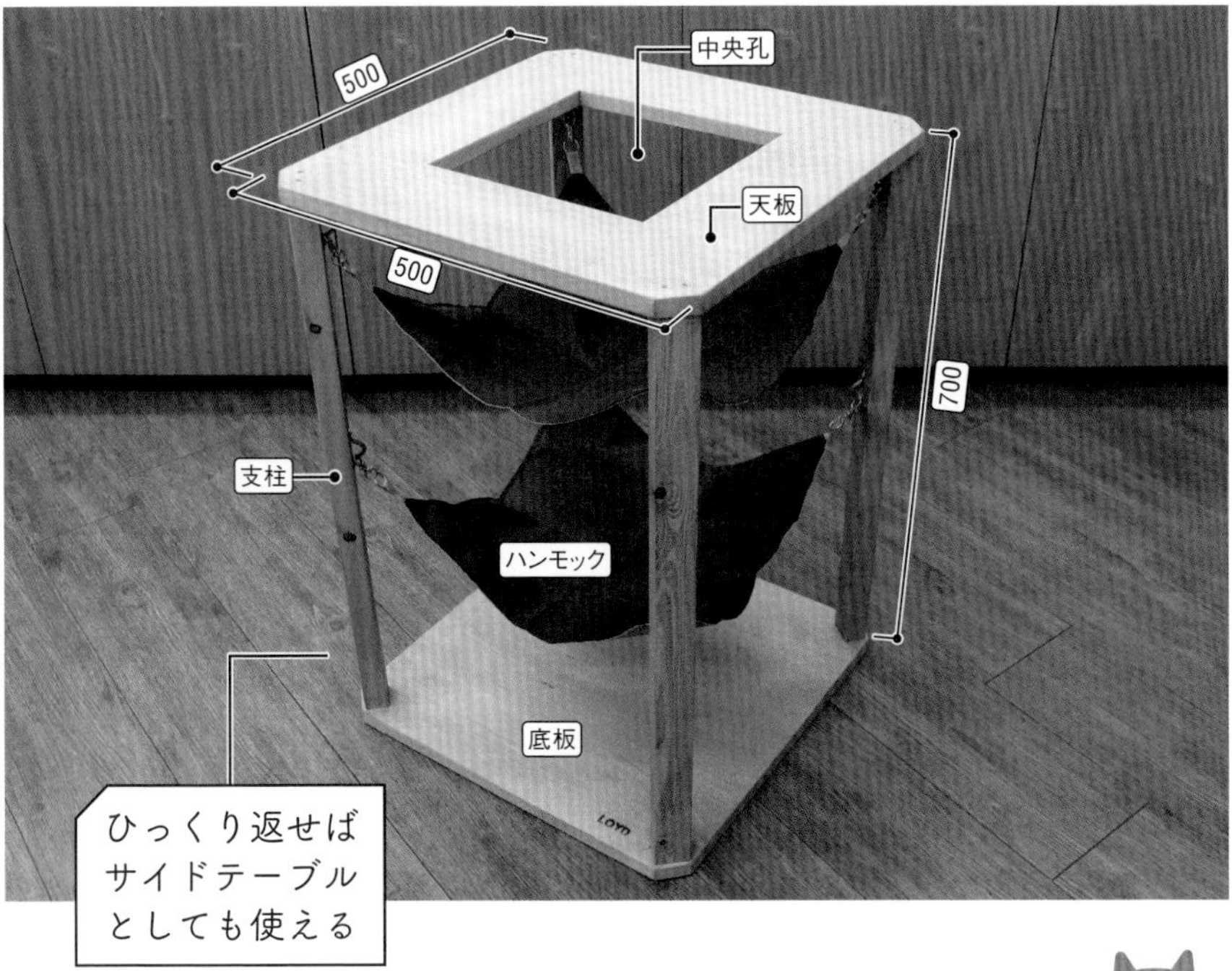

ハンモックで眠る猫は文句なしの可愛さ！

猫が使いやすいように高さを抑えたＬＯＹＤの人気家具、ハンモックスタンドです。通常は天井など高所から下げるか、椅子の脚部（座面の下）に取り付けられる猫用ハンモック。さらに工夫を凝らし、ハンモックスタンドとして独立させれば、猫がもっと好んでくつろいでくれるようになります。高さを７００㎜とすれば、猫が使用していない時はひっくり返してサイドテーブルにもでき、人用の家具にもなります。孔があいているので、くつろぐ猫を上から見られるという利点も。天井付近など高所のハンモックを嫌う猫でも、これならきっと気に入ってくれるでしょう。

| 材料 |

- □シナランバーコア500×500㎜×18㎜－2枚
- □小口テープ
- □内装用速乾接着剤
- □55㎜スリムビス（皿）――16本
- □角材30×40×664㎜――4本
- □アイストラップ――8個
- □木材保護塗料
- □タッピングねじ――16本
- □ペット用ハンモック――2枚

| 道具 |

- □鋸
- □電動ドライバー：プラスドライバービット、ドリルビット、下穴錐
- □サンドペーパー＃120
- □手動ドライバー（増し締め用）
- □刷毛
- □ウエス
- □スペーサー

| 木取り図 |

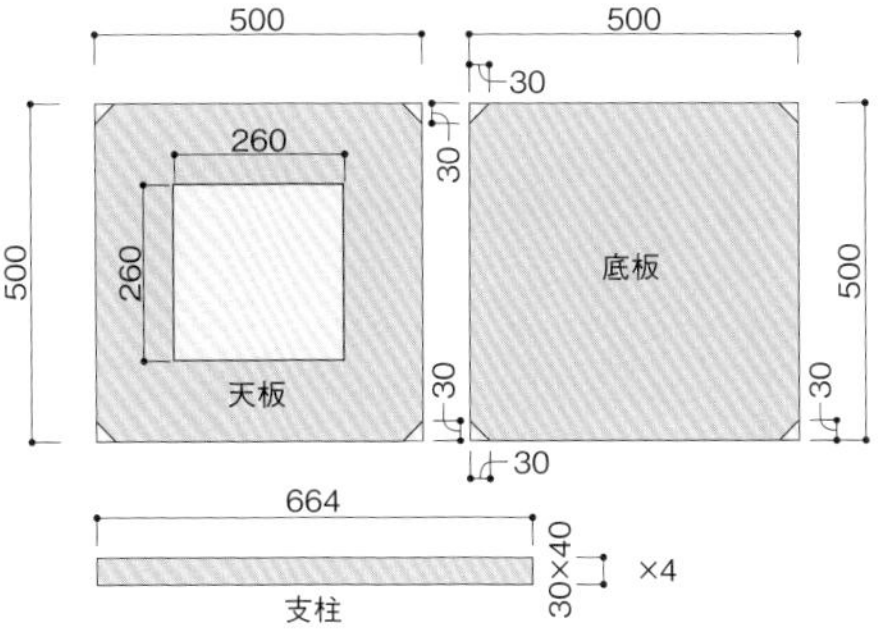

| 組立図 |

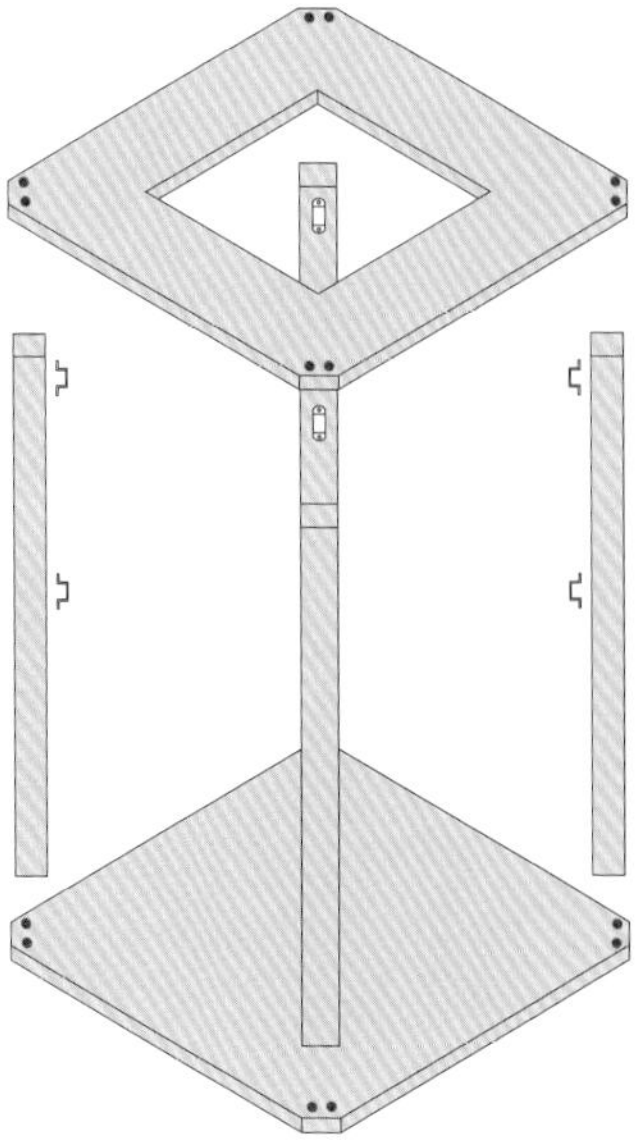

● ：ビス
▨：接合面

部材加工 ① 天板と底板の四隅を落とす

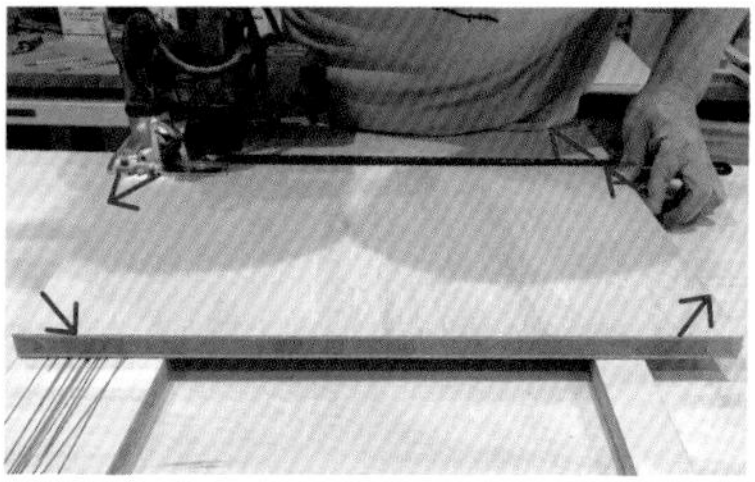

天板・底板の四隅を加工図のように切る。ここでは丸鋸を使用しているが、通常の鋸でも加工できる。刃に負担をかけないよう、材の下に角材を入れる。

加工図

天板・底板の四隅を30㎜切り落とし、八角形にする

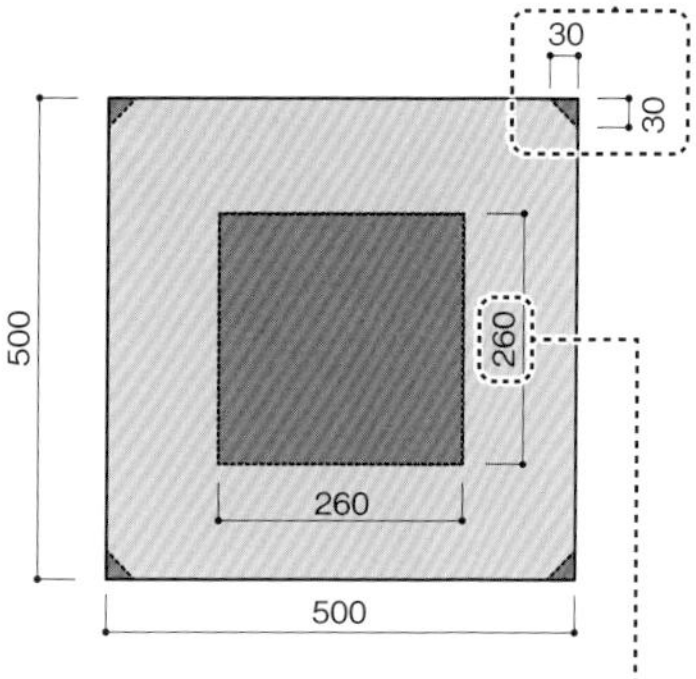

天板は中央に260㎜角の孔をあける

② 天板の中央に孔をあける

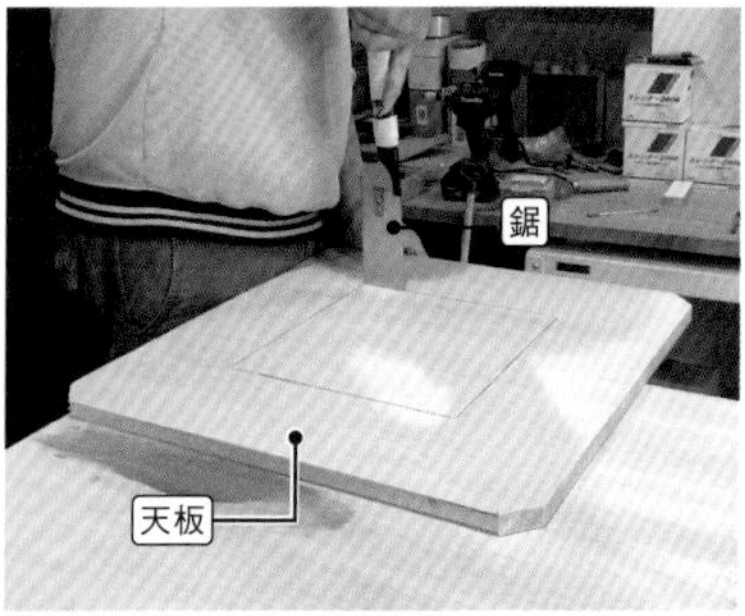

電動ドライバーと引廻し鋸で天板に猫が通る孔をあける［151頁参照］。墨付けをしたら、引廻し鋸→鋸の手順で切っていく。

▷ 天板の中央孔のあけ方

引廻し鋸を入れるための下穴の加工。天板中央に大きさ260㎜角の四角形の墨付けをし、四隅の墨の内側に電動ドリル（φ8〜10㎜のドリルビット）で孔をあける

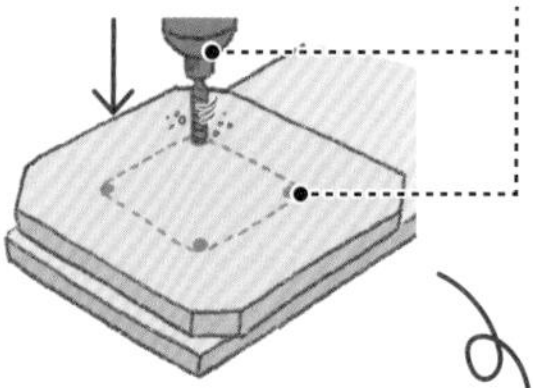

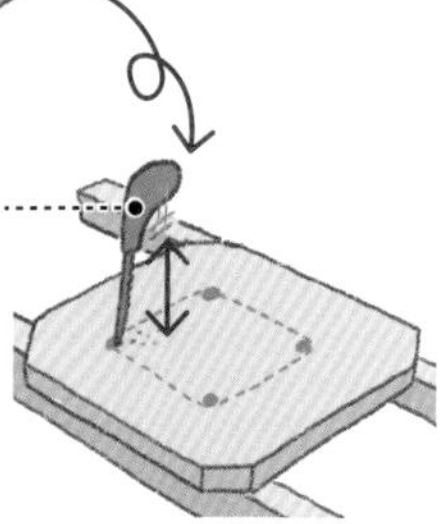

引廻し鋸を孔に差し込み、ゆっくり切り進む。鋸の先端が入る30㎜ほどまで切ったら、鋸の刃を入れて切り始める

角が取れて安心

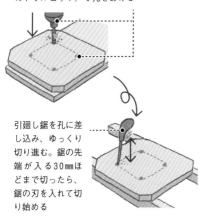

③ 小口テープを切断面に張る

小口テープを底板と天板の小口に張る。天板の中央孔部分の切断面にも貼り付ける。小口の端から内装用速乾接着剤を塗布し、2分以上のオープンタイムを置き、張り合わせて強く押さえる。

加工図

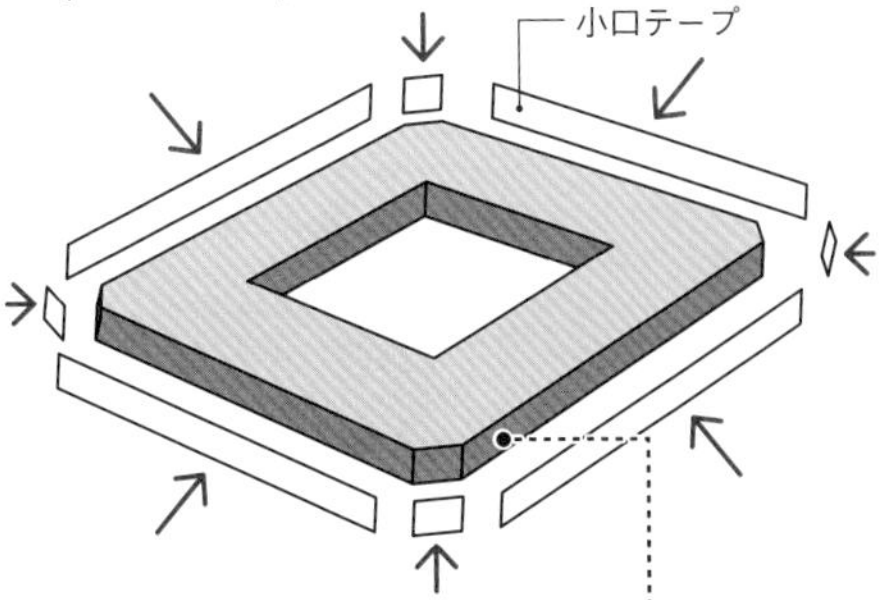

小口の切断面には内装用速乾接着剤を塗布し、小口テープを貼り付ける。小口の切断面の両端から塗り、小口テープの剥がれを防止する [136頁参照]

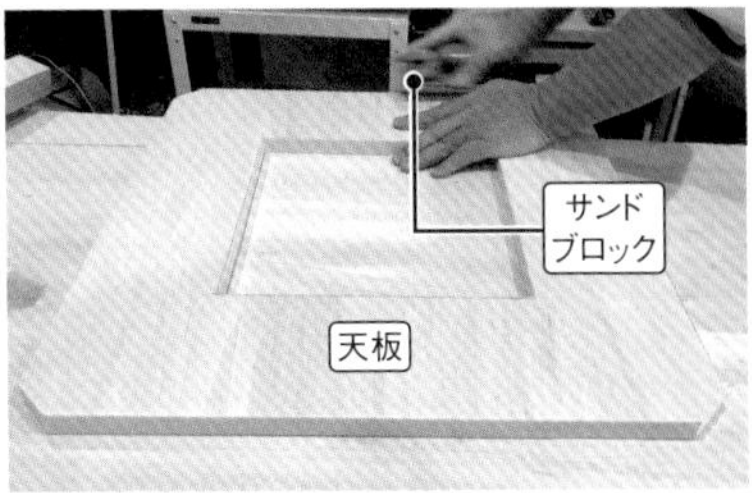

小口テープと材の角は、＃120のサンドペーパーで磨いて仕上げ、家具の触感を高める。指で触ったとき、角の引っ掛かりがない程度を目安に磨く。

④ 材全体を磨いて滑らかに仕上げる

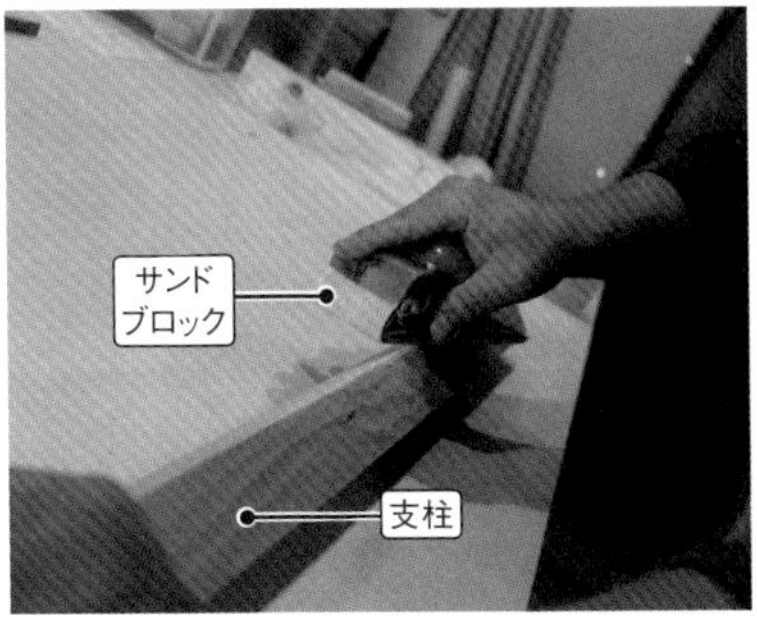

小口と同様に支柱の長手方向の角もサンドペーパーで滑らかに仕上げる。すべての部材の表面もしっかりと磨き、汚れや傷を取り除いておく。

▷ サンドブロックを接着剤で固定し、使用する

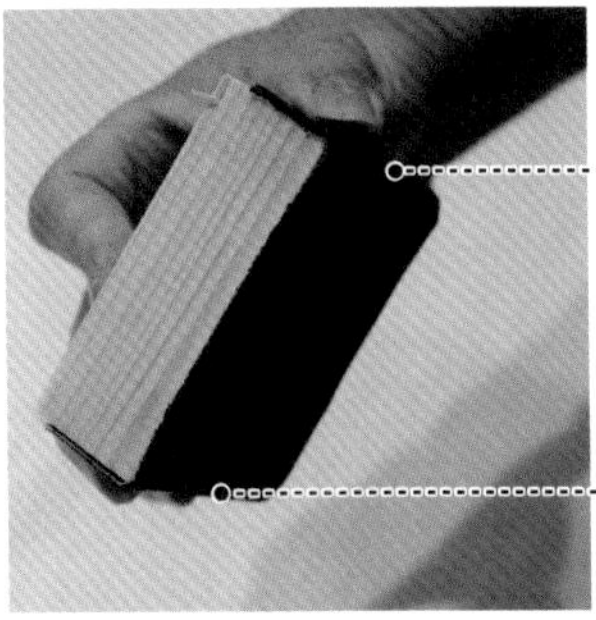

サンドブロックは市販されているものもあるが、ない場合は端材で代用が可能。サンドペーパーをブロック状の材に巻いて、木工用速乾接着剤などで両端を固定すると、使い勝手がよく、磨きやすくなる

組み立て ⑤ 支柱を底板に固定する

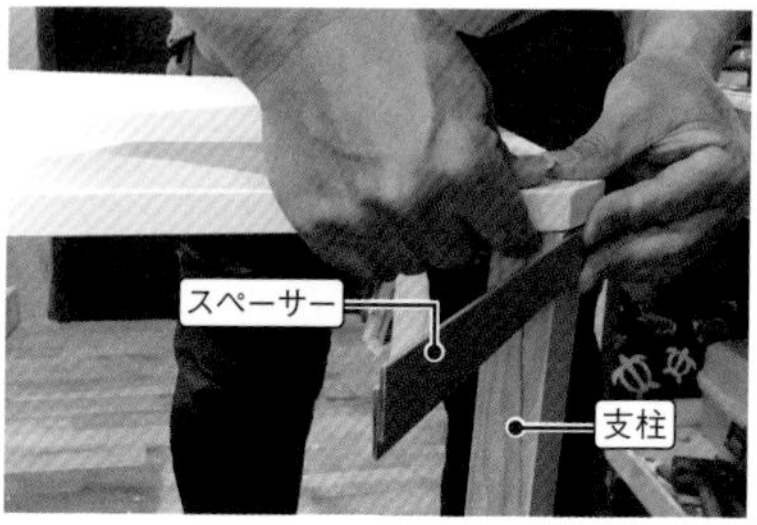

すべてのパーツがそろったら、底板→天板の順に組み立てる。支柱1本につき2本のビスで留める。事前にビスを打つ位置に墨付けし、4本すべての支柱を立てて仮組みする。スペーサーを使って底板の小口から5㎜内側の位置に支柱を合わせ［153頁参照］、手で固定するかマスキングテープで仮留めする。

組立図

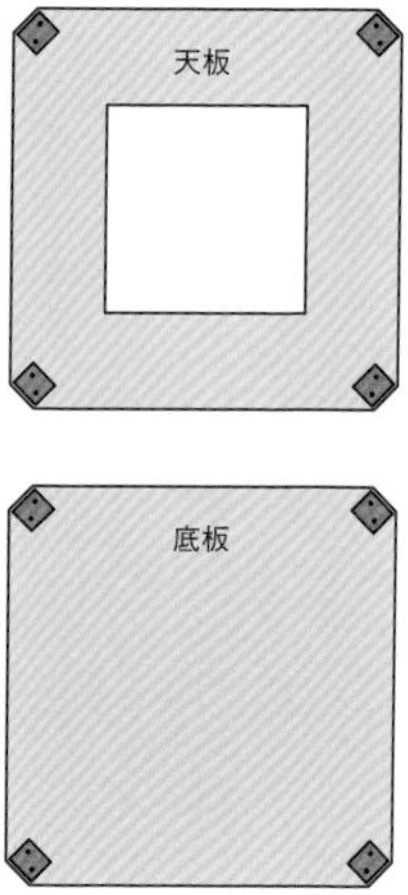

初心者は
マスキングテープ
で仮留め！

⑥ 1本目のビスを底板に留める

支柱1本につき1カ所下穴をあけ、ビスを1本ずつ打つ。ビス頭で床を傷つけることがないよう、底板にビスを1㎜程度めり込ませる。

⑦ 2本目のビスを底板に留める

次に本体を横向きにし、2本目のビスを打つ。精度よくカットされた支柱を使用していれば、ビスで固定すると底板に対して垂直になる。

完成が
少しずつ見えて
きている…

⑧ 天板をビスで留める

天板を支柱に固定する。⑦を自立させ、天板を上に置き作業する。スペーサーで位置を合わせ、支柱1本につきビス1本ですべての支柱を固定し、そのまま2本目のビスを打つ。

▷ 塗装を施すなら⑧のタイミング

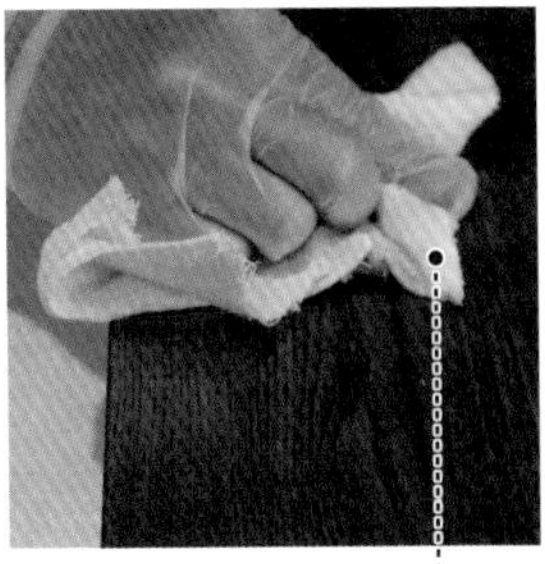

塗装は⑧の工程が終わった段階で施す。オイルを使用すると木の質感が引き立ち、完成度が高まる[145頁参照]。今回のような小型の猫家具であれば、1回塗りで木目を生かすとよい。塗装の際は作業場の床面を養生する

ハンモック ⑨ ハンモック用の金具を取り付ける

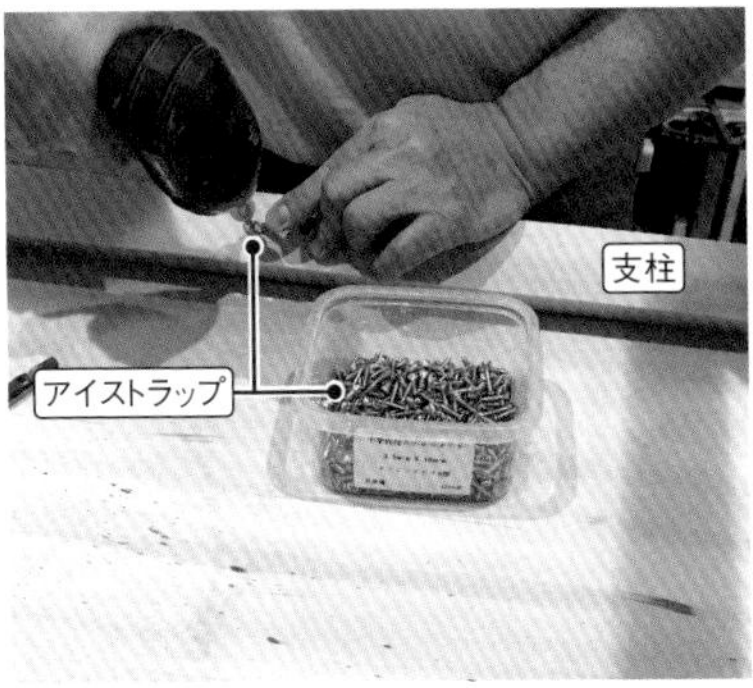

ハンモックを吊す金具を取り付ける。組み上がった本体を横に倒すと、金具を取り付けやすい。支柱の上部4カ所と天板から300㎜の位置に電動ドライバーで下穴をあけてタッピングねじ（材に雌ねじがなくても、下穴があれば締められるねじのこと）で留める。金具は、4つの合計の耐荷重が20kg以上の金物を採用する。

加工図

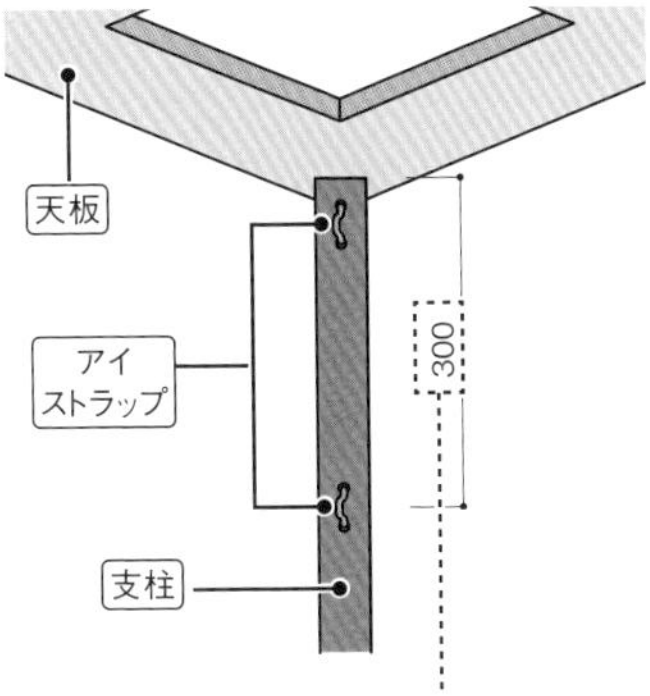

支柱の内側面の上部、および上端から300㎜の2カ所に金具を取り付ける

すっぽり包み込まれる ハンモックスタンド

⑩ ハンモックを取り付ける

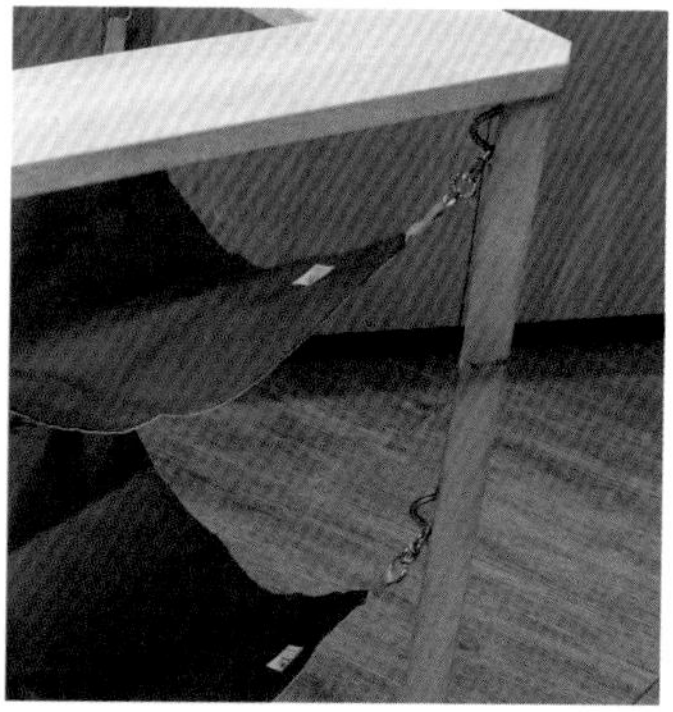

ハンモックを金具に取り付ける。金具とハンモックの組合わせで家具の雰囲気が変わるので、好みに合わせて選択する。金具や材に危険がないか最終確認をする。

▷ ハンモックの寸法

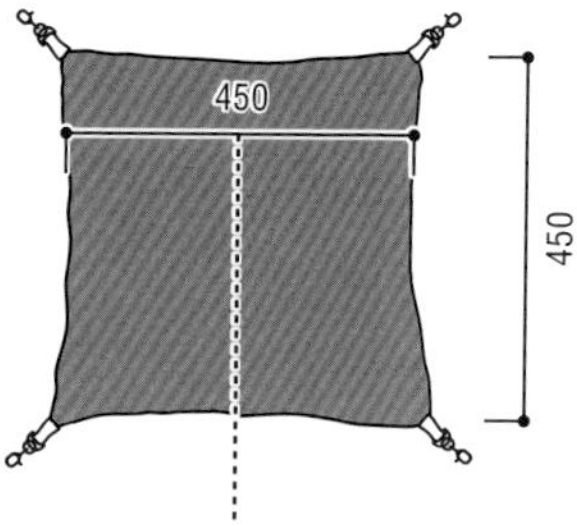

ハンモックは450㎜角の大きさ。市販のペット用ハンモックを使用するとちょうどよい。好みの柄で自作する際もこの寸法を基準につくろう

新しい寝床が増える…！

⑪ 完成

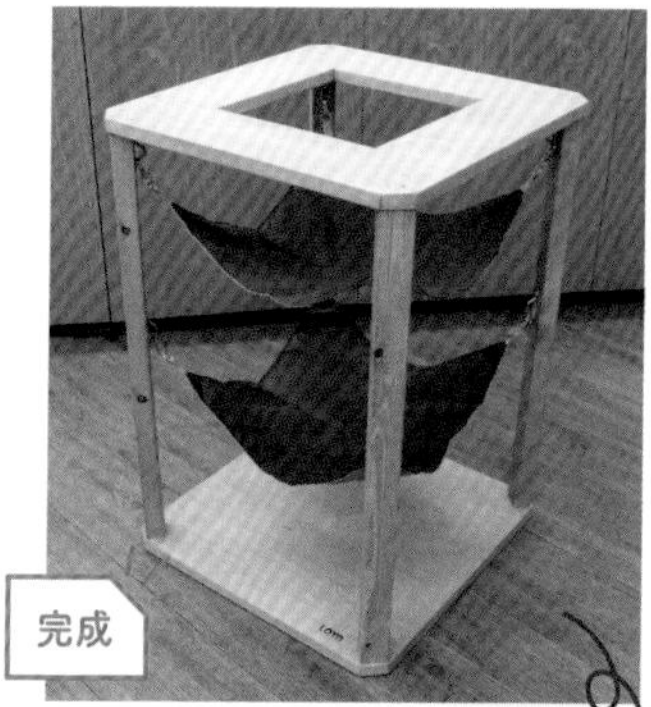

猫は上部の孔から内部に入りやすく、近くにいる人はハンモックで眠る猫の様子を上からうかがうこともできる。ひっくり返すとサイドテーブルとしても利用ができる。

▷ 金具の種類と耐荷重

アイストラップ

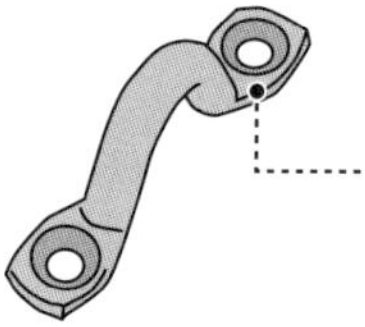

壁面や床面に取り付けて、ベルトやチェーンの端末金具とするのに最適。色や材質の種類も豊富。耐荷重も4点合計で20kg以上を確保できる

ウォールフック

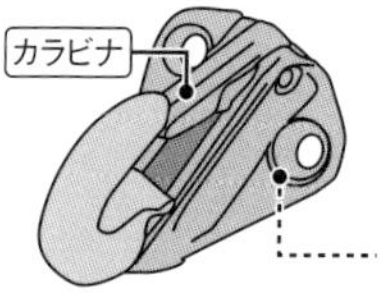

ウォールフックの場合は、外れ止めのカラビナがついたものを用いると便利。より耐荷重も確保され、家具のアクセントにもなる

▷集成材＋木栓処理で完成度アップ

①

木栓処理を接合部に施すとビスが見えなくなり、上質な印象の家具になる。余裕があるならぜひ挑戦したい。事前に端材などから木栓を製作する。埋木錐［78頁参照］で必要な数の木栓を切り出す

②

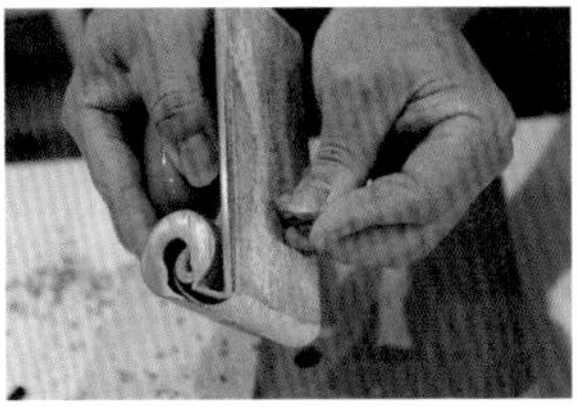

木栓は挿入側の角をサンドペーパーで磨き、ダボ穴に入れやすく加工する

③

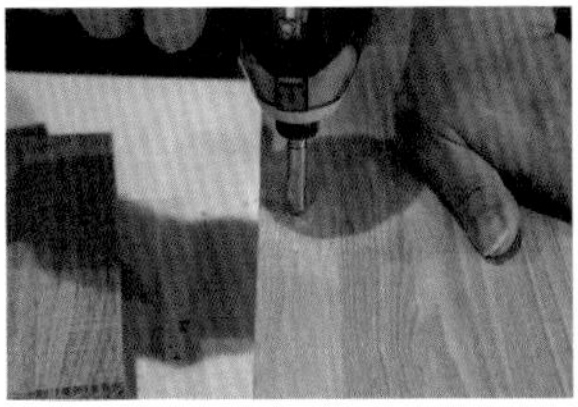

42頁⑥の工程で、電動ドライバー（皿取錐）で10㎜程度のダボ穴を開ける

④

電動ドライバー（下穴錐）で下穴をあけ、木ビスで留める

⑤

43頁⑧の工程のあと、製作した木栓をダボ穴に金づちで押し込む。この時木目の向きをそろえる。木栓がビスに達した高い音が聞こえるまでしっかりと打つ

⑥

出張った木栓を8寸目の鋸などアサリのない鋸［141頁参照］で切り取る。この時、切り終わった反動で板を抑えている手に鋸が当たらないよう注意する

⑦

最後に表面をサンドペーパーで磨き、完成。木栓と板材表面が一体化し、自然な見た目になる

100円ショップの材料でつくる
爪研ぎスツール

> 「あみあみつめとぎハンモックスツール」
家具設計・製作：アルブル木工教室

🕒 > 約3日 | ¥ > 約2千円

高さや段数は
自由に
変更できる！

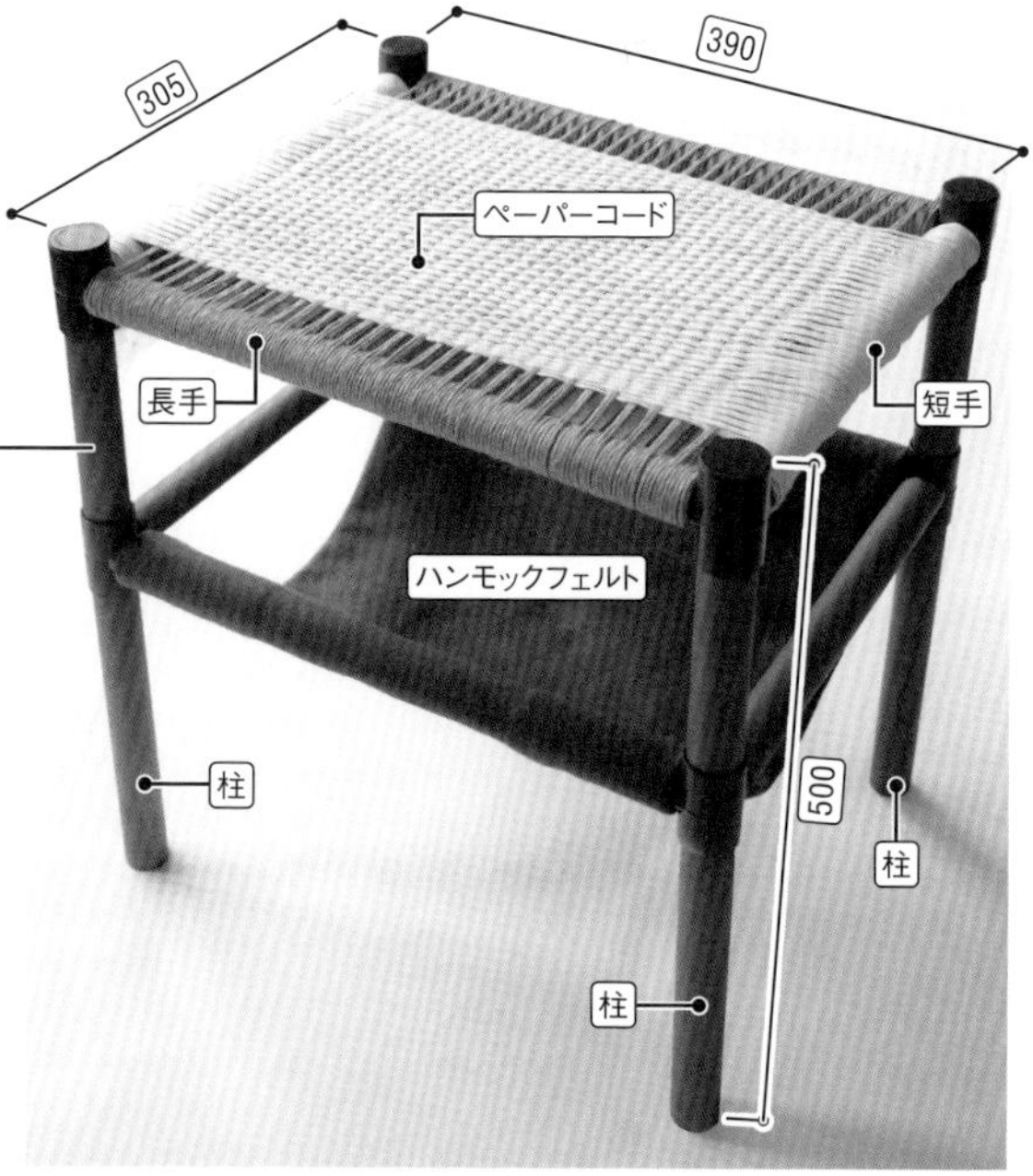

より詳しい
工程動画は
こちら！

安価でおしゃれな爪研ぎスツール

猫が楽しめて、家具としてもおしゃれなスツール。材料をすべて100円ショップでそろえたので、安価に製作できました。ペーパーコード製の軽くて丈夫なスツールは、編まれた座面で爪研ぎも可能で、猫にとってくつろげる居場所になります。今回は2色のペーパーコードを用意して、短手と長手で色を変えて編みました。材料費は安く抑えていますが、家具としてもおしゃれなスツールです。

ここでは2段で製作しましたが、丸棒の組み合わせを変えれば1段でも製作可能。つくりやすさや設置場所の広さを考慮して、丸棒の長さを変えましょう。

| 材料（2段の場合）|

- □丸棒（Craft rack／Seria）
  - 390㎜ ―― 6本
  - 305㎜ ―― 8本
- □L型ジョイント ―― 8個
- □ペーパーコード［※］（紙ひも／Seria） ―― 4個
- □フェルト布 ―― 1枚
- □20㎜釘 ―― 1本
- □木工用速乾接着剤

| 道具 |

- □鋸
- □金づち
- □編《あ》み鉤棒《かぎぼう》
- □洗濯ばさみ

※ 紙に樹脂を含ませてより合わせた紐。材料費にこだわらなければ、100円ショップ以外で市販されているペーパーコードが早く編めるのでお勧め。紐は太いほど編む回数が少なく済むのでつくりやすくなる

| フレーム部品 |

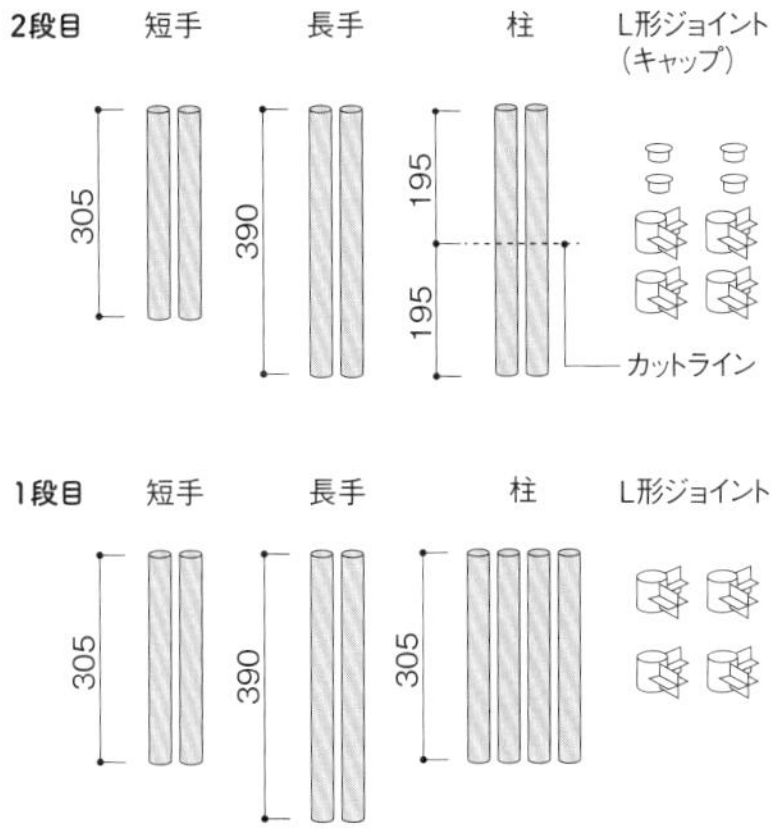

| 組立図 |

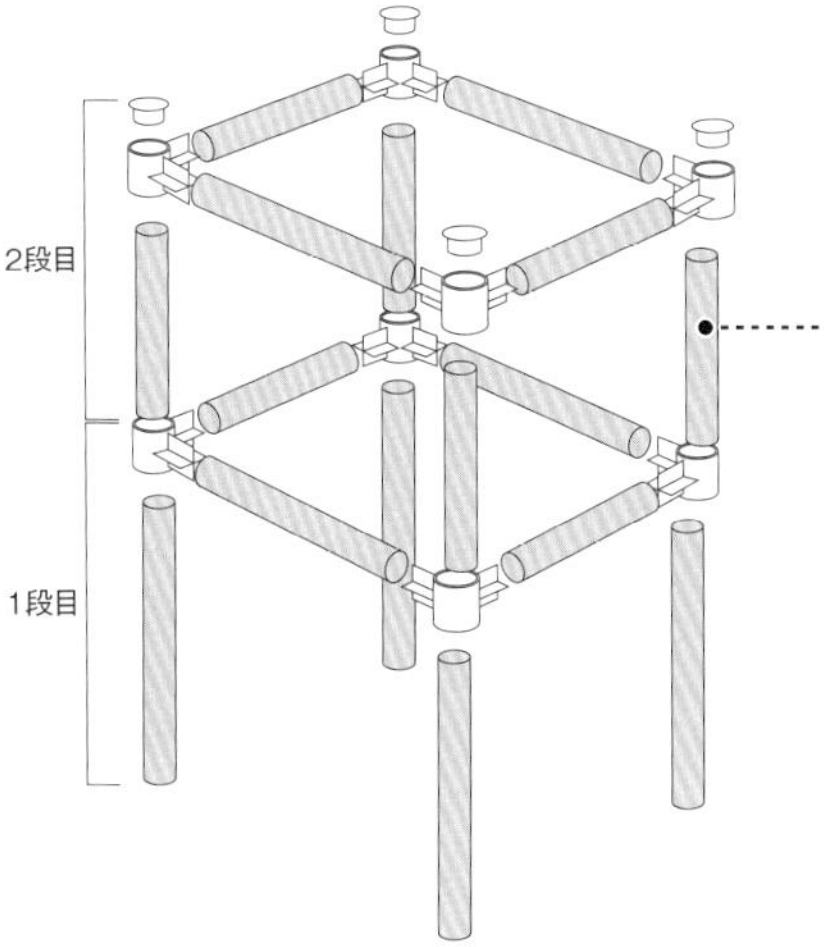

今回は2段目柱に、規格サイズ（長さ390㎜）を鋸で2等分した195㎜の丸棒を用いた。1段目柱および短手、長手には、規格サイズの丸棒を使用。丸棒の組み合わせ方や、鋸での長さ調整によって、高さは任意に決められる

使用した製品は2020年5月時点のものです。現在販売されている製品と形状や色などが異なる場合があります

部材切り出し ① 丸棒を切る

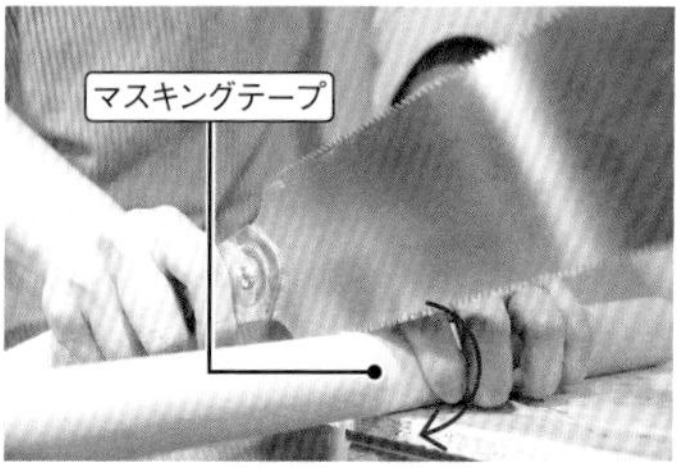

スツールの高さを任意に決めたら、高さに合わせて丸棒を鋸で切る。丸棒にマスキングテープで印をつければ、まっすぐ切りやすい。

組み立て ② 丸棒を組み立てる

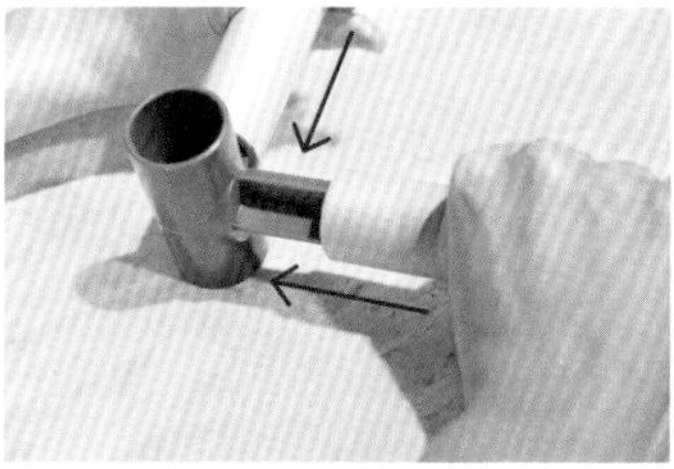

丸棒とL形ジョイントを組んで、1段目と2段目のフレームをそれぞれ組み立てる。

③ ペーパーコードを固定

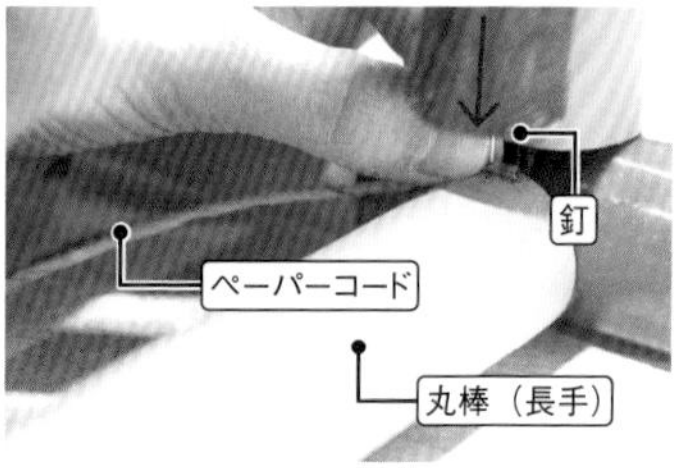

2段目長手の内側端に、ペーパーコードを釘で留めて固定する。

編み込み ④ 丸棒を組み立てる

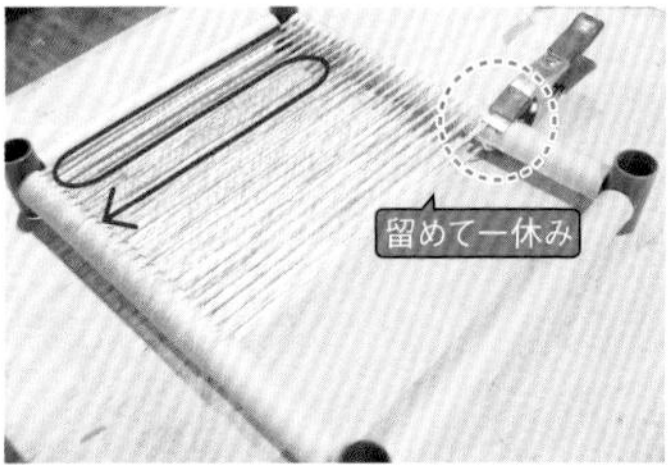

短手方向にペーパーコードを編みこんでいく。大きな洗濯ばさみなどで留めて、休憩しながら進めるとよい。

編み方図解

編みこみに関わらない部分を捨て巻きと呼ぶ。編みこみのピッチが細かいと張りがきつくなりすぎて、編みづらく座り心地も悪くなる。2回編むごとに3回捨て巻きを挟むとよい

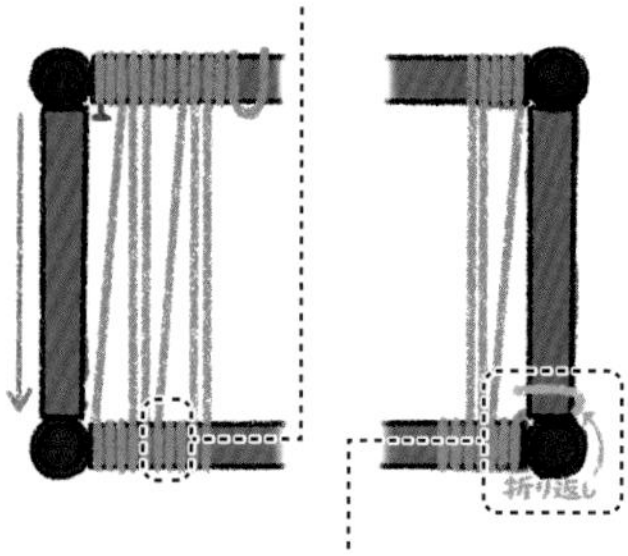

短手方向は巻いていくだけなのでスムーズに進む。短手方向が編み終わったら、ペーパーコードを折り返して長手方向に編みこんでいく。ここでペーパーコードを一度切って、色を変えるとおしゃれ

⑤ 長手方向に編みこんでいく

裏側まで編みこんでいくのは大変なので、表側だけ編めばよい。

編み方図解

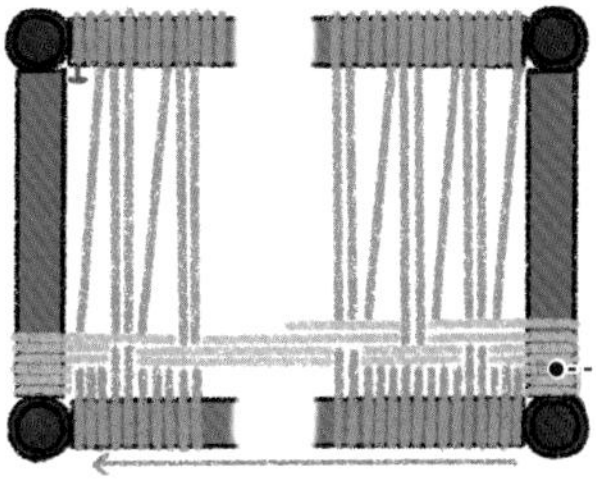

長手方向は、編み進むほど張りがきつくなるので根気が必要

⑥ 編み終わり

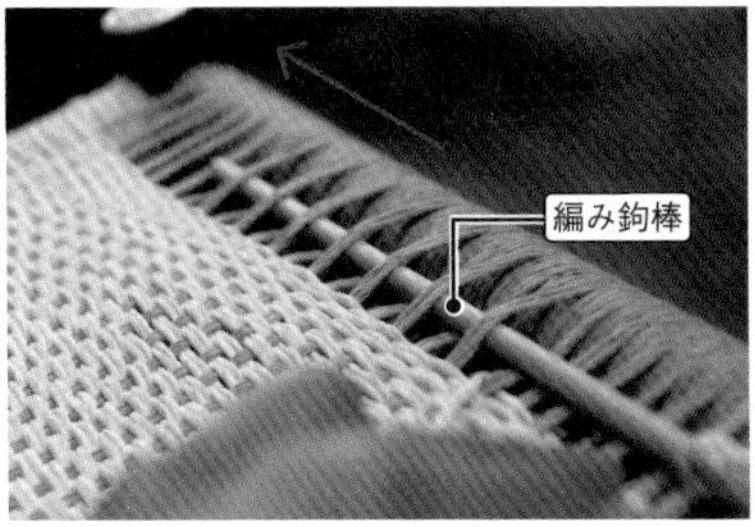

最後まで編み終わったら、ペーパーコードを編み鉤棒で隙間に押し詰めて、余った部分を切る。

長手方向の
編みこみには、
編み鉤棒が大活躍！

ハンモック

⑦ ハンモックをつける

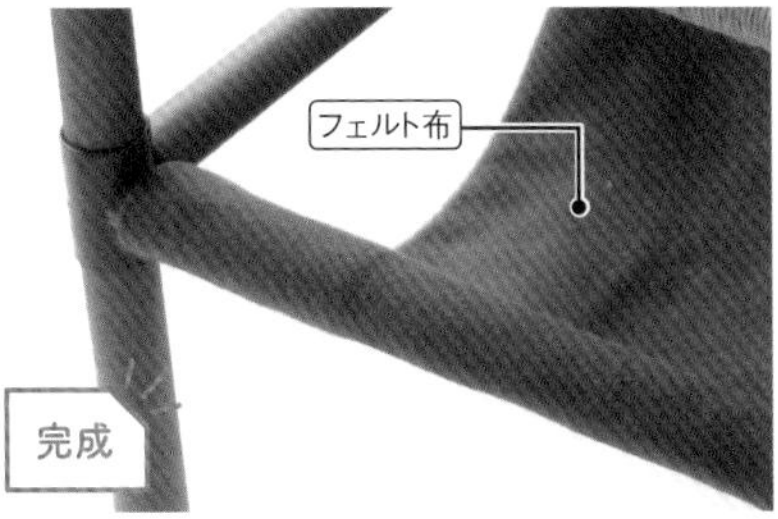

フェルト布を1段目の長手側に巻きつけ、布の端部を縫う。丸棒は取り外せるので、布は洗濯可能。1段目と2段目を組み合わせて完成。

▷ 継ぎ足しながら編む

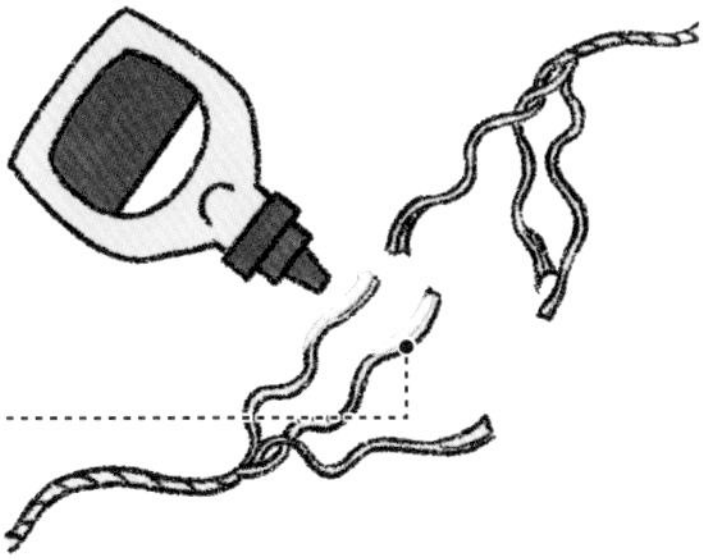

ペーパーコードは途中で区切りながら、座面裏側で結んで継ぎ足していくと楽。継ぎ目を目立たせたくない場合は、コードをほぐして木工用速乾接着剤で継いでもよい

くつろぐ姿に癒やされる 休憩ボックス

＞「猫用おこもりハウス」家具設計：猫と建築社

⌚＞約2時間 ｜ ¥＞約4万5千円

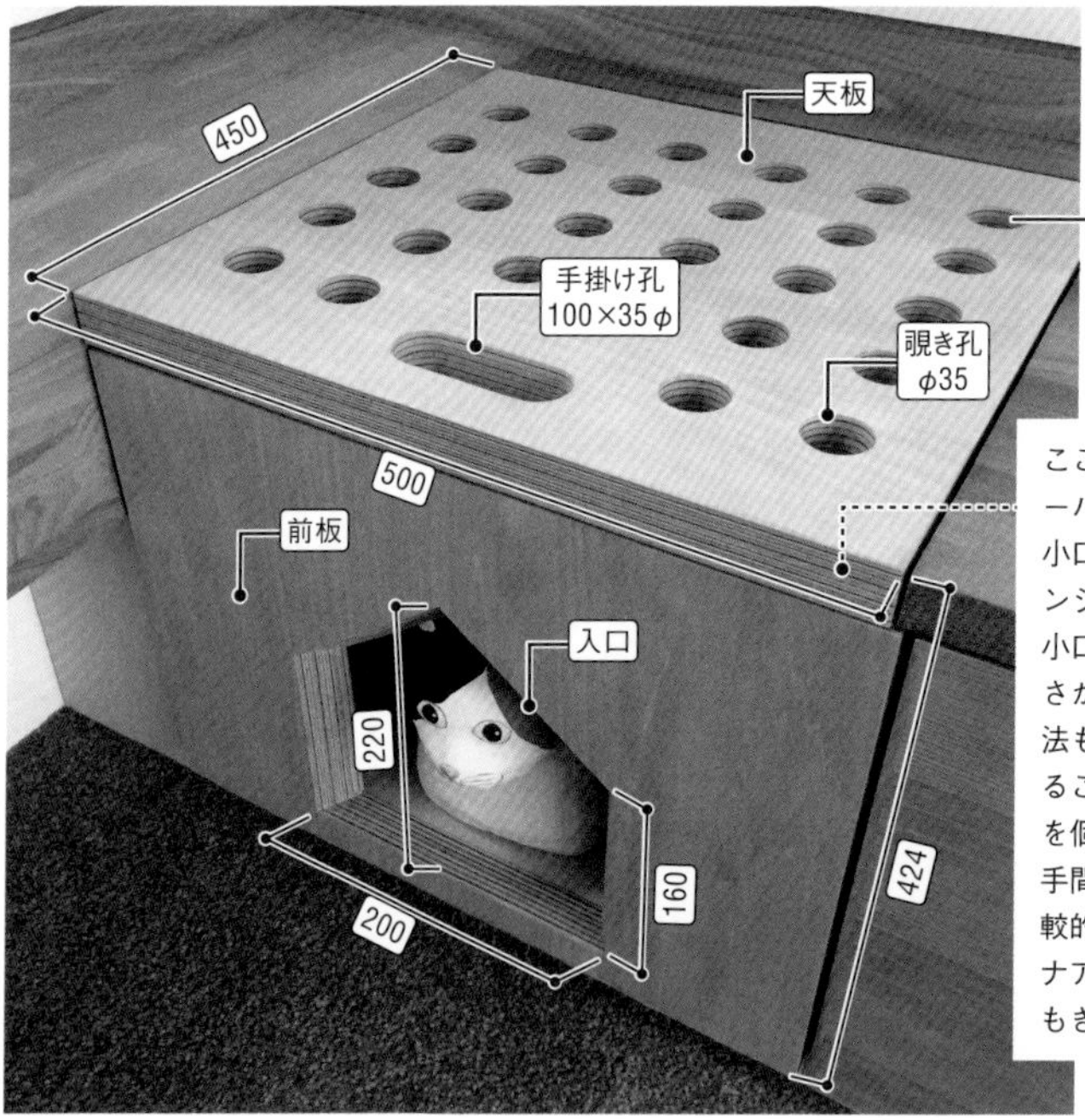

ここでは色紙を挟み込んだペーパーウッド合板（厚さ30㎜、小口のカラーはレッド＋オレンジ。滝澤ベニヤ）を使用。小口のカラーによって材の厚さが異なる。用意する材の寸法も変わってくるので注意すること。ペーパーウッド合板を個人で用意するのは予算も手間も掛かるが、代わりに比較的安価なシナ共芯合板やシナアピトン合板などを使ってもきれいに仕上げられる

隠れられる場所をつくる

休憩ボックスをつくって、猫に安らげる居場所を用意しましょう。様子を見守るための孔をあけ、緊急時に連れ出しやすいつくりにすると◎。人の出入りが多いリビングも、休憩ボックスがあれば、猫が家族の気配を感じながら安らげる場所になります。

体調の悪い時や、病院に連れて行かれそうな気配を察知した時など、猫には身を隠す習性があります。緊急時に連れ出しやすくするために、休憩ボックスには2方向の出口や広めの開口部を設けるとよいでしょう。ここでは籠り感を残しつつ清掃性も考慮して、天板を開閉式に。天板に覗き孔を設ければ、猫の様子をうかがったり、おもちゃで遊ばせたりもできます。

| 材料 |

□シナ合板1,820×910×24㎜ ―――― 1枚
□上開き用ソフトダウンステー［※］―― 1個
□スライド蝶番 ―――――――――― 2個
□55㎜スリムビス（皿）―――――― 10本
□木工用速乾接着剤
※ 扉の開閉動作をゆっくり静かに抑えるための金具

| 道具 |

□電動ドライバー：プラスドライバービット、ボアビット、自在錐
□手動ドライバー（増締め用）
□引廻し鋸
□鋸ヤスリ

木取り図

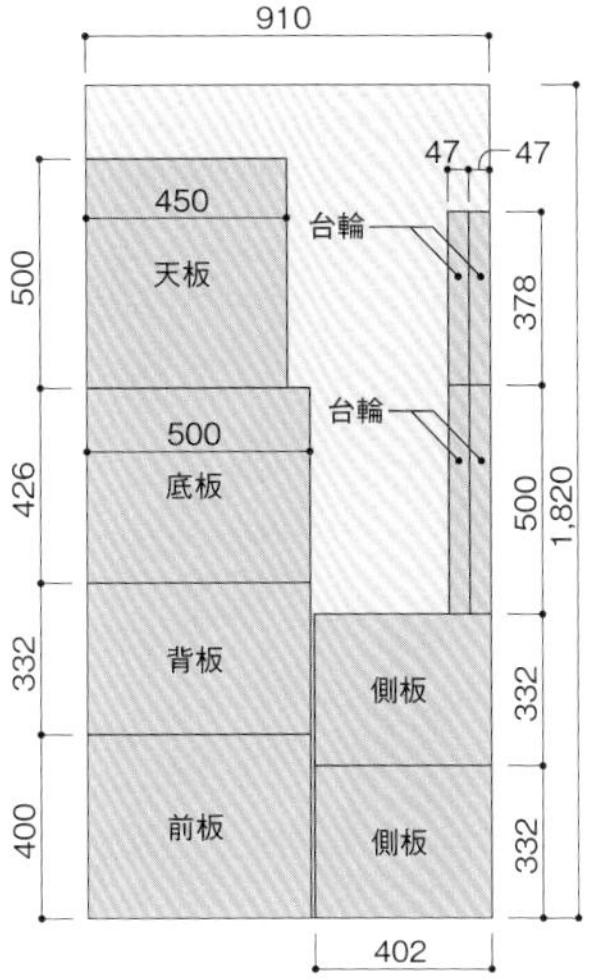

組立図

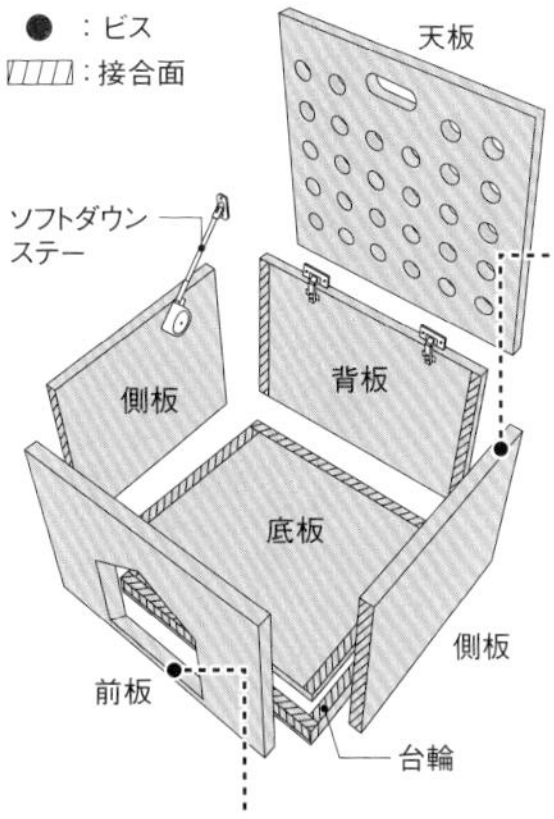

前板・底板・台輪は、ビス留めで接合する。前板・側板・背板・底板は、ビスケットジョイントやポケットホールジョイントで接合すると意匠性が高い。難しければ、木工用速乾接着剤＋L形金物で接合してもよい

ここでは小口を意匠的に見せるため、入口用の孔に鋸ヤスリでテーパーをつけている。テーパーをつけなくても制作上・使用上の支障はない

作業の流れ

① > 自在錐と引廻し鋸で天板に覗き孔と手掛け孔を、前板に入口用の孔をあける

② > 天板・側板にスライド蝶番・ソフトダウンステーを取り付けるための加工を施す［74頁参照］

③ > 台輪・底板・前板をビスで留める

④ > ③に側板・背板を接合する

⑤ > 天板を取り付けて組み立てる

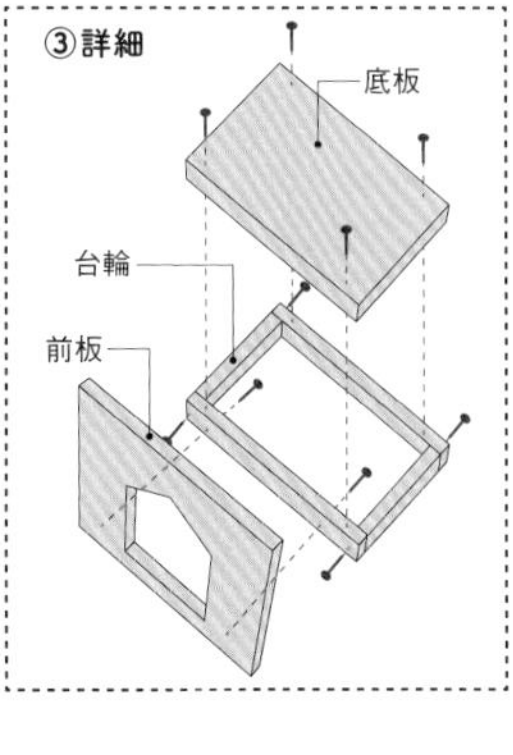

おしゃれキャットの必需品
爪研ぎ柱

> 「爪研ぎポール」家具設計: LOYD

> 約1時間 | ¥ > 約7千円

お薦めは丸柱×綿ロープ

猫にとって爪研ぎは不可欠。気分転換やマーキングの目的もあり、止めさせることはできません。壁や家具を傷から守るためにも、専用の爪研ぎを用意してあげましょう。

爪研ぎ柱の高さは、柱を登りながら爪研ぎするのが好きな猫も多いので、500㎜以上にするとよいでしょう。また、登りやすいのは角柱よりも丸柱。角柱だと爪研ぎが角に集中して傷みやすいデメリットもあります。

ロープには安価な麻縄を使う手もありますが、猫が爪を研ぐたびに細かなゴミが出るうえ、耐久性にも難あり。定期的な交換は必要ですが、熱や摩擦に強い綿ロープでつくることをお勧めします。

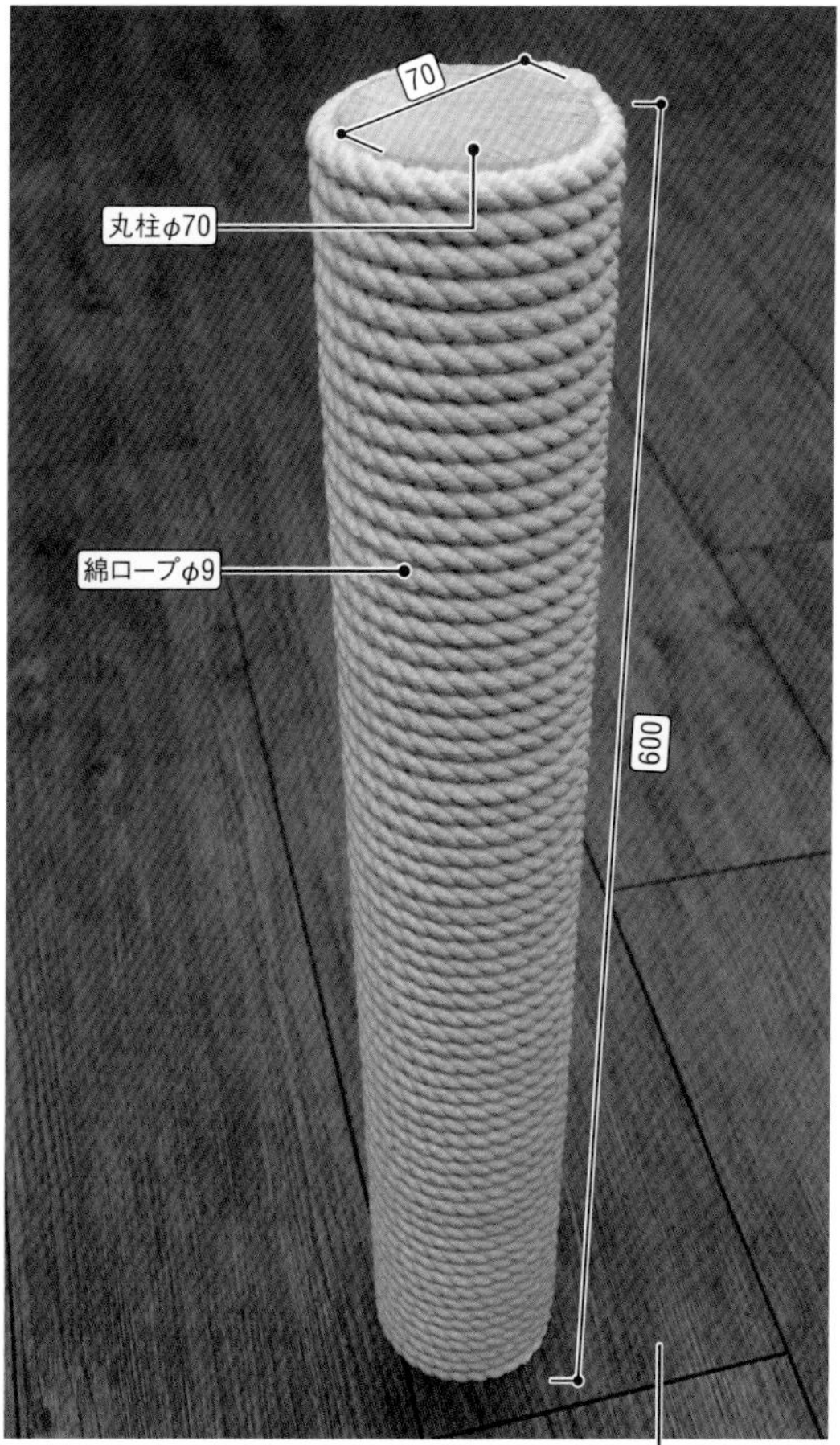

ロープの巻き方にひと工夫！

材料

- □丸柱（φ70㎜）――――――――600㎜程度
- □綿ロープ（φ9㎜）――――――20m［※］
- □木工用速乾接着剤

※ 丸柱の高さが650㎜未満の場合。650㎜以上の丸柱を用いる場合は、綿ロープの長さは20mでは足りないので注意

道具

- □カッター
- □ウエス

組立図

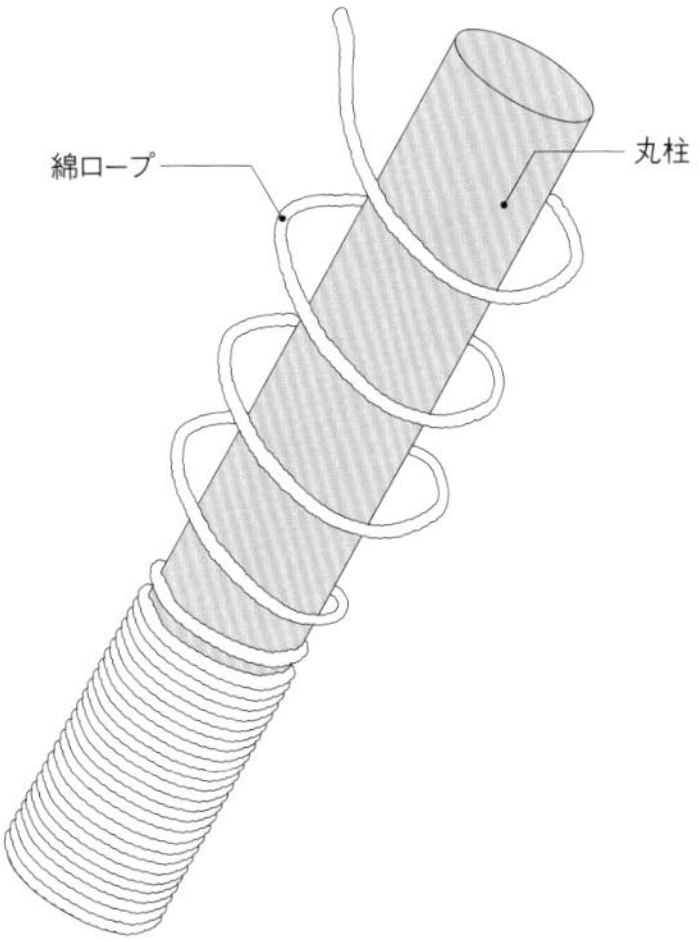

製作例（台座を取り付けた場合）

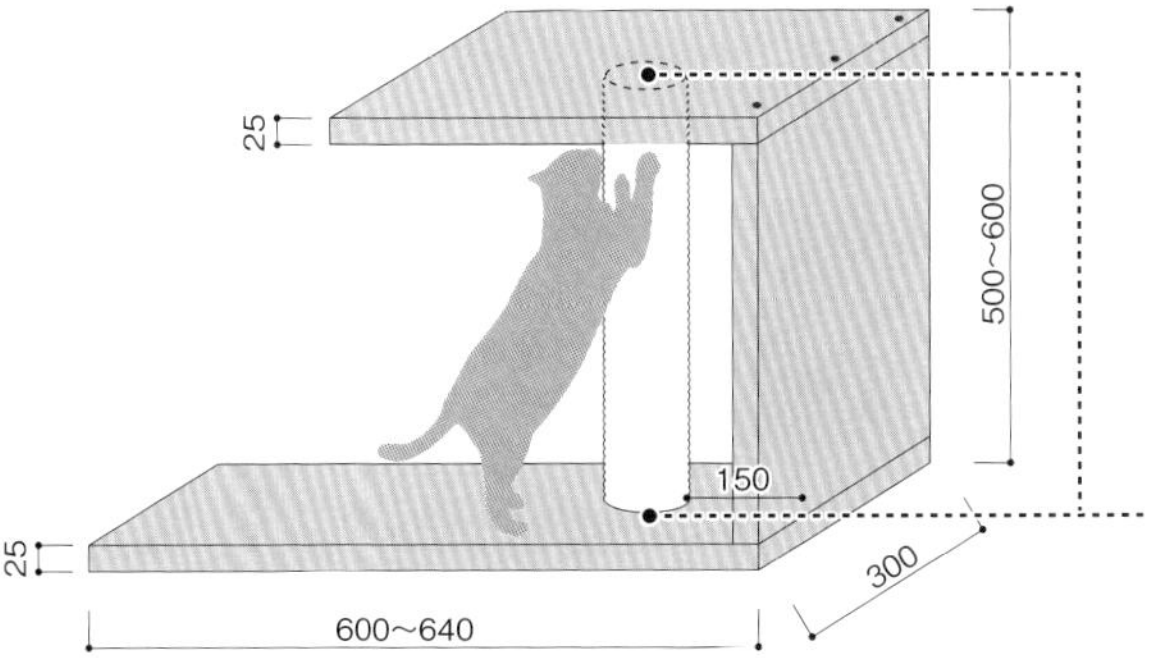

丸柱の上下に台座（厚さ25㎜）を取り付ければ、自立する爪研ぎ台に。台座への取り付けは、55㎜スリムビスで上下3カ所ずつを留めれば十分

下準備 ① 下準備をする

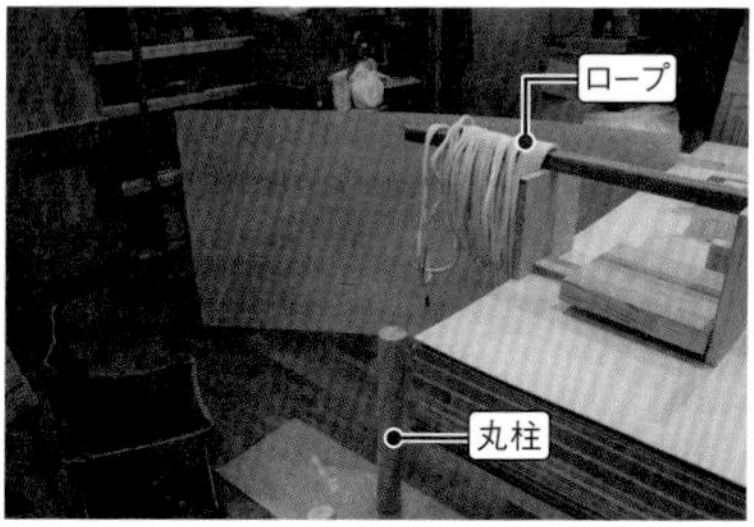

ロープは隙間なくしっかり巻き付ける必要があるので、椅子に座って作業できるスペースを確保しておく。すぐそばに角柱や棒などを用意してロープを垂れ下げておけば、クセがつきにくく巻き付け作業もスムーズ。

巻く ② 結び目をつくる

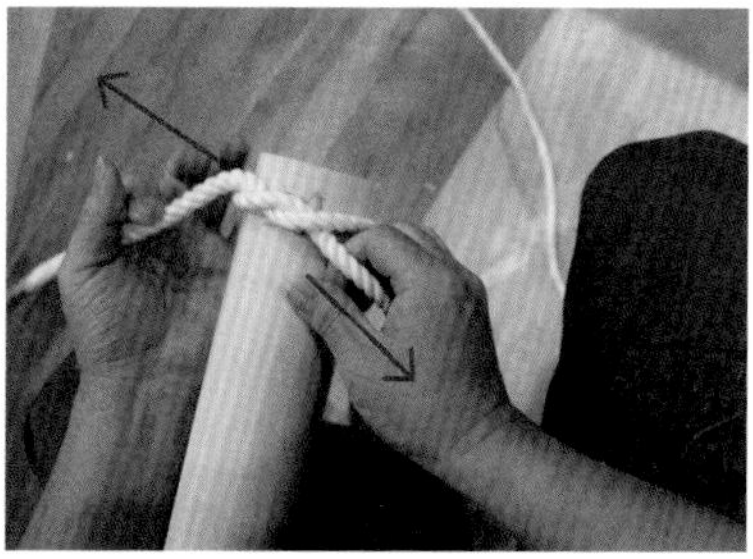

ロープの端が上向きになるように、ロープを丸柱にしっかり結ぶ。

③ 結び目をスライドさせる

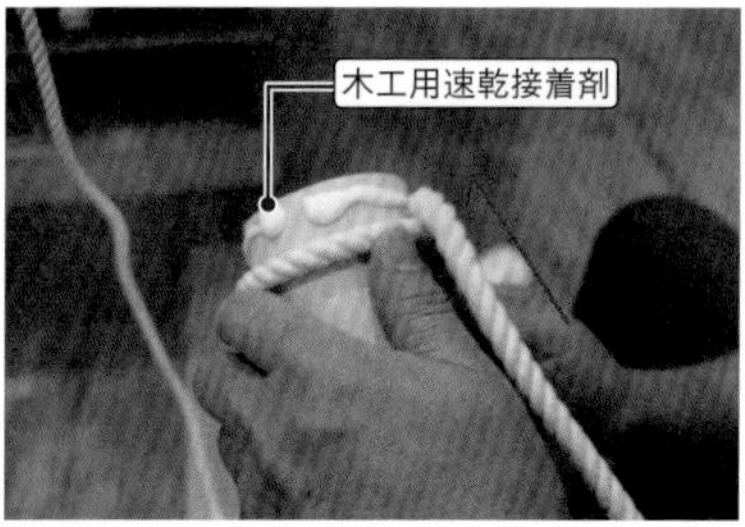

丸柱の端に木工用速乾接着剤をたっぷり塗布したら、結び目をスライドさせて、丸柱の端まで持ち上げる。

④ 端部をしっかり接着する

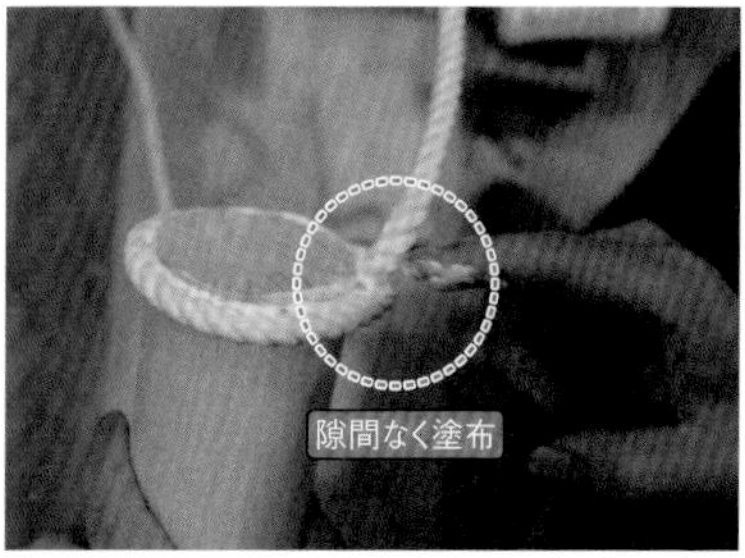

ロープと丸柱の隙間を埋めるように、木工用速乾接着剤を多めに塗布。

指に付いた接着剤を、
濡らしたウエスで
こまめに拭き取り
ながら作業しよう！

5 ロープを巻き付ける

丸柱に木工用速乾接着剤をたっぷり塗り、丸柱を回しながらロープを巻き付けていく。

▷ 途中で逆さに

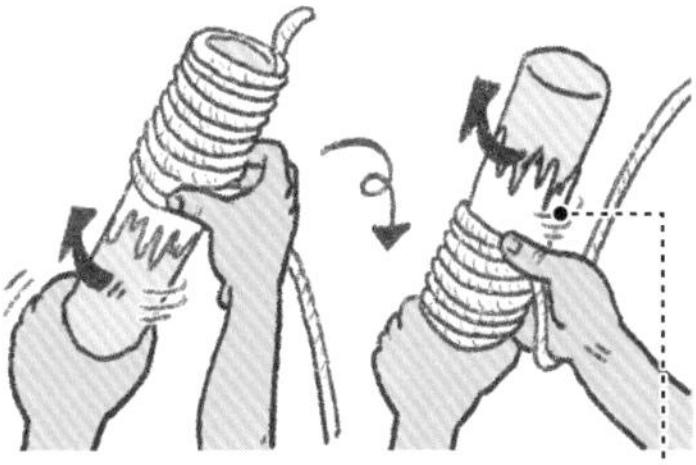

1／3程度までロープを巻き終わったら、丸柱を逆さに。巻き付け終わった部分を持ち手にして、ロープを巻き付けていく

仮留め 6 仮留めする

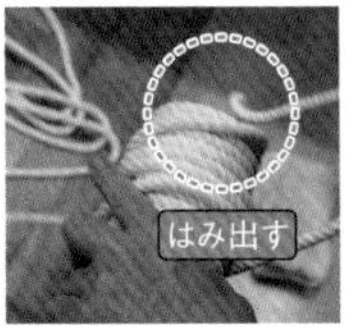
はみ出す

仮留め

ロープは丸柱からはみ出すまで巻き付ける。ロープを折り返してくくり、巻き付けて仮留めしておく。

仕上げ 7 端部を仕上げる

繊維ごと固めるように

丸柱端部はロープの繊維ごと固めるように木工用速乾接着剤を塗布。

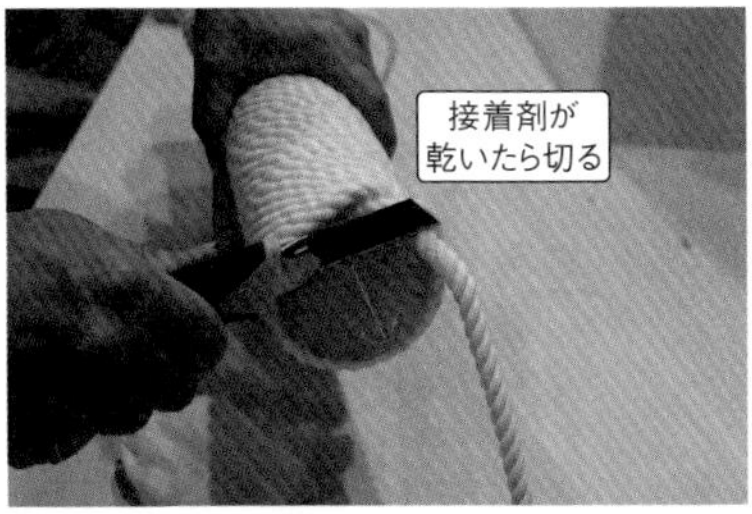
接着剤が
乾いたら切る

木工用速乾接着剤
で切断面を保護
完成

ロープの余りをカッターで切り取り、底を水平にする。さらに上から木工用速乾接着剤を塗って、切断面を固く保護するとよい。接着剤が乾いたら完成。

台座に取り付けて
使ってね

お部屋のアクセントに！
ツリー型キャットタワー

＞「ツリーハウス」家具設計：黒猫組
（CAT'S INN TOKYO 藍智子、檀上新建築アトリエ 檀上新、仲道工務店
仲道弘征による猫プロジェクトユニット）

| ◷ > 約2日 | ¥ > 約23万8千円 |

コーナーを利用すれば省スペースに

キャットタワーはスペースを占領しがちで、猫が乗っても動かないように固定するのは難しいものです。ここでは省スペースで固定しやすいように、壁のコーナー（出隅）を利用。壁面から放射状に板を取り付け、枝部分に猫が乗るステップを設けました。猫トイレを開発している会社の事務所兼ショールームに設置されたキャットタワーのため、機能のみではなく、ショールームのシンボルツリーにもなるようにデザインしています。放射状の木板は、固定する際にビス頭が見えてしまうので、室内の人の動線で、キャットタワーがよく見える角度を考慮し、木板の設置順序を決めましょう。

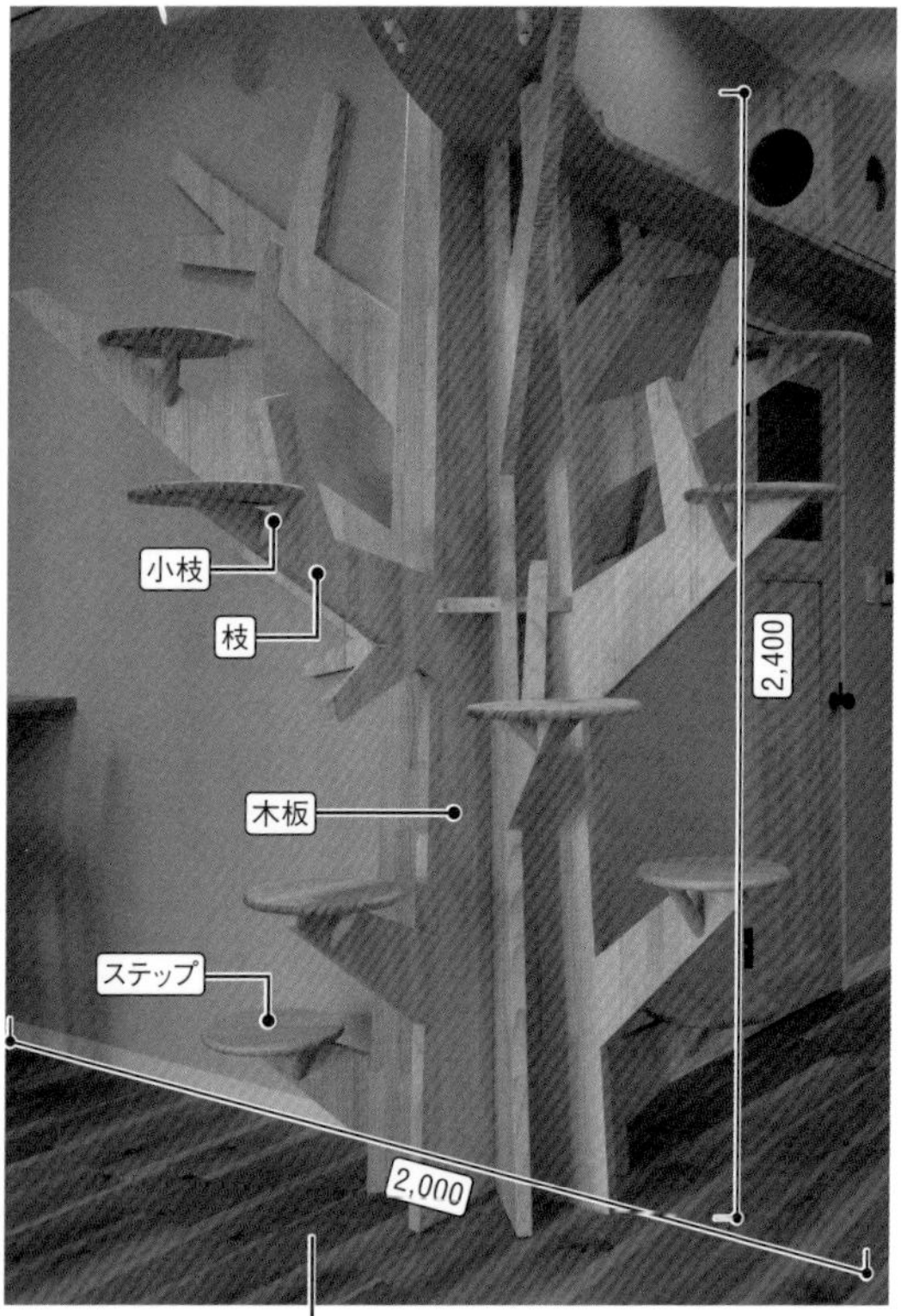

家のシンボル
ツリーにもなる
キャットタワー

| 材料 |

□パイン集成材
1,000×2,400×30㎜ ―― 7枚
□丸板φ300×18㎜ ―― 8枚
□丸棒φ20 ―― 8本
□フィニッシュネイル
□ビス

| 道具 |

□電動丸鋸
□卓上丸鋸
□インパクトドライバー：プラスドライバービット、下穴錐、皿頭錐、ドリルビット
□ハンマードリル（コンクリート床に設置する場合）
□木工用速乾接着剤
□フィニッシュネイラー（仕上げ釘打ち機）
□エアコンプレッサー

| 木取り図 |

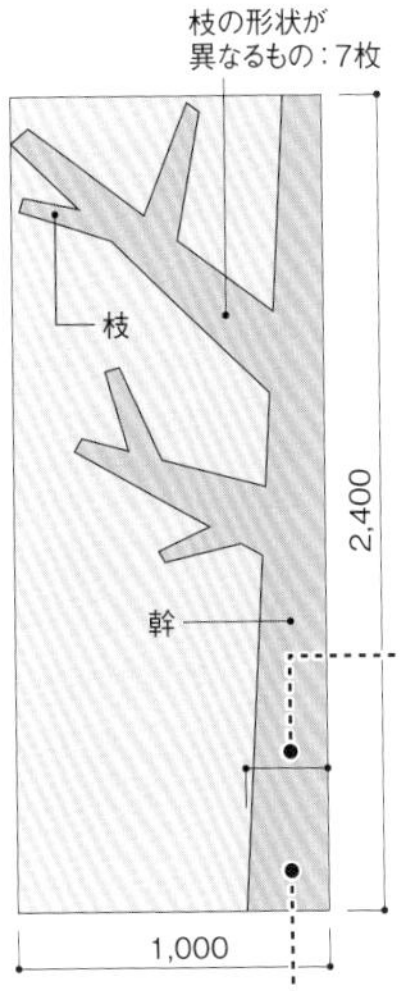
小口部分の形状は、
番号によって異なる

| 組立図（平面図） |

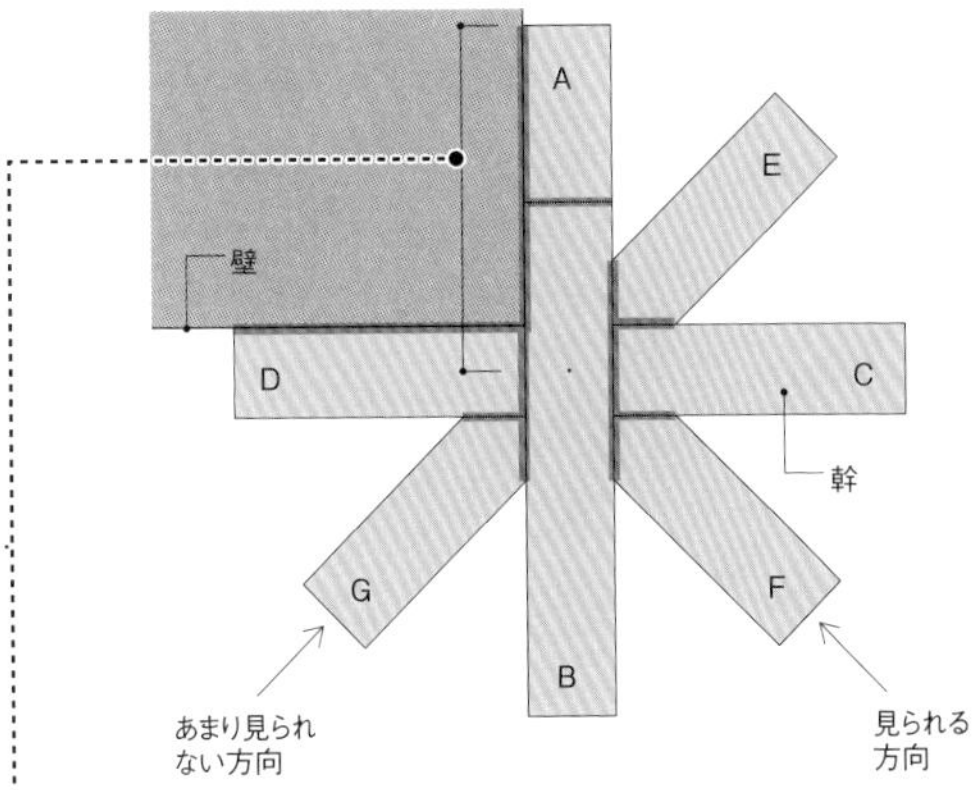
幹の出幅が均等に見えるように、各木板は重なりを考慮した幅にしてカットする

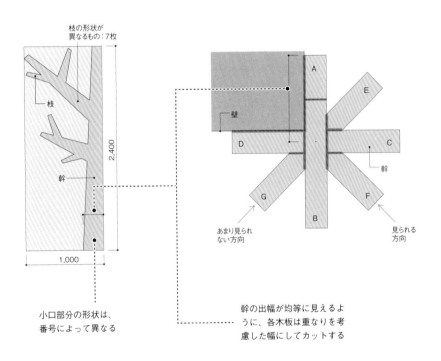

お部屋のアクセントに！ ツリー型キャットタワー

事前作業 ① 床に振れ止めを設置する

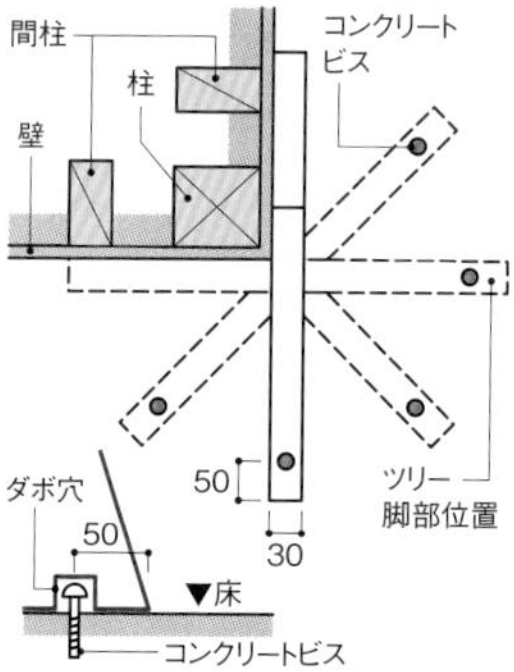

壁にツリーの木板（幹）をビス留めするため、下地センサー［※］を用いて内側にある柱・間柱の位置を確認。脚部位置に印を付け、部材先端から50㎜戻った位置に振れ止め用のビスを壁仕上げの上からインパクトドライバーで留める。事例ではコンクリート床のため、ハンマードリルで下穴をあけて、インパクトドライバーでコンクリート用ビスを留める。木板にもビスが当たる部分にダボ穴を加工。

木板の設置 ② 木板を壁に固定

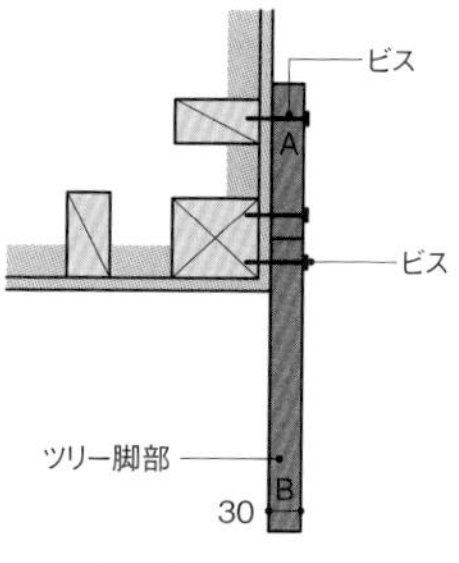

木板Aは、柱と間柱にインパクトドライバーでビスを留める。ビスを留める間隔は約450㎜ピッチにしてしっかり固定する。木板Bは木板Aに突き合わせ、木板Aと同様に柱にビス留め。

③ 直行する木板を設置

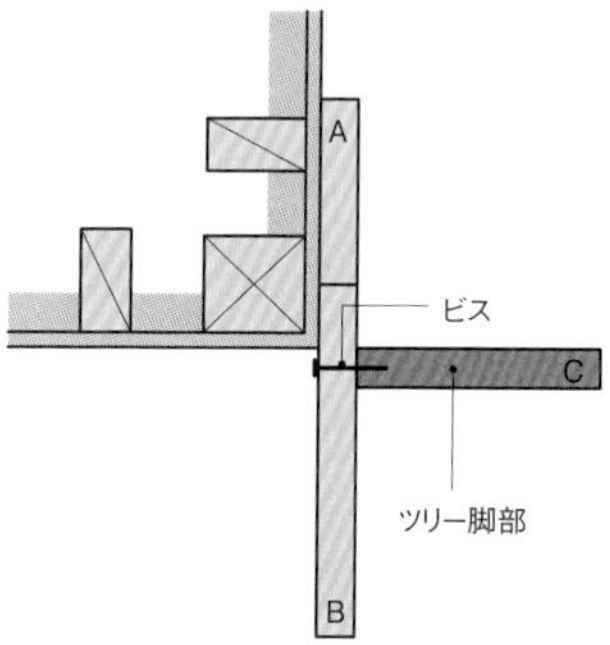

壁のコーナー位置と合わせるようにして直交する木板Cを固定。Cの小口に向けて約450㎜ピッチでビスを打つ。

④ 壁側の木板を設置

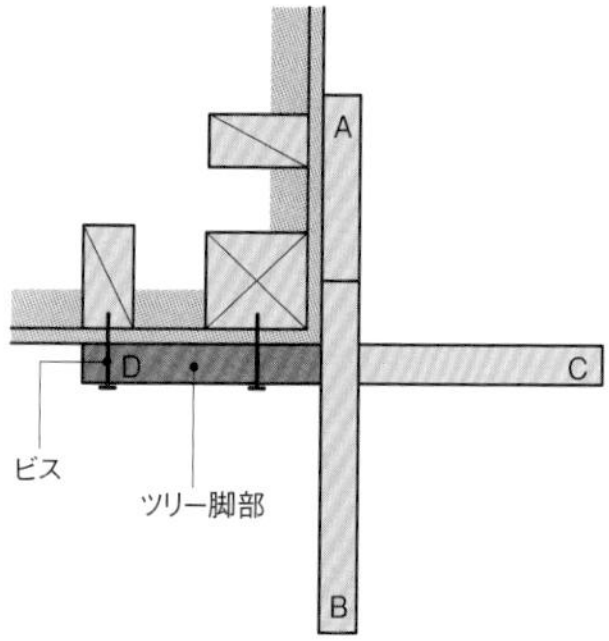

上から見て十字になるように、壁側に木板Dを設置。ビスを留める位置は、しっかり固定できる柱や間柱などの上とする。

※ 下地の柱・間柱の位置を測定する機器。壁の石膏ボードの部分と間柱など下地のある部分では壁の厚みが異なる。その壁裏の材料の厚みが変化する場所にセンサーが近付くと、反応してマークが出たり光が出たりするしくみ

⑤ よく見られる側に木板Eを設置

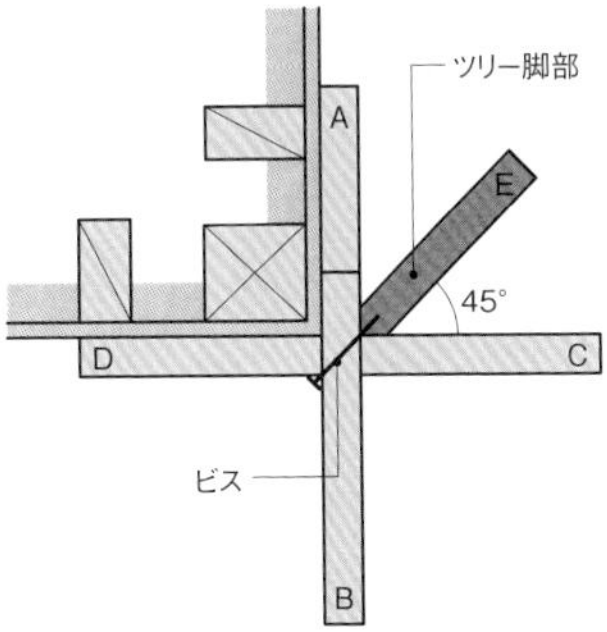

端部を山形にカットした木板Eを、十字に対して45°となるように設置。留めるビスが隠れるように、木板Eの反対側から約450㎜ピッチで留める。

⑥ よく見られる側に木板Fを設置

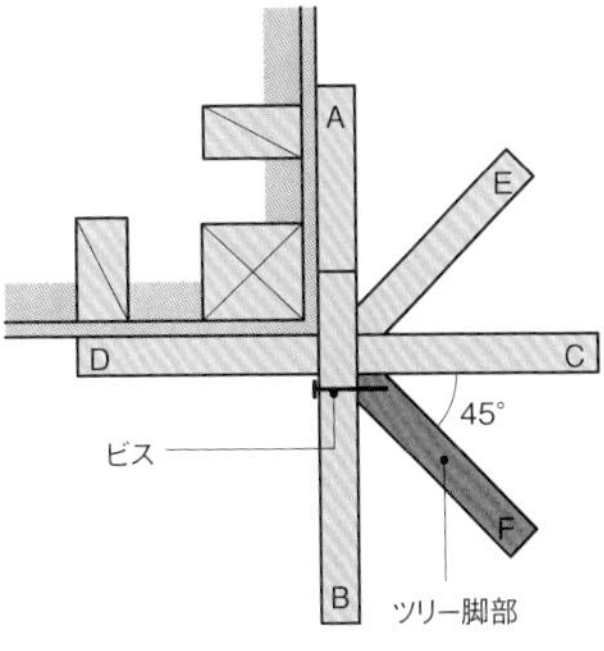

⑤と同様に、端部を山形にカットした木板Fを、十字に対して45°となるように設置。留めたビスが隠れるように、この後から設置する木板G側から約450㎜ピッチで留める。

⑦ あまり見られない側に木板Gを設置

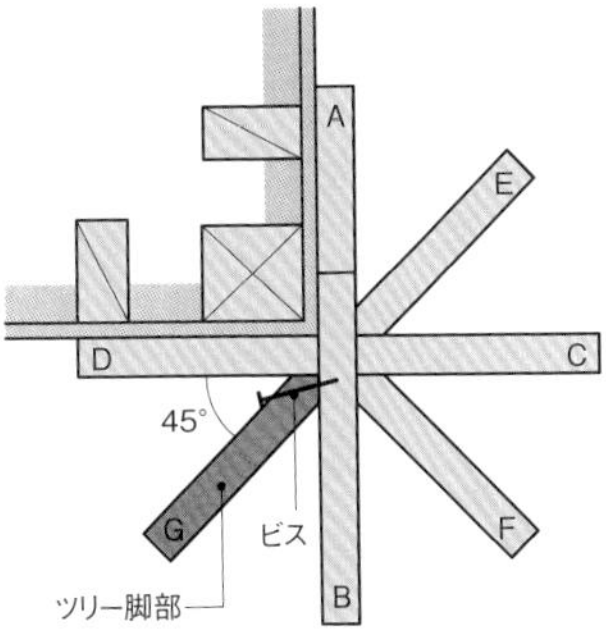

端部を山形にカットした木板Gを、十字に対して45°となるように設置。ビスが見えにくいように、壁に近い側から斜めに約450㎜ピッチで留める。

ステップ設置 ⑧ 丸板を枝と小枝で支持

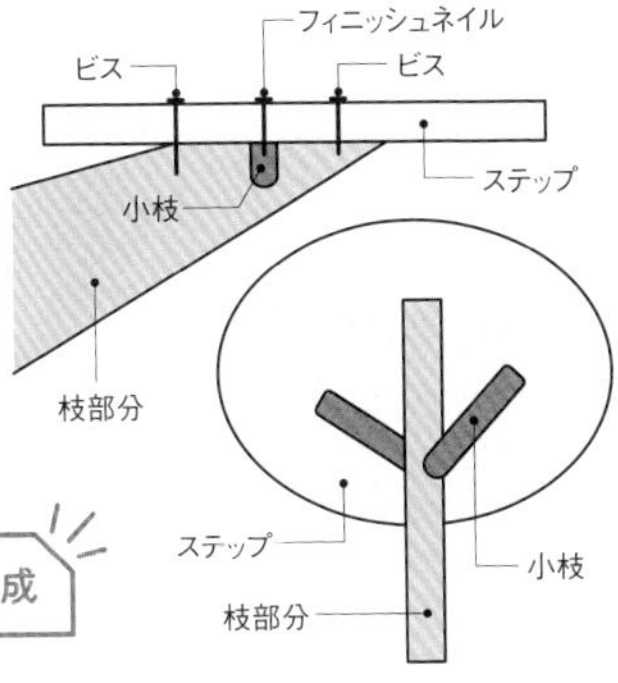

完成

ステップは既製品の木製丸板（厚さ18㎜、φ300）を使用。猫が飛び移る衝撃に耐えられるよう、木板の枝と小枝（丸棒φ20）の3点支持とする。板にビス留めした後、小枝の位置を検討し、木工用速乾接着剤とフィニッシュネイルで固定。

キャットステップのレイアウトを考える

キャットステップは身体運動だけでなく
心の楽しさも用意してあげましょう。家のなかの限られた
スペースでもできることがいろいろあります。

家のなかに街歩きの楽しさを

病気でもないのに猫に元気がなかったら、家に飽きてしまっているのかも。私たちが街歩きでリフレッシュするように、猫にとってもそんな刺激はとても大切。家のなかを一度見回してみよう。

> 猫の居場所はどこ?

街を見るように家のなかを見回してみる。猫がいつも居る場所はどこか?行きたくなる居場所をほかにつくれないか?その場所へ導くように、キャットステップやキャットウォークをつくるとよい

> ステップは3種類

ステップにバリエーションをつけるなら、猫の身体の動きに応じた3種類を設けたい

スタスタ：4本の肢を交互に出して進む（例：直階段[62頁参照]）

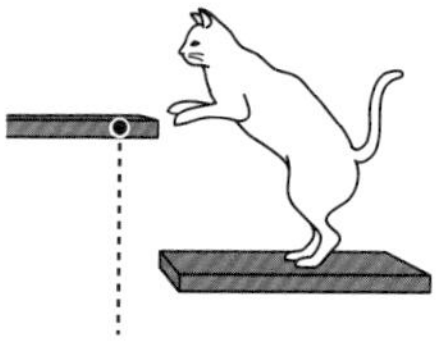

スタンスタン：軽くジャンプする（例：行って来い階段[62頁参照]）

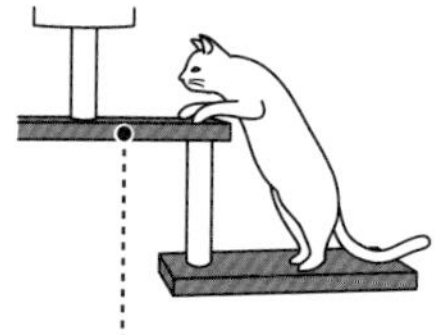

スッタンスッタン：背筋を伸ばしてジャンプする大きな段差（例：市販のタワー型ステップ）

解説：金巻とも子

上った先にうれしい目的をつくる

猫は、ステップでハードな運動をしたいわけではない。上った先にある心地よい光と風を求めているのだ。DIYでは窓を設置できないので、新築かリフォーム時に計画することが大切だ。

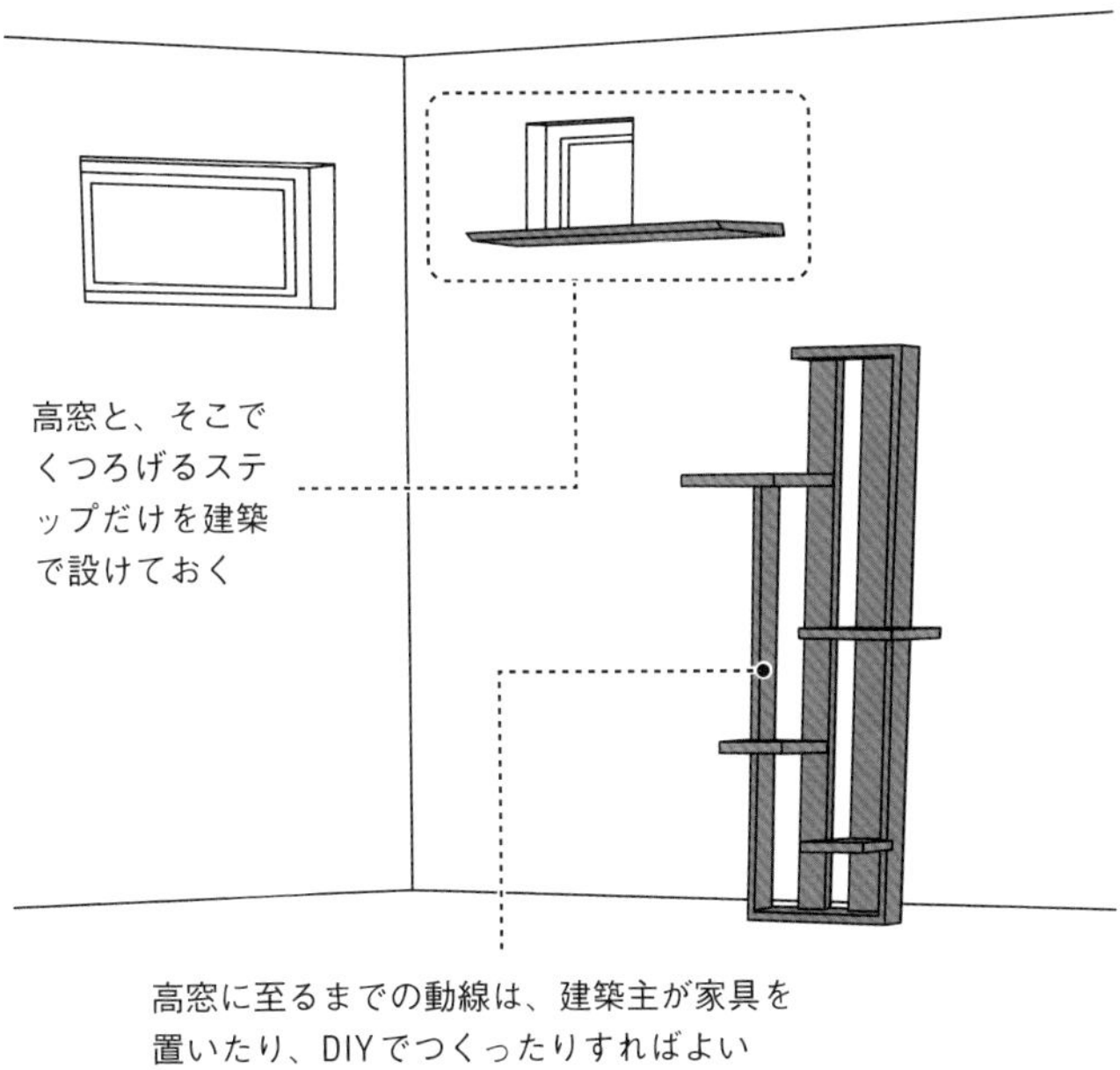
高窓と、そこでくつろげるステップだけを建築で設けておく
高窓に至るまでの動線は、建築主が家具を置いたり、DIYでつくったりすればよい

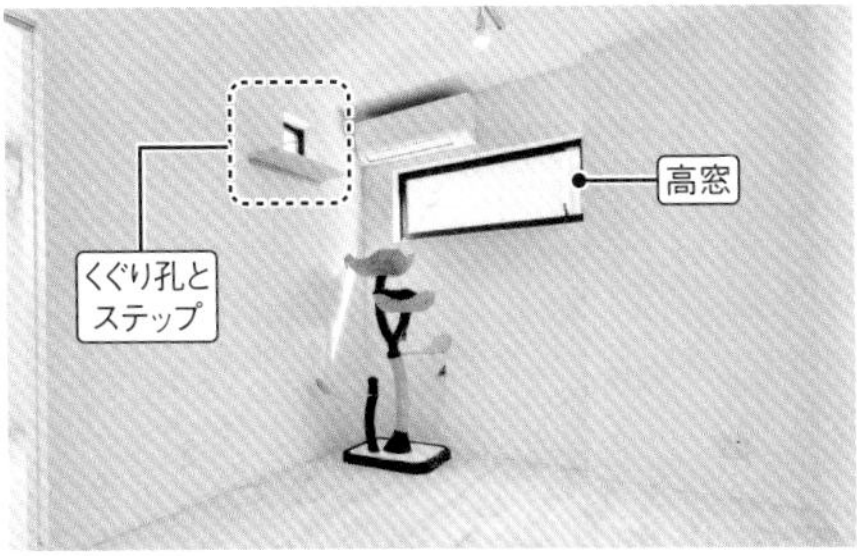
くぐり孔とステップ
高窓

2つの部屋をつなぐくぐり孔と小さなステップを設けた例。ステップから高窓を介して外が見える

部屋がよく見渡せるコーナーに猫用の小さな高窓とステップを設けた例

「Chaton Garden」「Gatos Apartment」解説：木津イチロウ

キャットステップの基本レイアウト

キャットステップは、猫が無理なく安全に飛び移れるよう、段差を適切な範囲内に納めなければならない［20頁参照］。455㎜ピッチの壁下地に幅600㎜のステップを取り付ける場合、階段タイプごとの基本レイアウトは次のようになる。

> 直階段タイプ

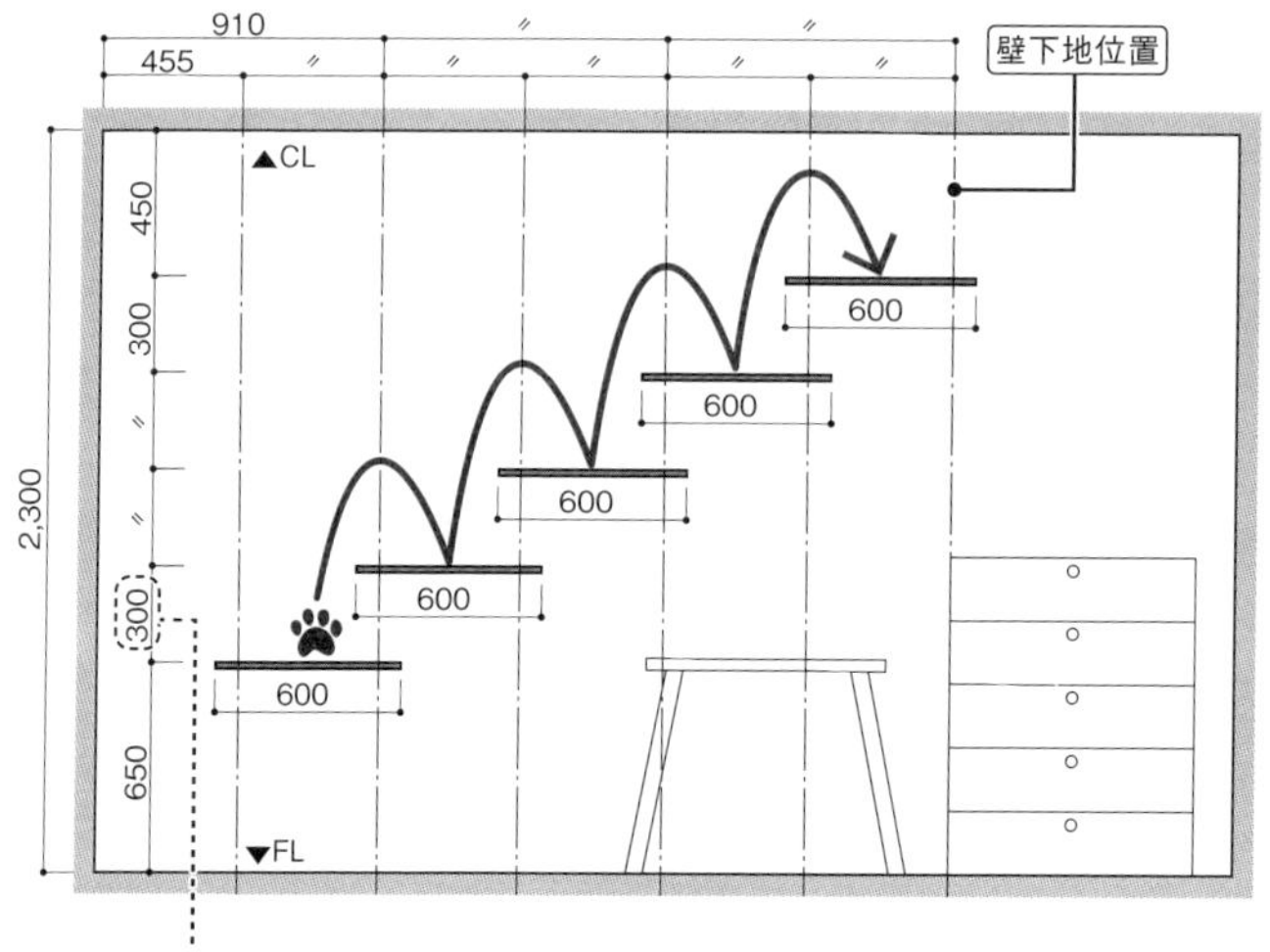

猫が跳ねずに登れる段差の目安は300㎜以下。直階段型の場合、1段目を650㎜の高さから始めると、天井付近まで上るには幅3,640㎜程度の広い壁が必要になる

> 行って来いタイプ

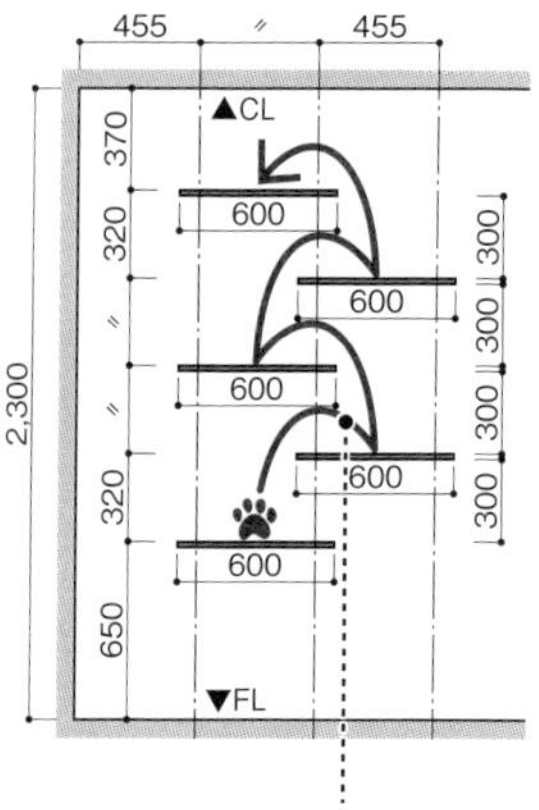

行って来い型のステップなら壁面は省スペースで済むが、直上のステップに頭がぶつからないよう配置に注意する

> 箱行って来いタイプ

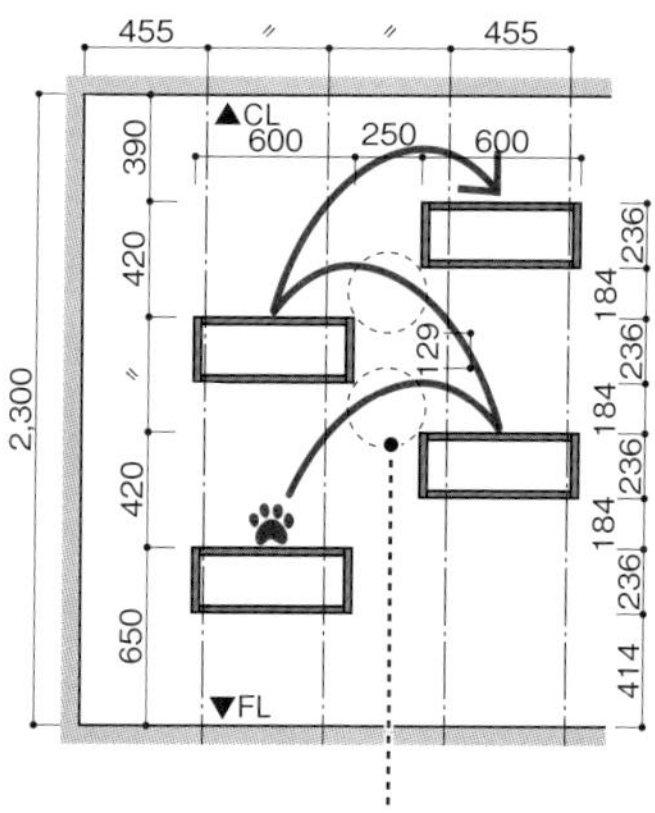

箱型ステップの場合は、上下だけでなく左右も離して猫が通れるようにする。上下のステップの間に直径300㎜程度の円が通るように配置する

解説：金巻とも子

> 応用レイアウト

①窓枠とステップを兼ねる

スケルトンリノベーションで窓枠を幅広くし、窓と窓の間にステップを設けた。竪枠に孔があいているので、ステップから顔を出して外を眺められる

②窓前を颯爽と横断

掃出し窓を横断するようにキャットウォークを設けた。明るい高所は猫が高い頻度で使ってくれる

③高さをあえて低くする

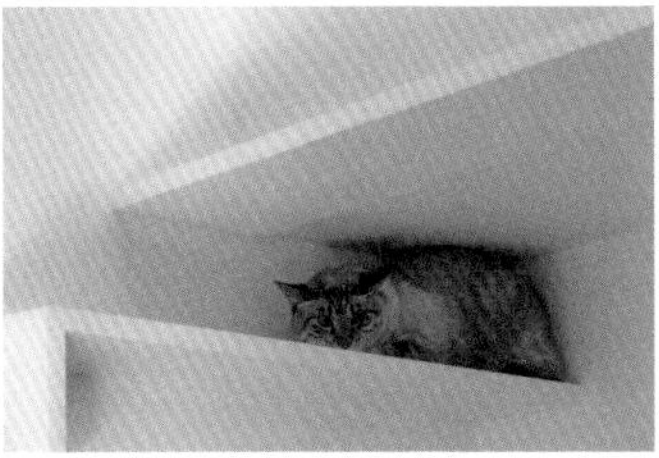

子どもは押入れが大好きなように、猫も小さな隙間に入ると落ち着く。猫の大きさを考慮して、ここでは高さ200㎜の隙間空間をつくった

④部屋を横断するスカイウォーク

部屋を周回するキャットウォークは、一部がスカイウォーク。ワンルームのオフィスにおいて、仕事場と応接間を緩やかに分ける役割も果たす

⑤トンネルウォーク

②と同様に、腰窓を横断するキャットウォーク。フレーム状の吊り木とすることで囲われた安心感を得られる

⑥扉前でお出迎え

扉前の立ち止まりステップの設置で、足音を聞いて、お出迎えしてくれることも！人間のひじより高い目線高さに配置するとよい

解説：①グローバルベイス、②③石川淳、④檀上新、⑤中村幸宏・裕実子、⑥金巻とも子

高い
ところが
落ち着く

猫も人も安心できる高所の休憩所

高所から家族を見守る猫。愛らしいその姿。
でも、視界から完全に消えてしまうとちょっと不安も……。
猫にも人にも、安心で落ち着く高所を考えましょう。

猫が使ってくれるロフトにする

家族と適度な距離をとれるロフトは、猫にとって落ち着く居場所になる。窓を設け、ホットカーペットを敷くなど、居心地のよさをさらに高めて、猫の〝お気に入り〟の空間にしたい。

ロフトの奥行きは、1,200㎜程度で猫が奥に入り込める深さに

来客などを怖がる猫にとっては、ロフトが避難場所にもなる。ただし家族がロフトを覗いたときに猫を目視できるよう、妨げになるものは設置しないこと

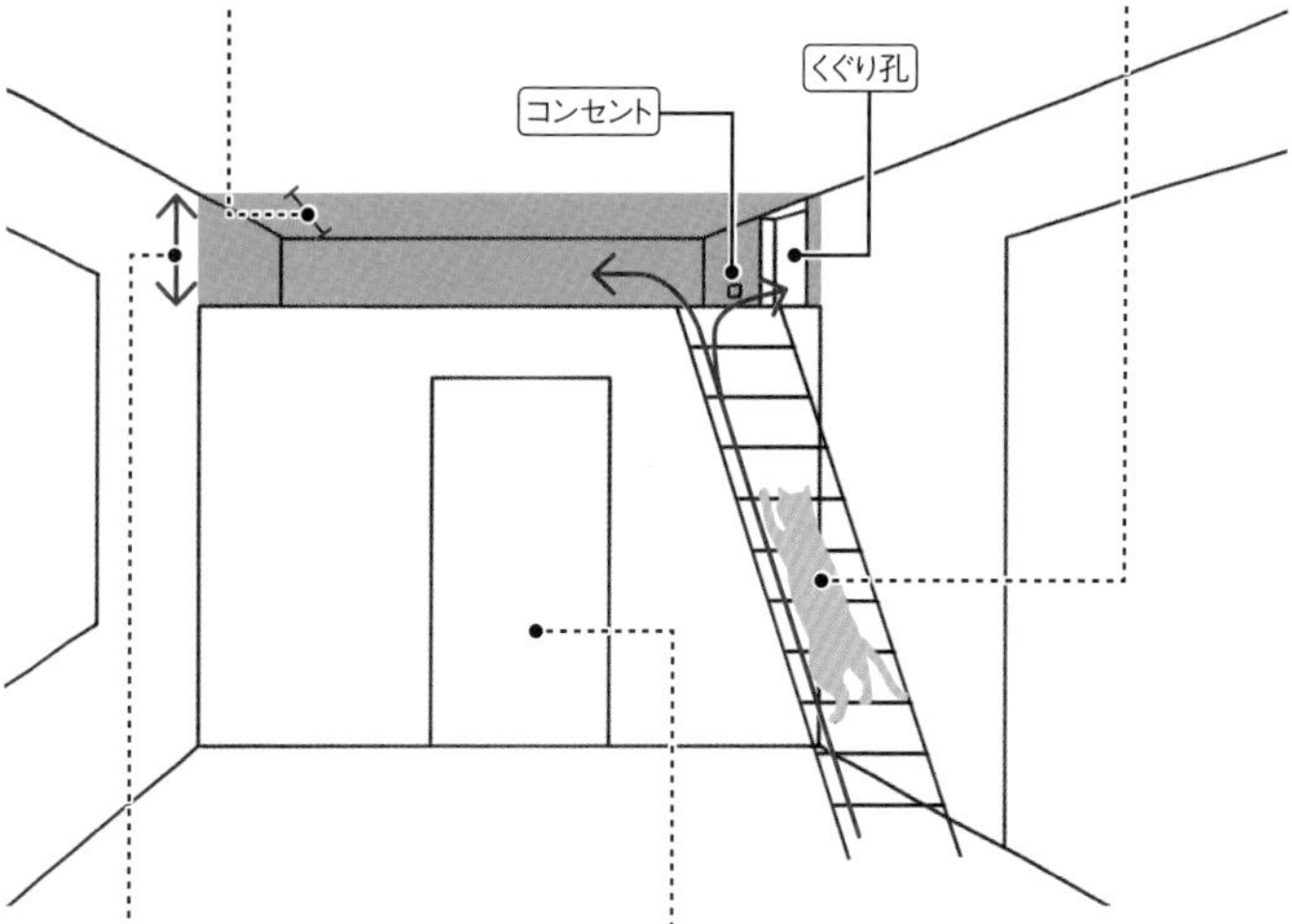

ロフトの天井高があまり高すぎると、猫は落ち着けない。ここでは250㎜程度と低めに設定

ロフトの下はウォークインクロゼットにしている

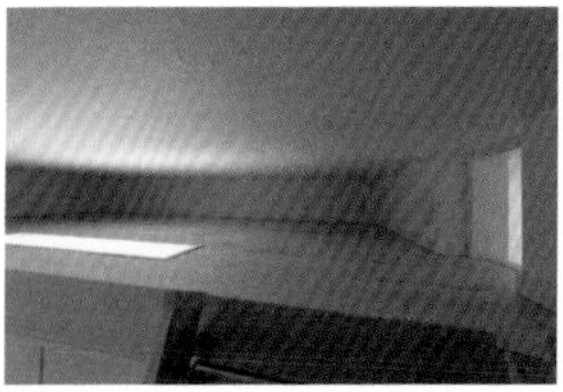

ロフトを見る。猫用のホットカーペットを敷けるようにコンセントを設けた。くぐり孔はキッチンに続いており、キッチンの人の動きを猫が観察できる

「Chaton Garden」解説：木津イチロウ

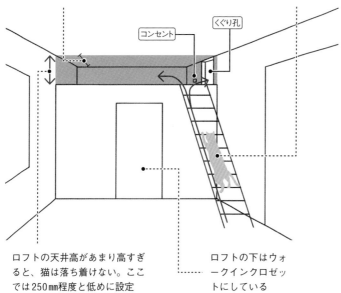

下から覗けるキャットルーフ

ルーバー形状なら、猫が逃げ込んでも安心して下から様子を見守れる。ただし、ルーバーから猫の毛やほこりなどが落ちてくるので注意。もし猫がロフトに飽きても、収納として活用できる。

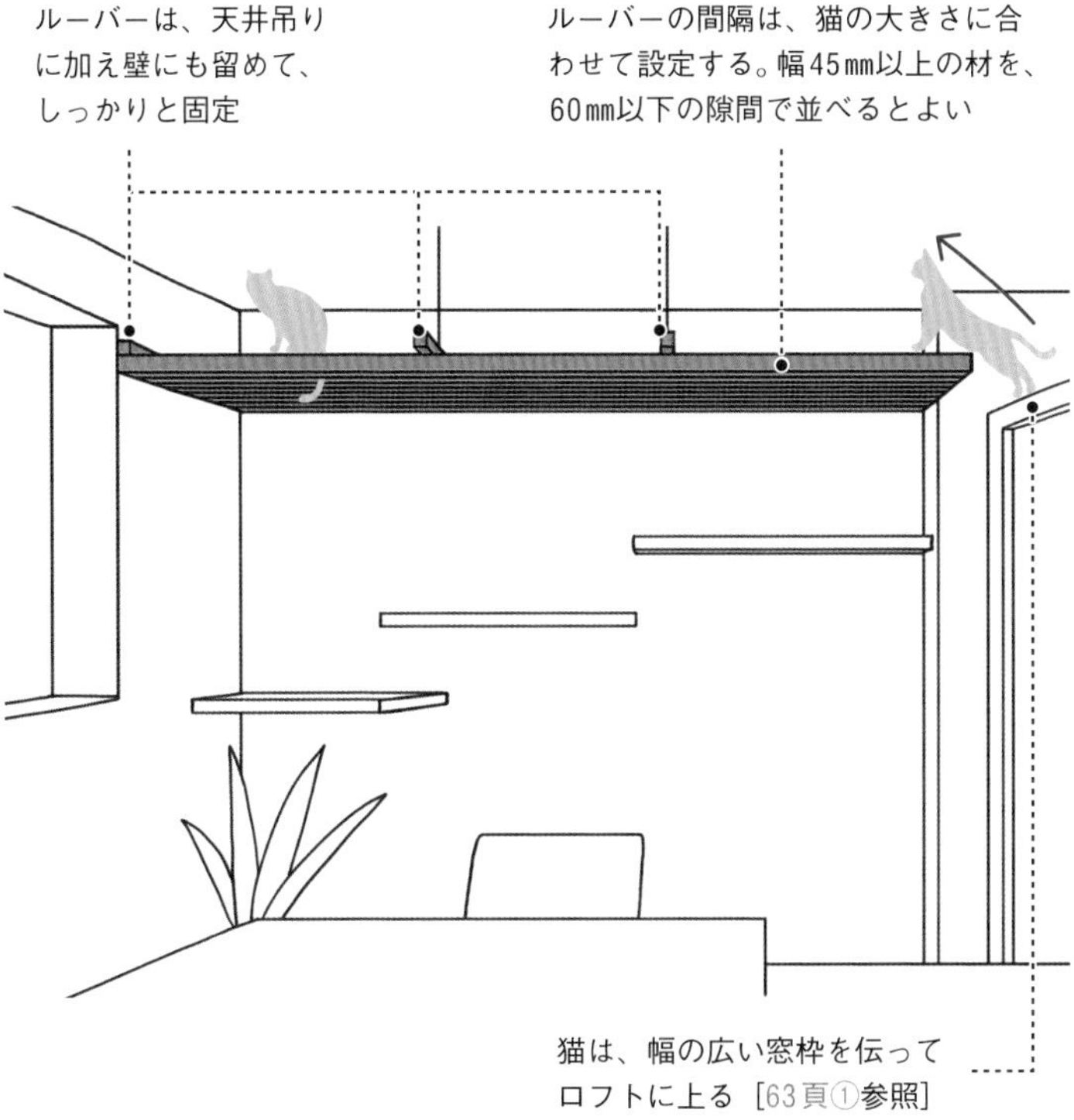
ルーバーは、天井吊りに加え壁にも留めて、しっかりと固定
ルーバーの間隔は、猫の大きさに合わせて設定する。幅45㎜以上の材を、60㎜以下の隙間で並べるとよい
猫は、幅の広い窓枠を伝ってロフトに上る［63頁①参照］

キャットルーフでくつろぐ猫を見上げる。ルーバーの隙間から手をだらんと垂れた姿が愛らしい

「N邸」解説：グローバルベイス、写真：明賀誠

COLUMN

人も猫も大満足! お薦め猫グッズ その①

ここでは、猫が遊んだり、くつろいだりするのに
お薦めのグッズを紹介します。
寸法も記載しているので、家具設計時の参考にするのも◎です。

> 爪研ぎ

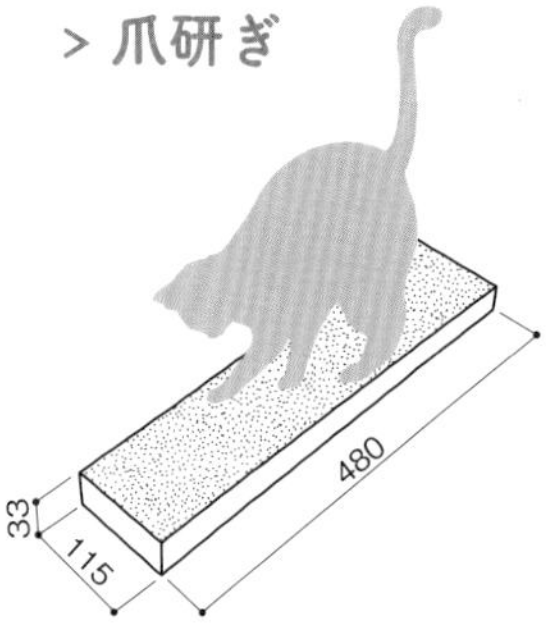

「カリカリくん」(チャーム):猫の好みに合わせて、段ボールの目の隙間が粗いタイプと普通のタイプがある。1枚127円(税込)と経済的。
幅470×奥行き110×高さ30(㎜)

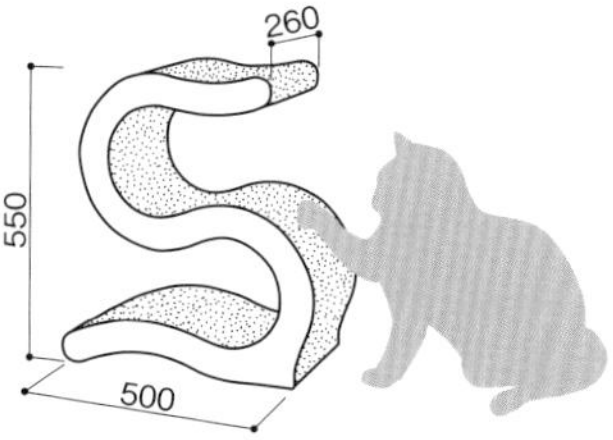

「にゃんこのS字爪とぎウッディ」(ペッツルート):猫の習性を生かして、立って研いだり寝て研いだりできる。研ぎ面は硬めの段ボールで、研ぎかすが出にくく長持ち。
幅500×奥行き260×高さ550(㎜)

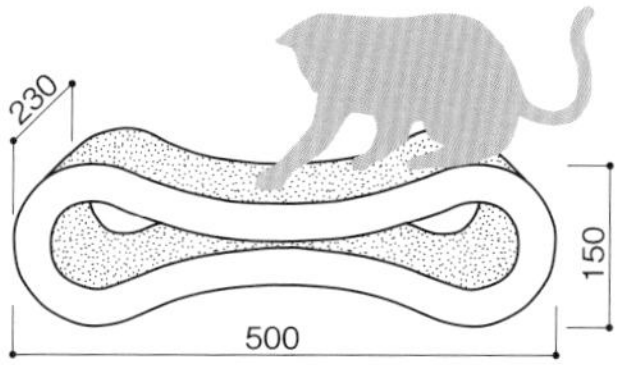

「爪とぎ」(Aibuddy):寝転んだりもできる爪研ぎは、高密度の段ボール素材。研ぎくずが飛び散りにくい。
幅500×奥行き230×高さ150(㎜)

> ハウス

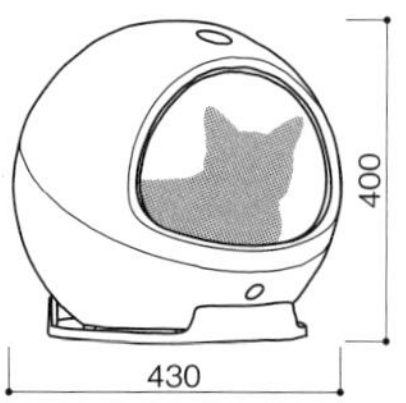

「スマート・ペットハウス・コージー2」(ダッドウェイ):本体を自宅のWi-Fiに接続し、専用アプリと同期させることで、外部にいてもスマートフォンから温度操作ができる。
幅430×奥行き420×高さ400(㎜)、入口:幅310×高さ225(㎜)

> おもちゃ

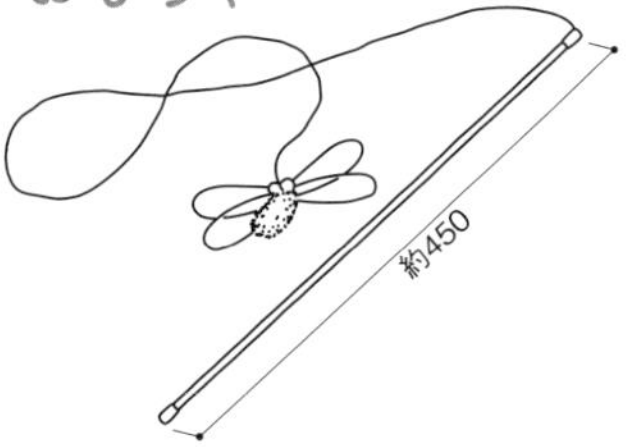

「カシャカシャぶんぶん®」(ペッツルート):カシャカシャと鳴る羽音が狩猟本能を刺激。棒を大きく振るとモチーフがぶんぶんと振動する。トンボ、ネズミ、ハチ、サカナの4種類。
棒の長さ:約450㎜、紐の長さ:約700㎜

猫のお悩み解決家具

リビングにおきたい 猫トイレボックス

＞「猫トイレボックス」家具設計: LOYD

⌚ > 約2～3時間 | ¥ > 約2万3千円

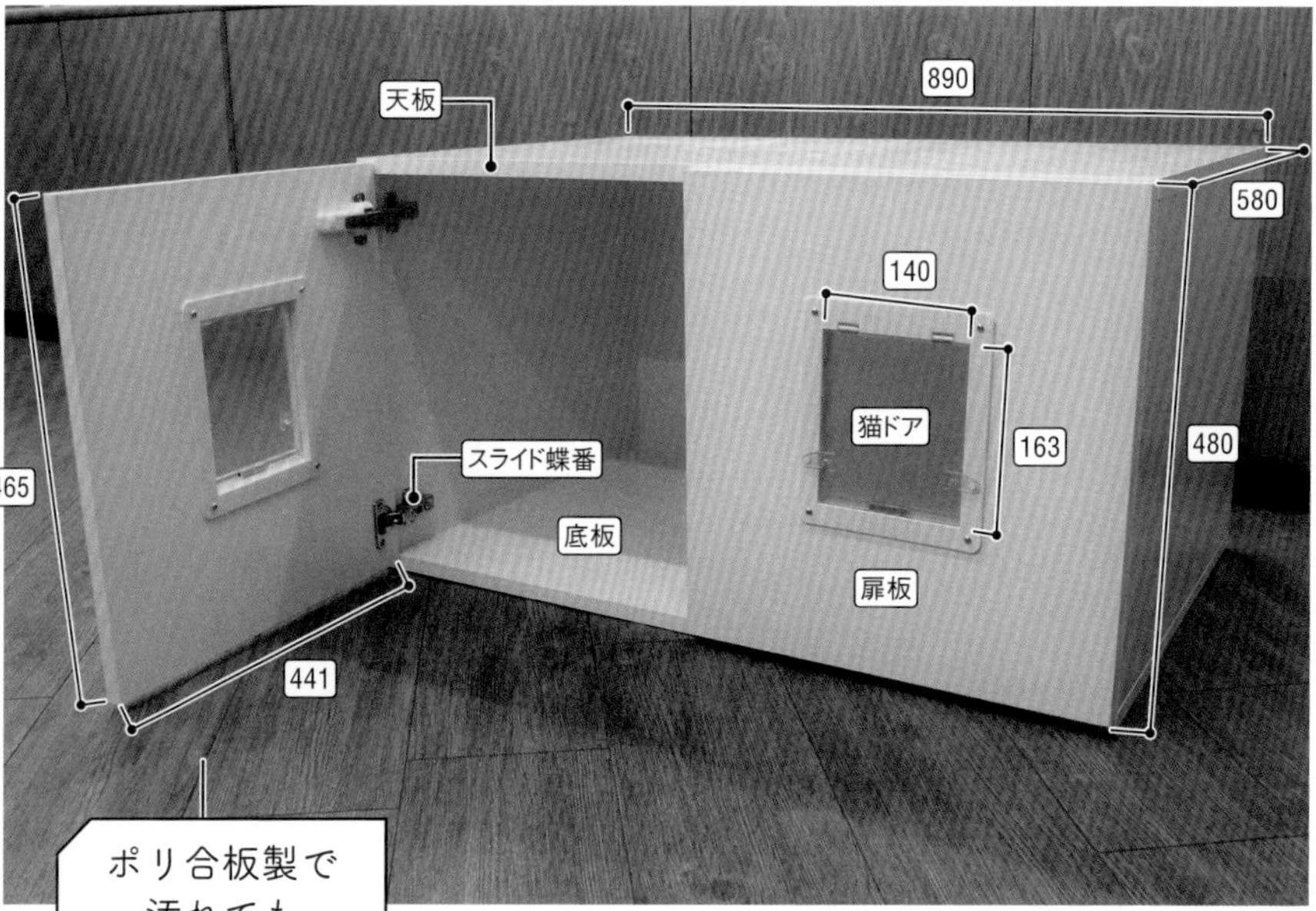

ポリ合板製で
汚れても
掃除しやすい！

トイレを隠して部屋になじませる

組み立てやすい箱形で、誰でもチャレンジしやすい。トイレのサイズや個数に合わせて、アレンジも自在です！

リビングにトイレを置くと、見た目も臭いも気になります。できれば隠しておきたいと思ったら、ＬＯＹＤ考案猫トイレボックスの出番です。部屋になじませ、さり気なくトイレを隠しましょう。天板が勝ち［134頁参照］になっているので強度が高く、上にモノを重ねて置くことも可能です。

トイレを2台並べられように設計していますが、お手持ちのトイレに合わせて、寸法を調節してもよいでしょう。汚れに強い猫トイレボックス、ぜひチャレンジしてみてください。

| 材料 |

□シナポリ合板（白）
1,820×910×18㎜ ―――― 2枚
□51㎜白スリムビス（皿）―――― 32本
□小口テープ ―――― 6m
□猫ドア［※1］―――― 2セット
□スライド蝶番　35㎜［※2］―――― 4セット
□内装用速乾接着剤
□壁用充填剤（白）

※1「キャットドアー」（サンセイ）を使用
※2「オリンピア スライド丁番360」（スガツネ）を使用
※3ここでは汎用のアルミプレートを切断して使用しているが、薄い端材などでも代用可能

| 道具 |

□電動ドライバー：
プラスドライバービット、ドリルビット、下穴錐、皿取錐、ボアビット（35㎜）
□手動ドライバー（増締め、調整用）
□鋸・引回し鋸
□ローラー
□サンドペーパー＃120（中目）
□ウエス
□スペーサー（3、6㎜）［※3］

| 木取り図 |

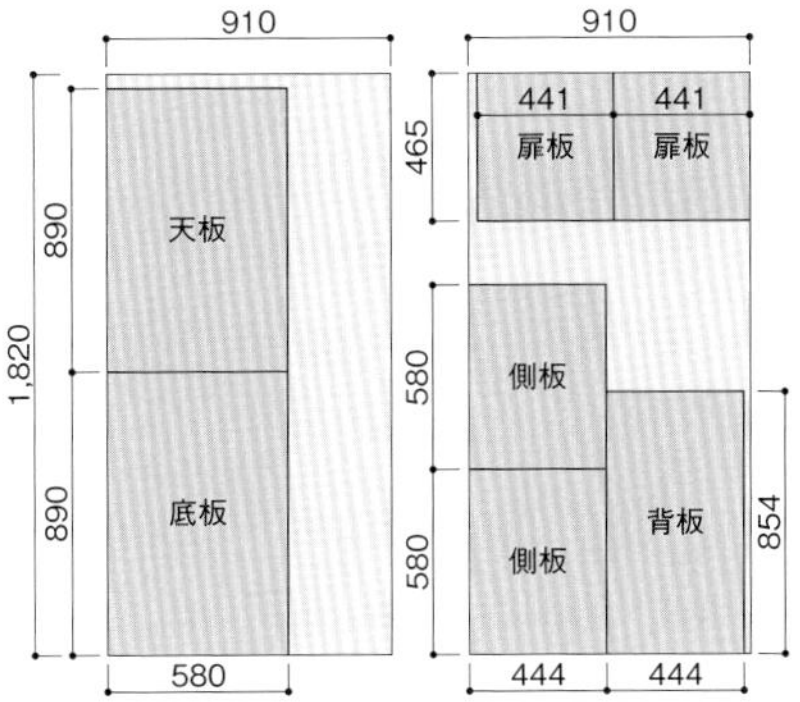

| 組立図 |

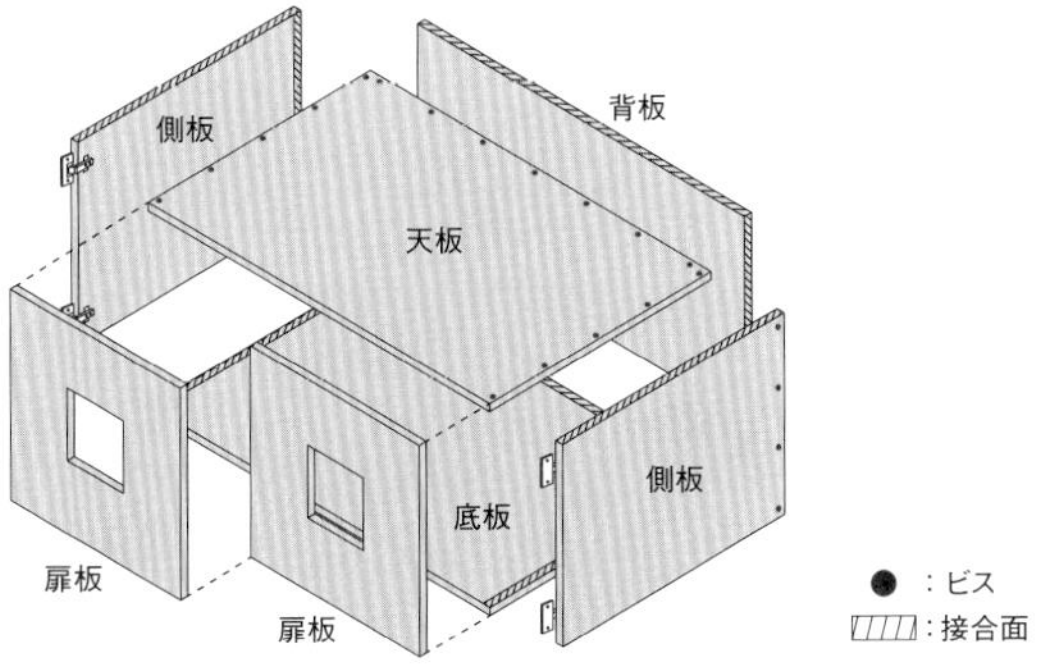

① 猫ドア用の孔を あける

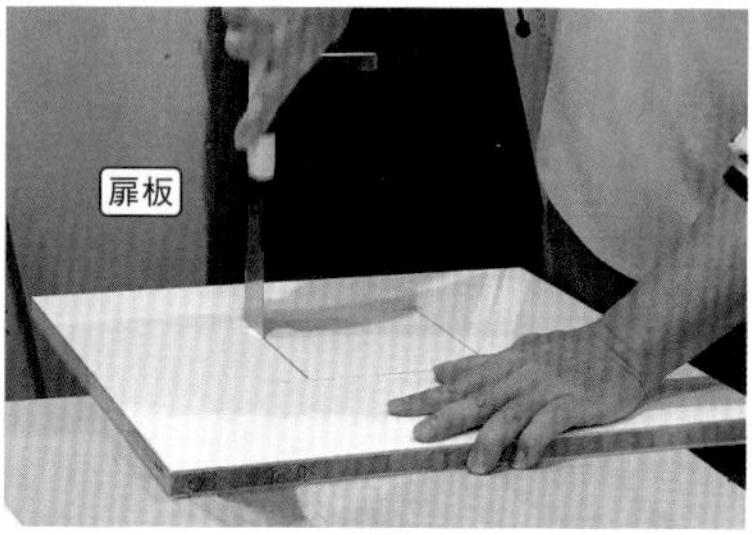

猫ドアの寸法に合わせて扉板に墨付けをし、電動ドライバー、引廻し鋸、鋸を使って孔をあける［151頁参照］。猫ドアの枠で隠れる部分なので、多少曲がっても大丈夫。

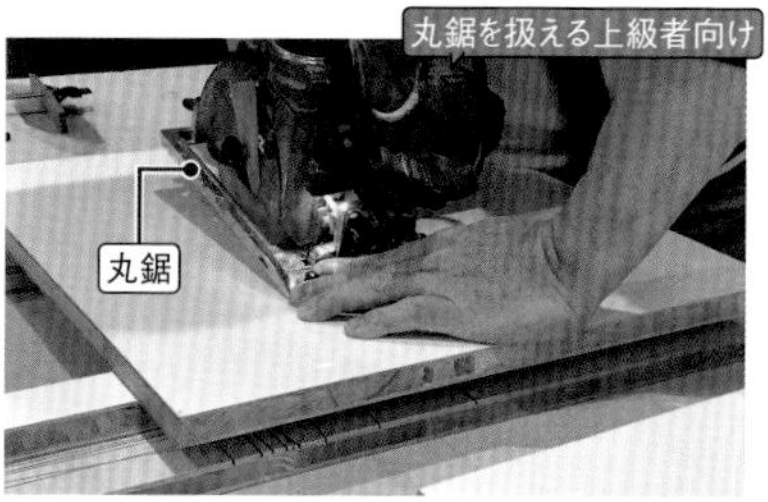

DIY上級者なら、丸鋸やジグソーを用いて孔あけをしてもOK。その場合でも、角部は鋸で切り出すときれいに仕上がる。

加工図

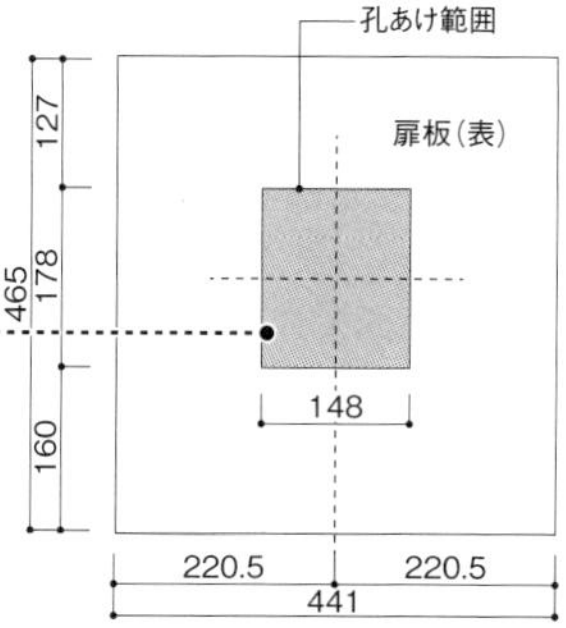

ここでは「キャットドアー」（サンセイ）を採用。なお、猫ドアを開けられない猫もいるので、その場合は何もつけないか、布などで代用してもよい［123頁参照］

猫ドア
取り付け前に
試してみて

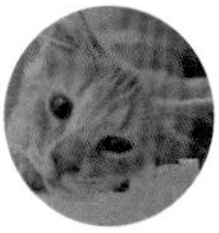

扉板加工 ② 小口テープを 張る

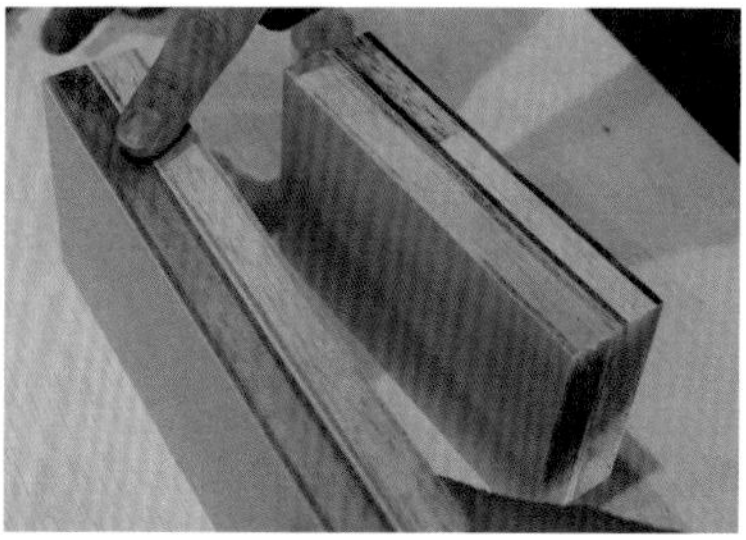

小口テープを張る面の両端と中央付近に、内装用速乾接着剤を塗り、指で薄くのばす。触っても指に付かなくなるまでがオープンタイムの目安。

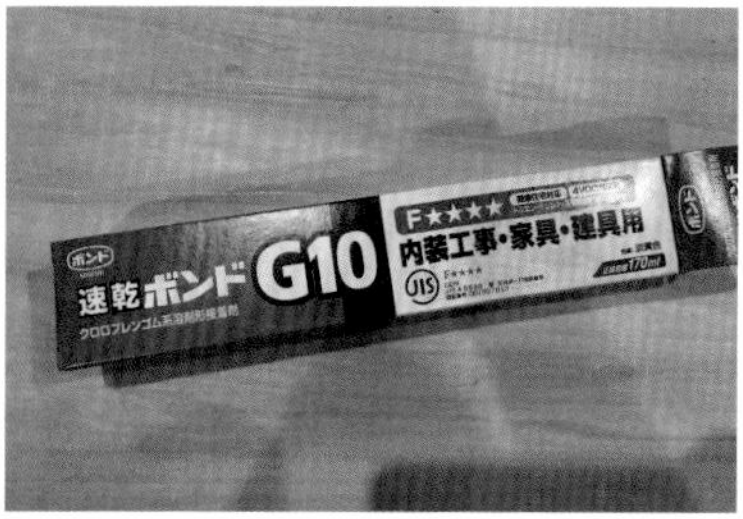

仕上げ工程にすぐ入れるよう、内装用速乾接着剤を利用する。今回は「ボンドG10」（コニシ）を使用。

背面を壁ぎわに寄せず、見えるように設置する場合は、背面の小口にもテープを張る

加工図

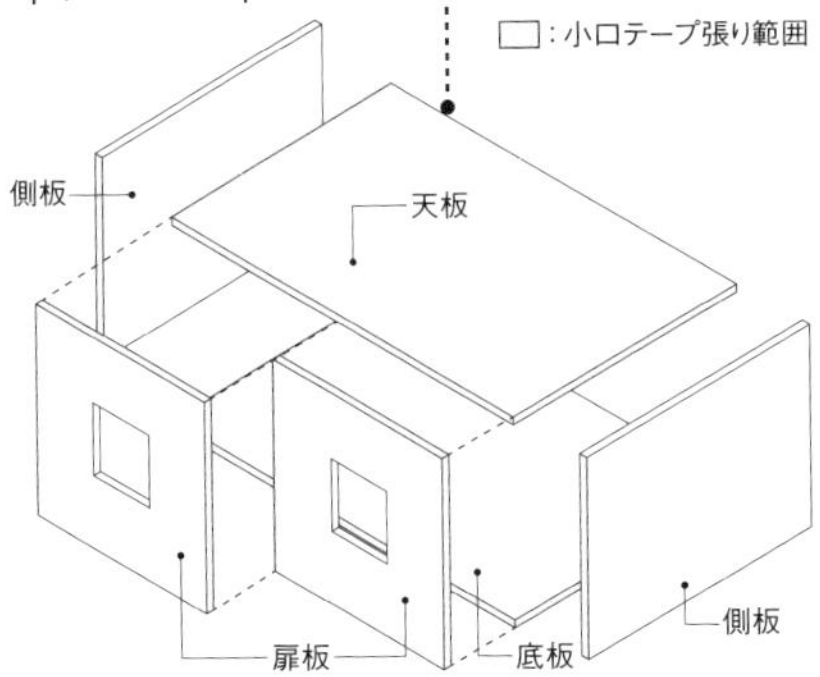

▷ テープは浮かせて微調整

小口テープがたるまないようピンと張り、浮かせながら左右に微調整しつつ張っていく

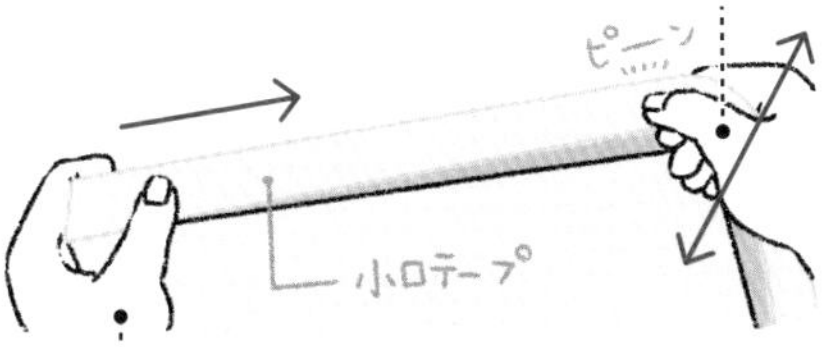

張る位置を決めたら、押さえていた手を徐々にずらす

扉板加工 3 猫ドア用の孔をあける

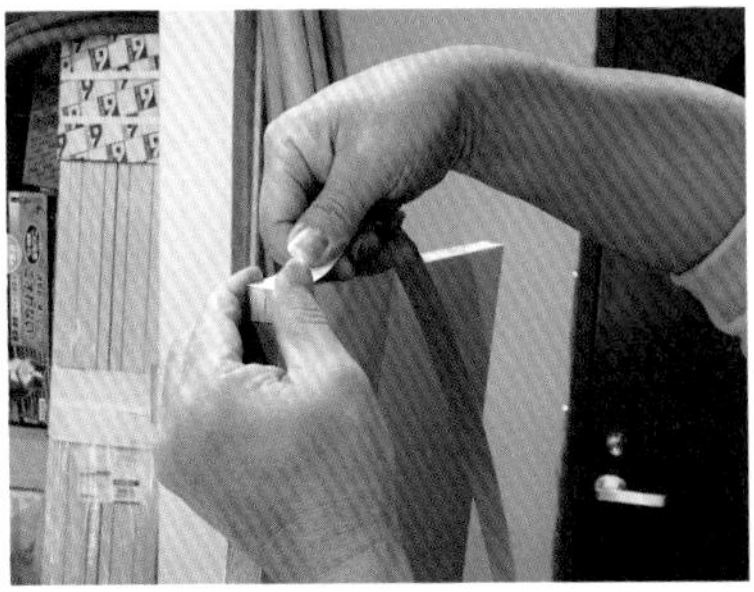

張り始めをしっかり押さえながら、片方の手で小口テープを持つ。剥離紙を剥がし、小口テープを小口の少し上でピンと張る。

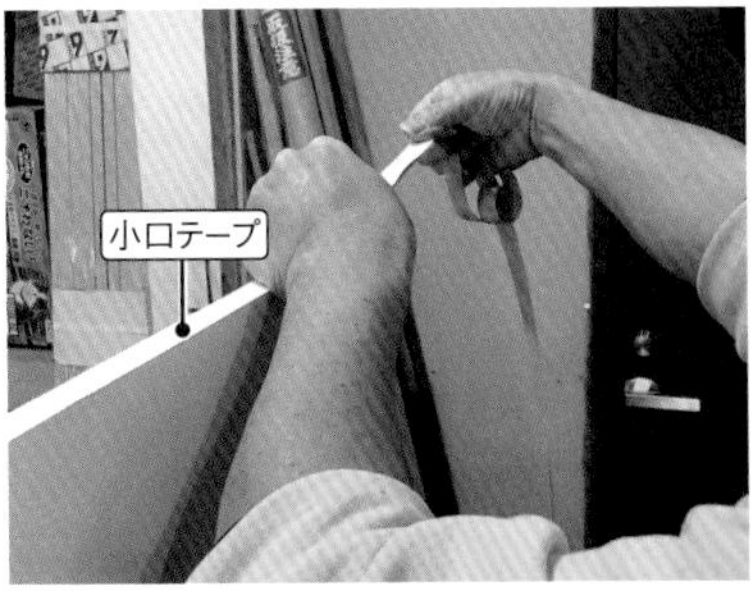

押さえているほうの手を少しずつずらし、小口テープを押さえながら進んでいく。このとき、小口テープが接着面に付くと剥がれなくなってしまうので注意。

扉板加工 4 ローラーで圧着する

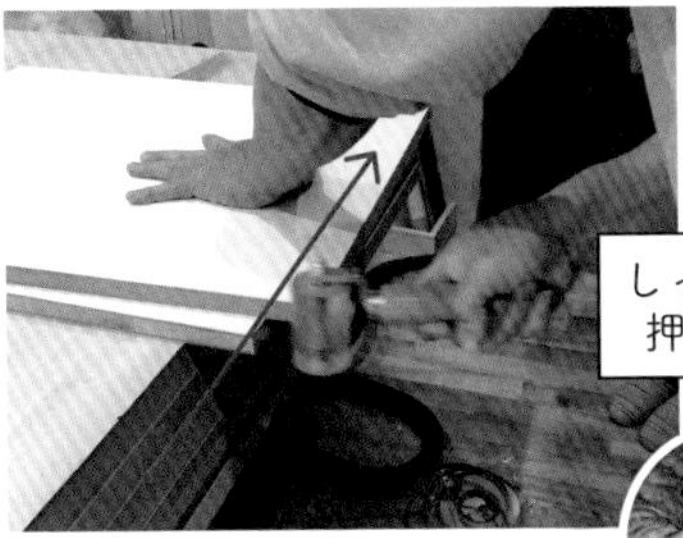

しっかりと押さえて

テープが剥がれてこないよう、ローラーでしっかりと圧着する。

加工図

背板の板厚（18㎜）にビスが納まるよう、小口から18㎜以内に下穴をあける。ビスの下穴位置は、曲尺を使用してあらかじめ墨付けする［147頁参照］

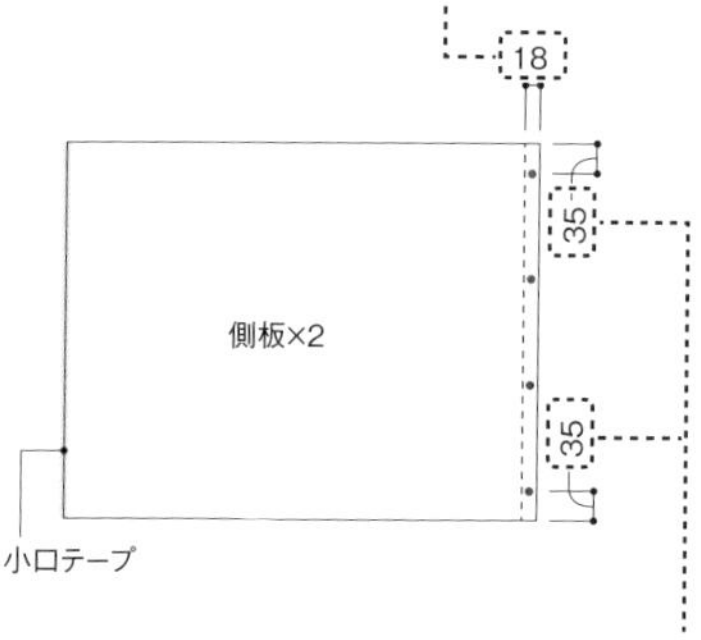

上下端のビスは、天板・底板のビスと干渉しないよう、35㎜の位置に

7 側板と背板を組み立てる

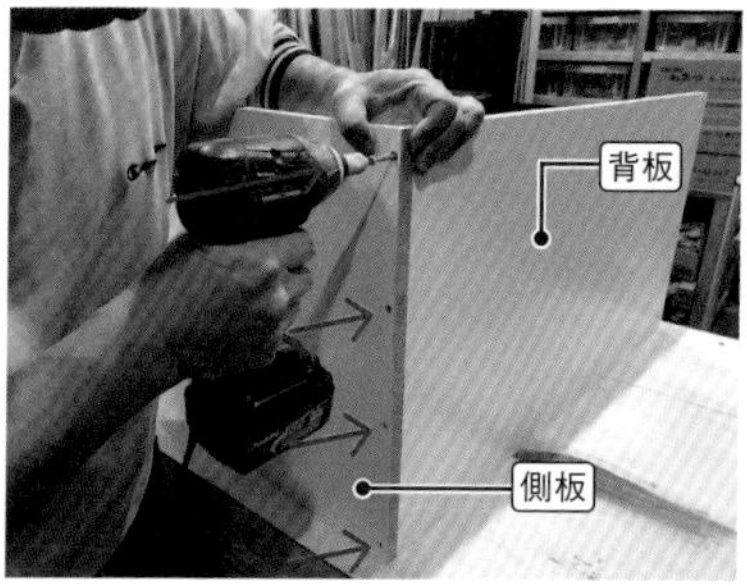

組み立ては、ビス留めの際に安定して材料を押さえられる順序で行っていく。ここでは側板と背板を先行して組み立てた。コの字形に組み立てておけば、重い天板・底板を上から安定した状態でビス留めできる。

5 小口テープを面取りする

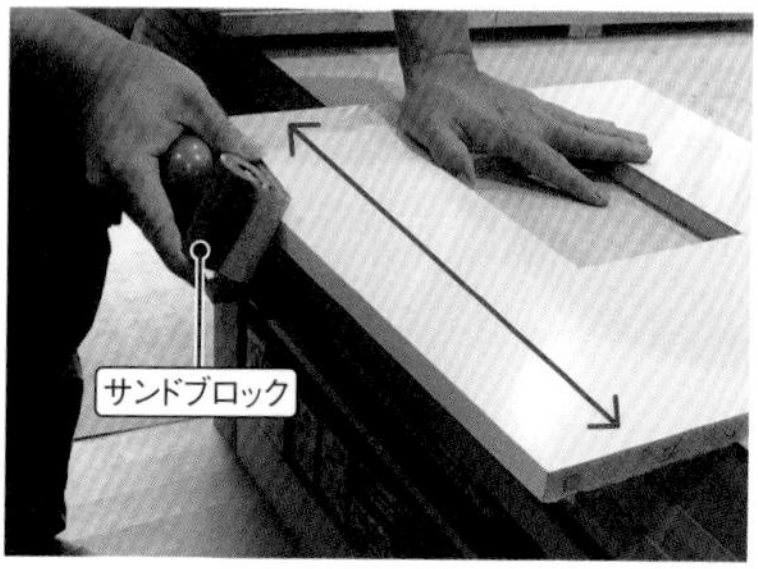

小口テープを張っただけの状態では剥がれやすいだけでなく、触感も悪い。サンドブロックでの面取り［137頁参照］をしよう。サンドブロックを小さく動かすと面の取れかたにバラつきが生じてしまうので、大きく前後に動かすのがポイント。

組み立て 6 側板に下穴をあける

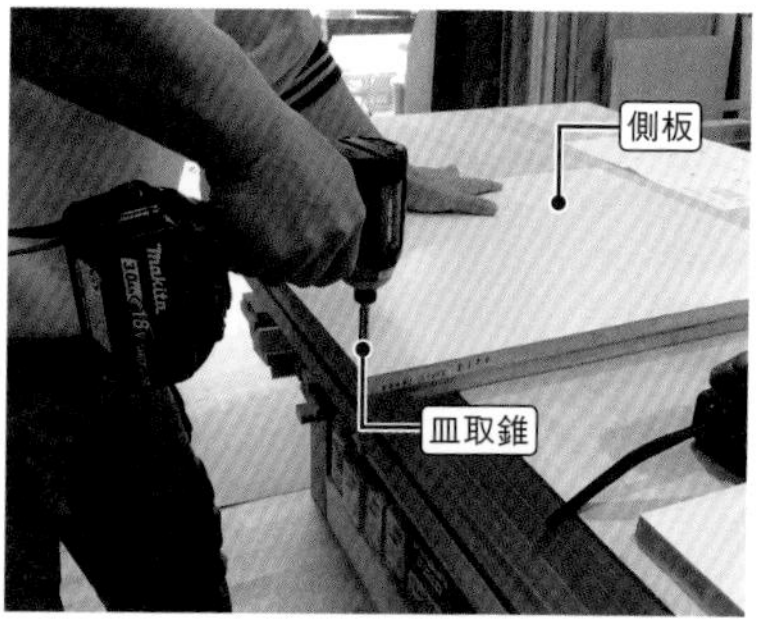

皿取錐［149頁参照］で側板にビスの下穴をあける。下穴をあけておくことで、木が割れにくくなる［140頁参照］。

初心者は、端材でビス留めの練習をしてから本番へ！

| 加工図 |

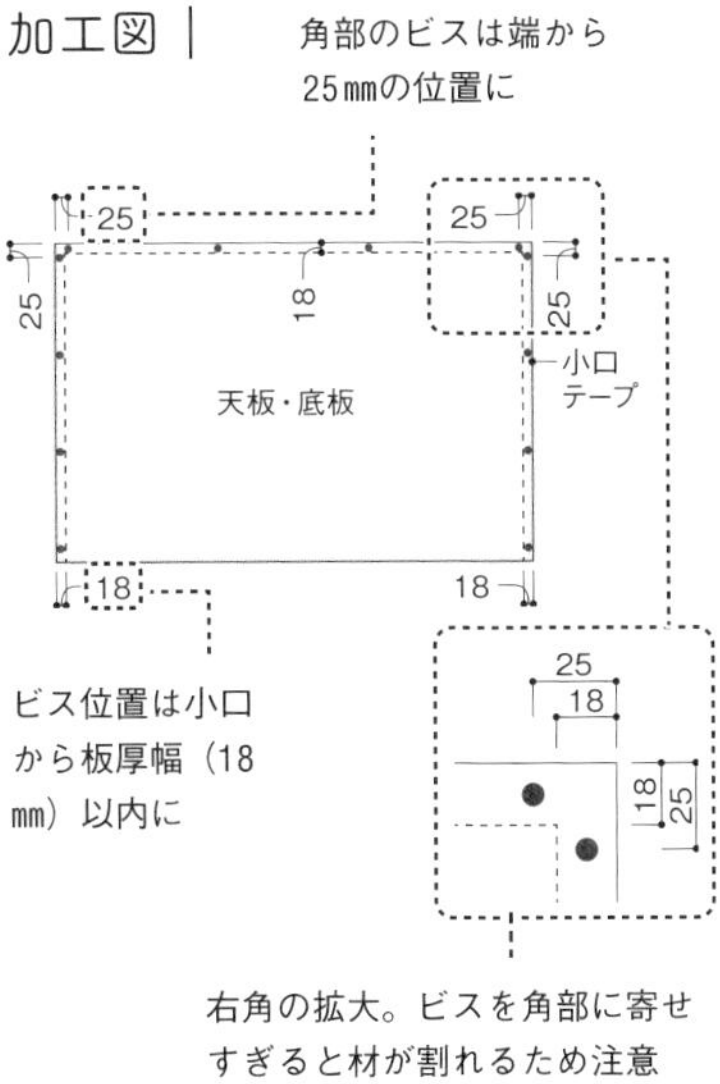

⑨ 隙間を埋める

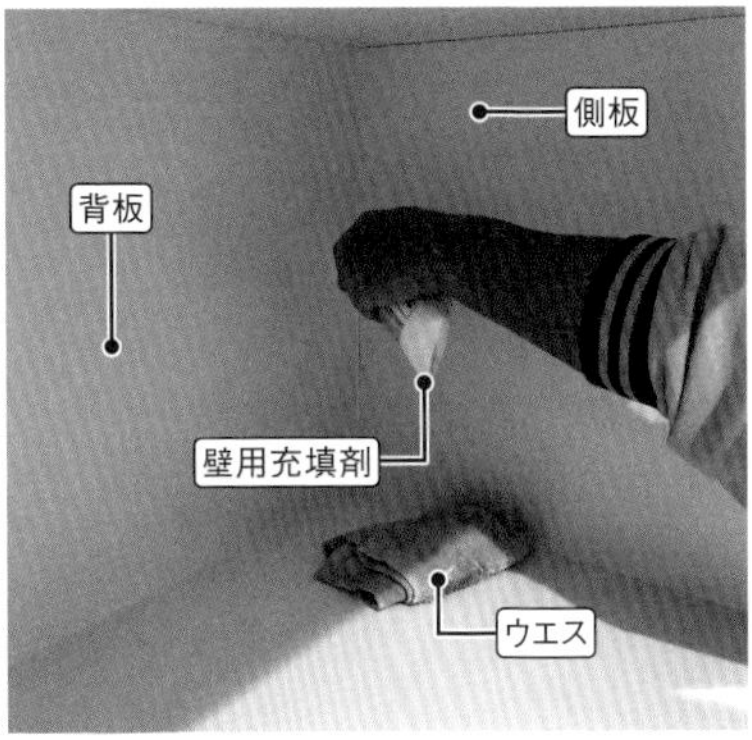

板どうしの隙間から水分が染み込まないよう、本体内側の隙間は壁用充填剤［145頁参照］で埋める。容器を押しつけながら隙間に沿ってすべらせ、少しずつ塗っていく。その上から、指をすべらせるように動かして表面を平滑に整え、指についた壁用充填剤は濡れたウエスで適宜拭き取る。

⑧ 底板→天板の順に組み立てる

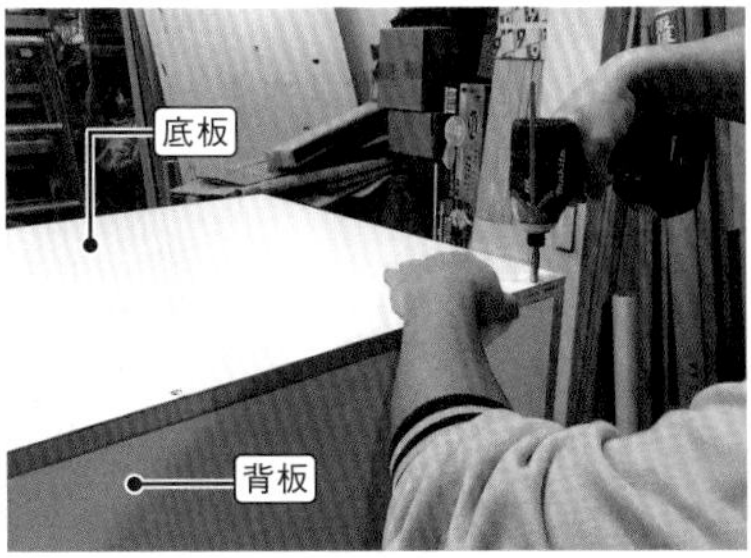

組み立てた側板と背板の上に底板を載せ、下穴をあける。普段は見えない箇所だが、底板面からビス頭が飛び出ていると床が傷つくので、ビスを埋め込むために皿取錐で下穴をあけておく。

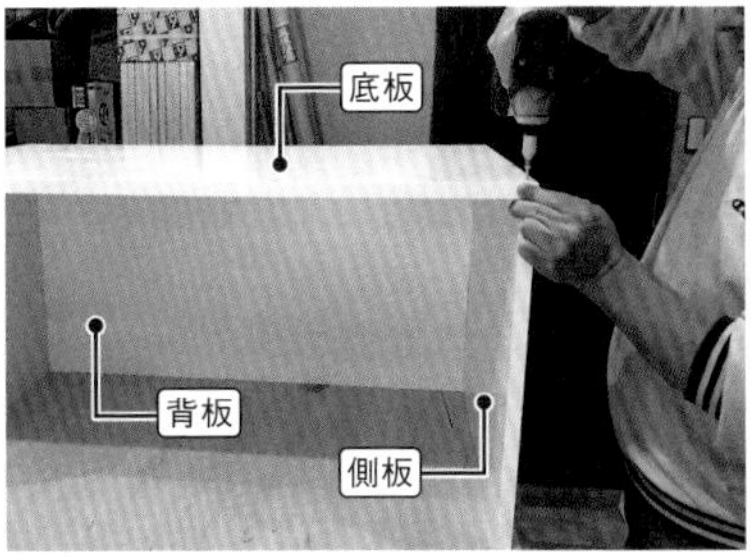

側板・背板と底板をビスで留める。底板の留め付けが完了したら、同じ手順で天板を組み立てる。

▷ 穴あけ作業のひと工夫

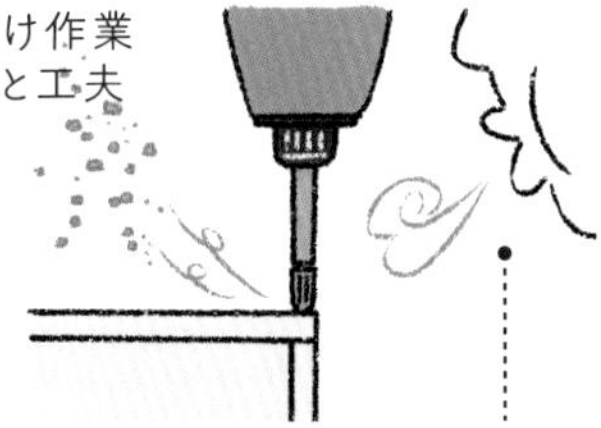

木くずが邪魔になるときは、息で吹き払いながら作業するとよい

| 加工図 |

スライド蝶番のカップの中心（ボアビットの先端を当てる位置）に墨付けする

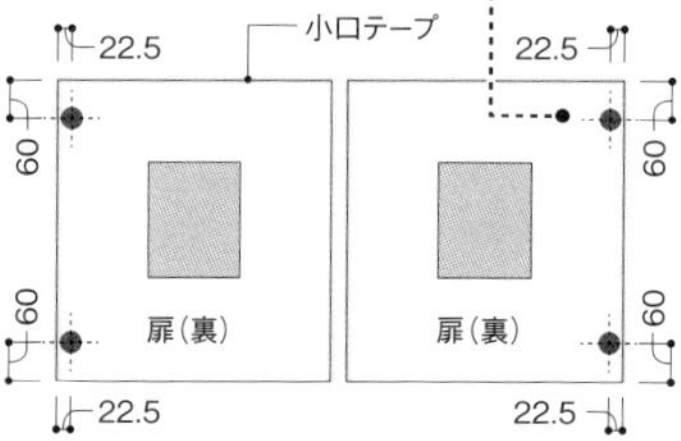

⑪ スライド蝶番を取り付ける

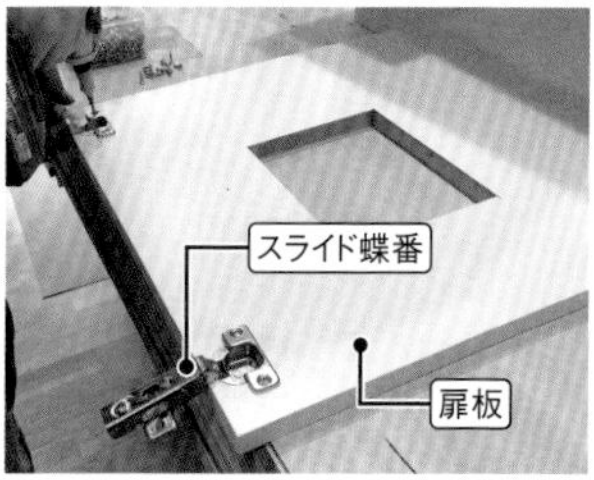

座彫りした穴にスライド蝶番をはめ、付属のビスで扉板に留める。スライド蝶番が浮くようだったら、再び座彫りをしてぴったりはまるまで調整する。

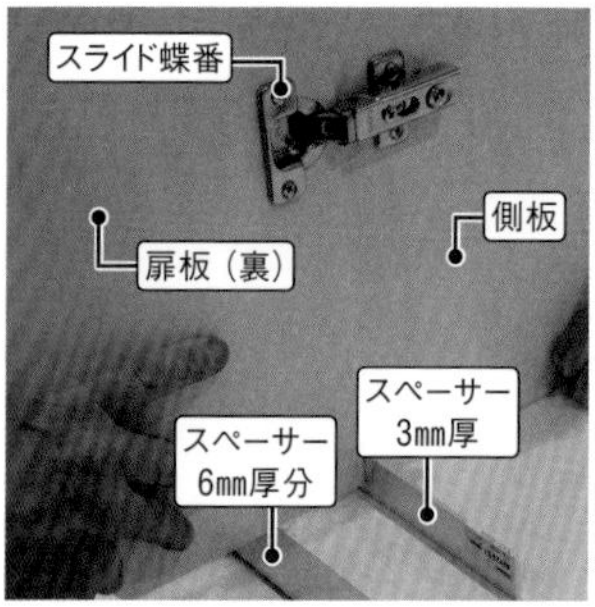

側板に扉板を取り付ける際には、スペーサー［153頁参照］を使用する。作業台と扉板の間に6mm分のスペーサーを挟んで浮かせ、扉板と側板の間には3mm厚のスペーサーを挟む。この状態で側板にビス留めする。

扉取り付け

⑩ スライド蝶番用の座彫り加工をする

扉板の裏側に、スライド蝶番［142頁参照］の座彫り加工を行う。座彫り加工とは、スライド蝶番などの部品が材の面から出ないよう、材を彫りこんで加工しておくこと。

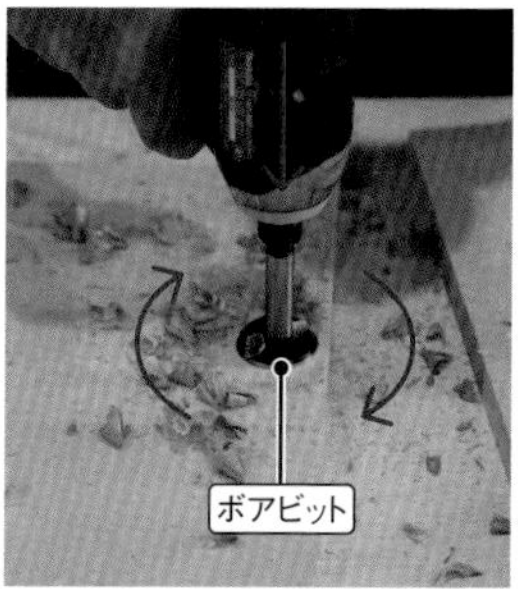

座彫り加工にはスライド蝶番のカップサイズに合ったボアビットを使用する。ここではφ35mmを使用。上からグッと力を込め、電動ドライバーの先端を少しだけ回しながら加工していく。電動ドライバーの回転速度は低速で。

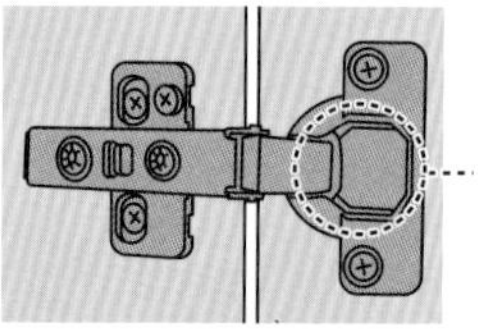

カップサイズとは、スライド蝶番の埋め込み部分のサイズのこと

⑫ スライド蝶番を調整する

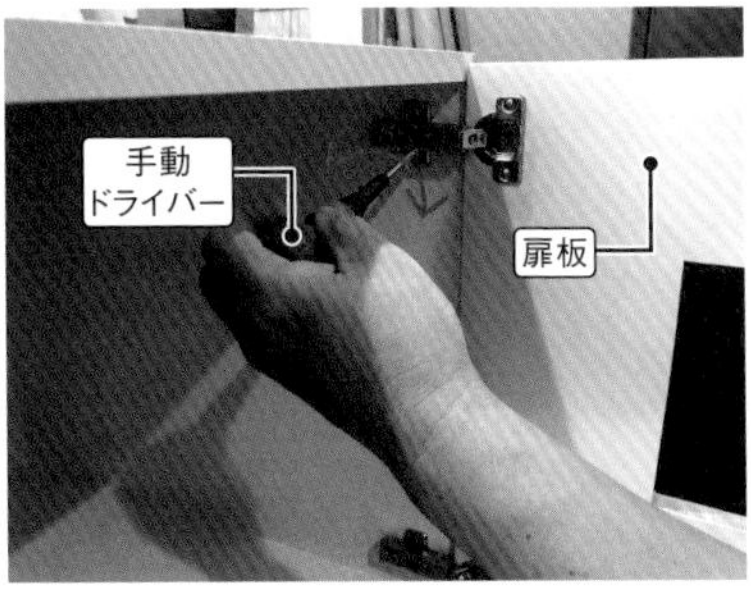

スライド蝶番の取り付けが全箇所完了したら、スライド蝶番の調整用ビスを手動ドライバーで回し、扉の開き具合を調整する。

▷ スライド蝶番の調整方法

スライド蝶番の調整用ビスにはそれぞれ役目がある。Aは扉の前後、Bは扉の上下、Cは扉の左右を調整できる

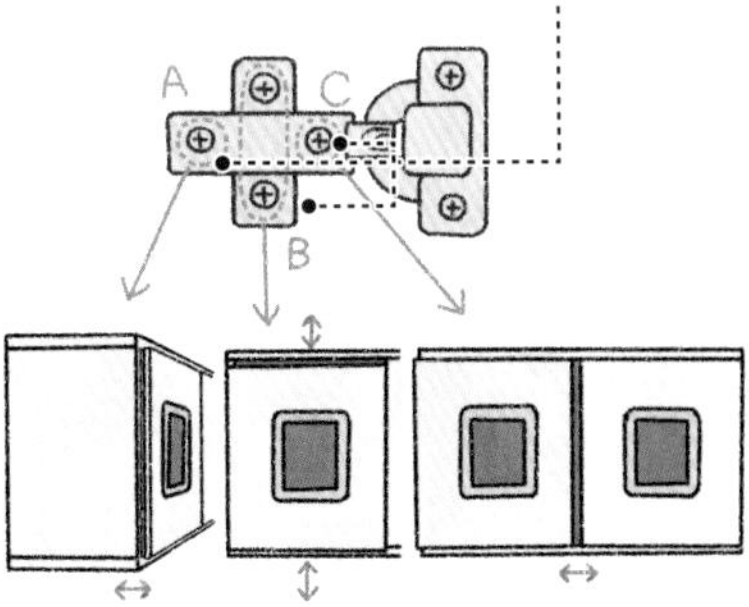

調整は
覚えれば簡単！

猫ドア付け ⑬ 猫ドアを取り付ける

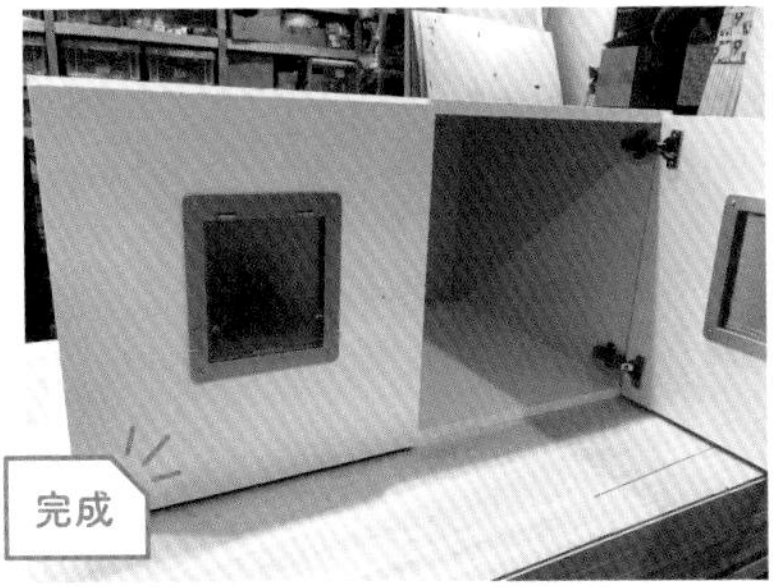

猫ドアを付属のビスで取り付け、完成。

トイレを入れると

今回は「ニャンとも清潔トイレ」(花王)が2台並んで入る寸法で制作したが、手持ちのトイレに合わせて、カバーの寸法を変更してもよい。

多頭飼いでも
安心！

家具調トイレですっきり 収納一体型トイレカバー

＞「トイレカバーボックス」家具設計・製作：アルブル木工教室

| 🕒＞約8時間 | ¥＞約1万円 |

キャスター付きの引出しで、内部の掃除も簡単！

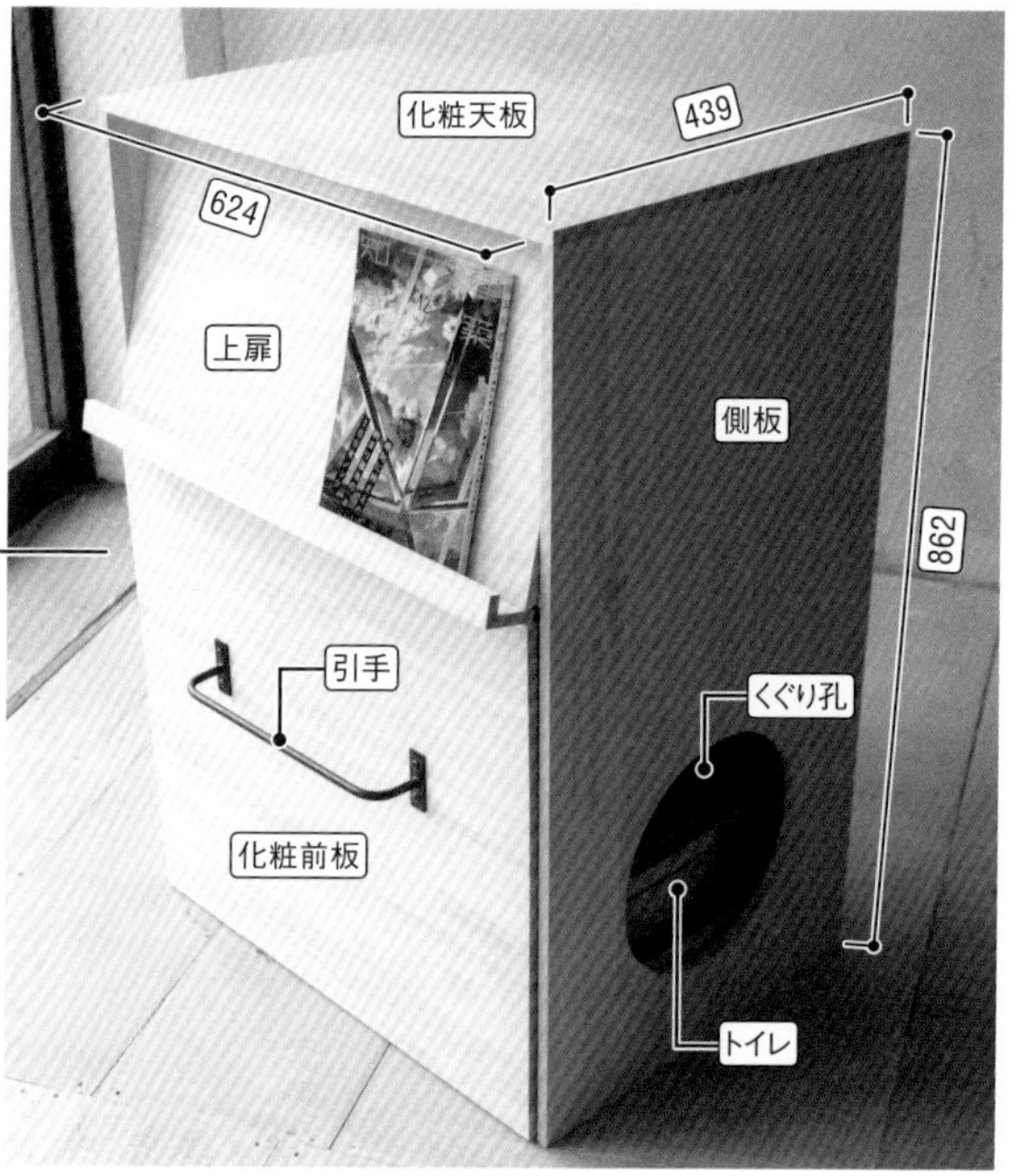

より詳しい工程動画はこちら！

好きな場所に置ける家具調猫トイレ

猫トイレは、人の生活空間にそのまま置いておくには見た目が気になります。しかし、猫トイレを人の目が届きにくい場所に置くと、猫の健康管理がおろそかになりがちに。清掃のしやすさも考慮し、生活空間のそばに置きたいものです。

家具の中にトイレを組み込んだ家具調のトイレカバーとすれば、どこでも好きな場所に置くことができます。リビングに置いても気にならず、日ごろから猫の健康に気を配ることができます。トイレ部分はキャスター付きの引出しで、日々の清掃も簡単。上部に本が置けるブックスタンド付きの本棚を設けており、人も活用できる共用の家具になっています。

材料

□ラジアータパイン集成材
1,820×910×12㎜ ―― 2枚
□キャスター ―― 4個
□フラップレール ―― 1対
□引手 ―― 1本
□25㎜スリムビス（皿）
□木工用速乾接着剤

道具

□電動ドライバー：プラスドライバービット、皿取錐、埋木錐、ドリルビット
□引廻し鋸
□金づち
□アサリなし鋸
□サンドペーパー＃120～＃240（中目）
□コンパス

木取り図

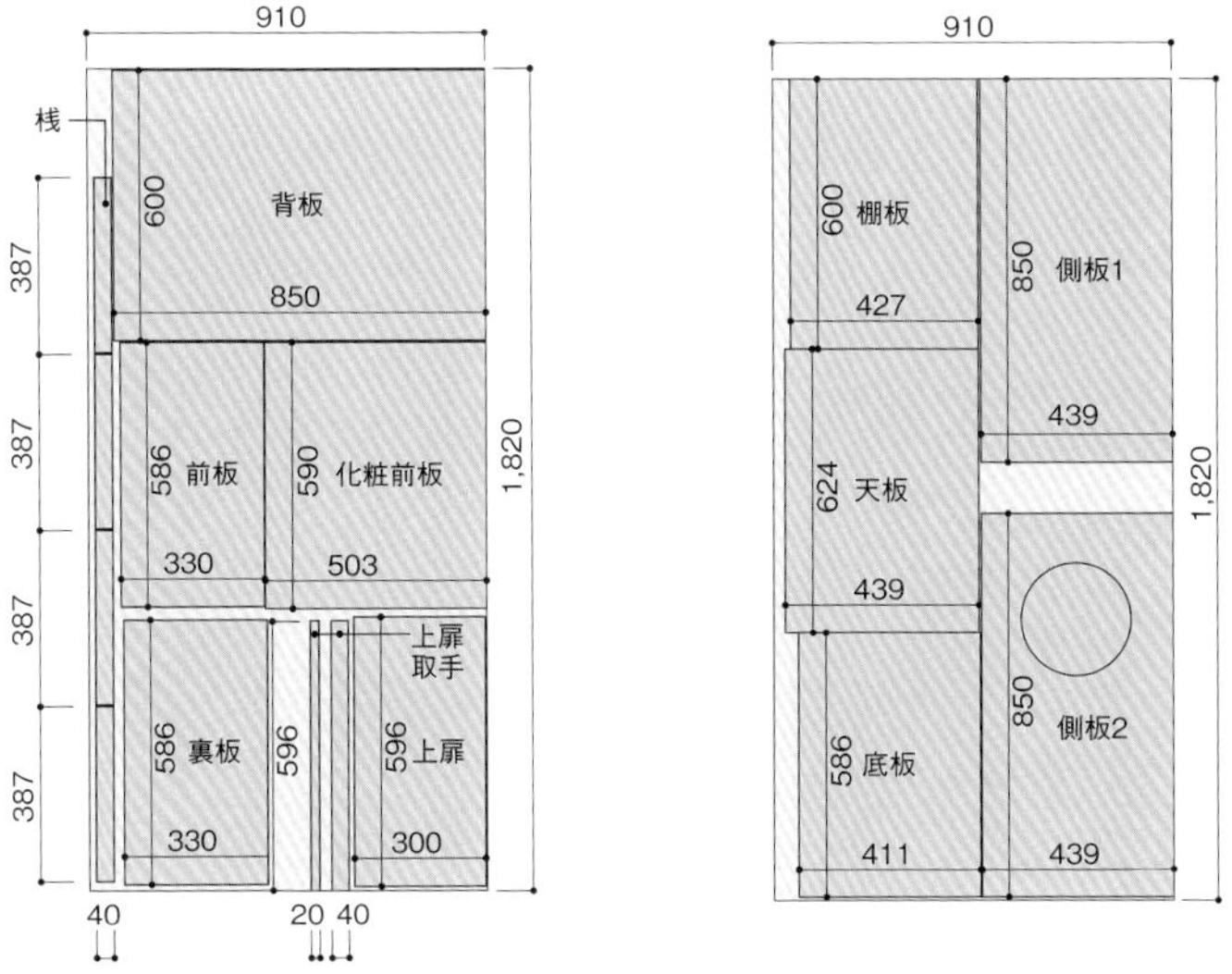

組立図

本体

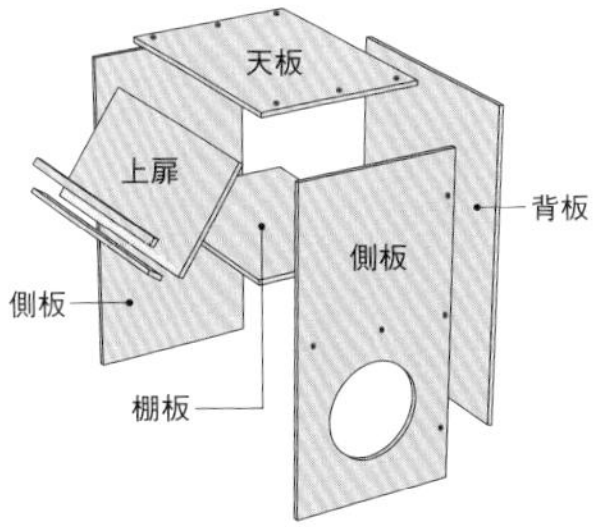

引出し

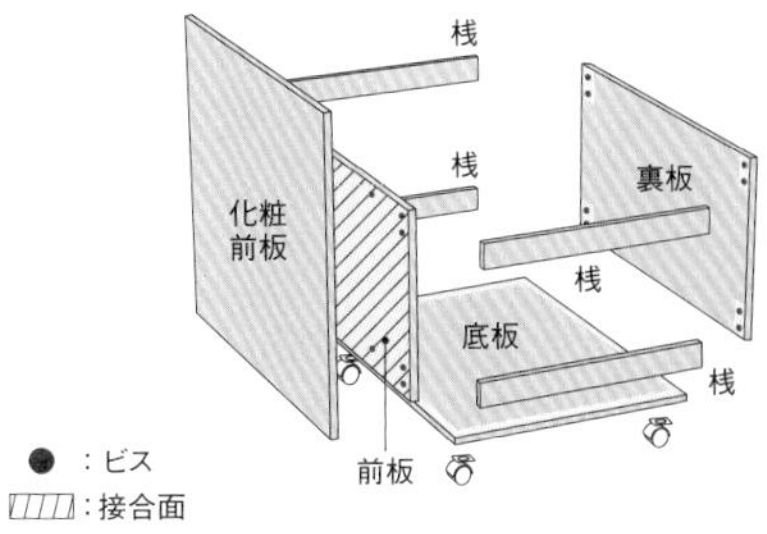

家具調トイレですっきり 収納一体型トイレカバー

▷ 皿取錐と埋木錐の手順

① 皿取錐で下穴をあけて、ビスで留め付ける

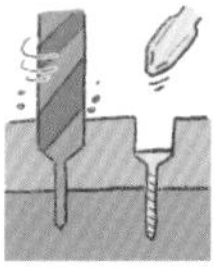

∨

② 埋木錐で木栓を彫る。周囲に溝が付いたらマイナスドライバーなどで木栓の根元を折る

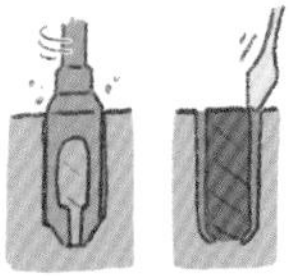

∨

③ ビスのうえに木栓を入れ、木づちで叩いて入れる

∨

④ 木栓の出ている部分は鋸でカット。サンドペーパーをかける

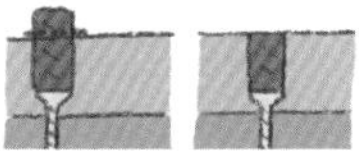

材料加工 ③ くぐり穴の丸窓を墨付けする

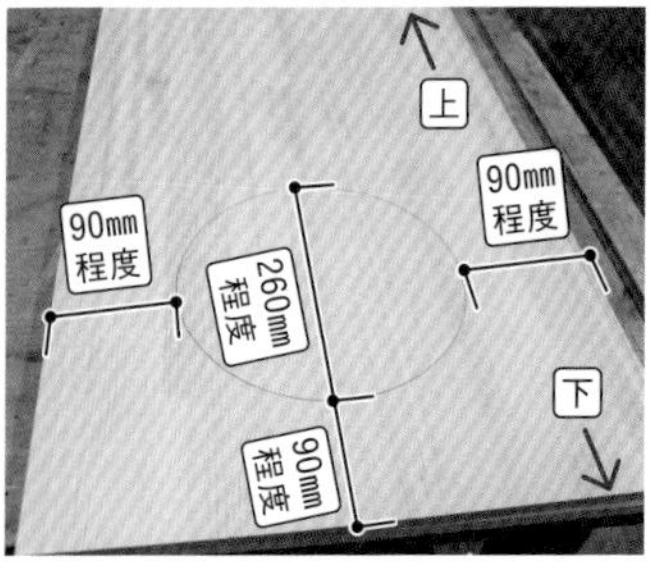

側板2の丸窓を設ける部分にコンパスで印をつける。丸窓の大きさは、猫の大きさやトイレの高さを考慮して決める。孔は丸孔でなくても、トイレの出入りに合った寸法であればOK。

下穴あけ ① 下穴をあける位置に墨付けする

木取り図を描いたら、ホームセンターのカットサービス［132頁参照］を利用して、角が90°になるように切る。次に、材をビス留めする部分に墨付けする。天板、側板、化粧板の木栓でビス頭を隠す部分と、背板など、ビス頭を隠さない部分を区別しておく。

② 電動ドライバーで下穴をあける

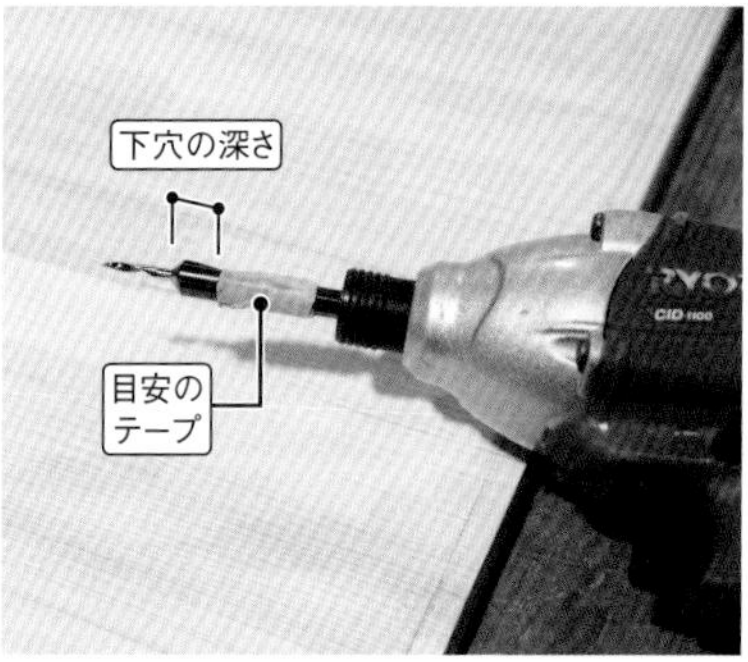

ビス頭を隠すため、皿取錐を電動ドライバーに付けて下穴をあける。木栓で埋めるので、8㎜程度の深さにする。深さの目安として、皿取錐にテープを巻いておくと便利。

組み立て ⑥ 本体を組み立てる

ビスを木栓で隠さず見せる場合は、ビスの位置がランダムだと目立つので、中心がずれてバラバラに見えないように注意

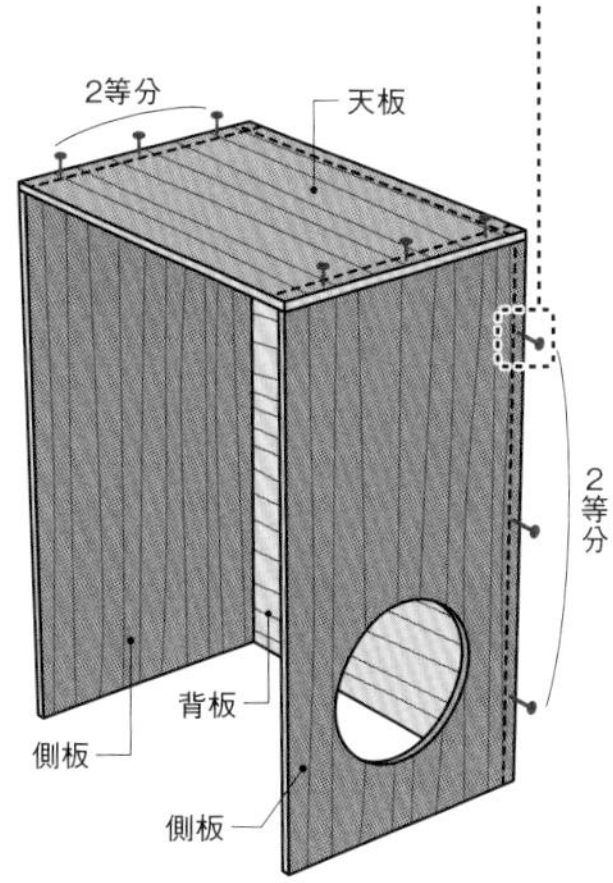

背板を天板、側板で挟み込むように組むため、接着部分に木工用速乾接着剤を塗り、オープンタイム（10分程度）をとる。背板と側板、天板を組み立て、ビスで留める（図の赤い部分）。ビスは木板の厚さの2倍程度（25㎜）の長さのものを使用。

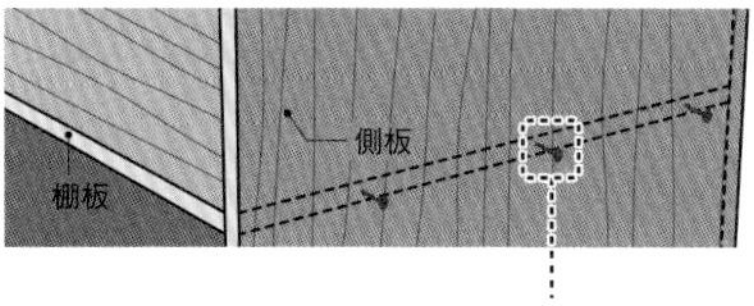

棚板の厚さの中央にビスが入るように注意する

本体は完成！
次は引き出しだ

④ 円の内側1カ所に孔をあける

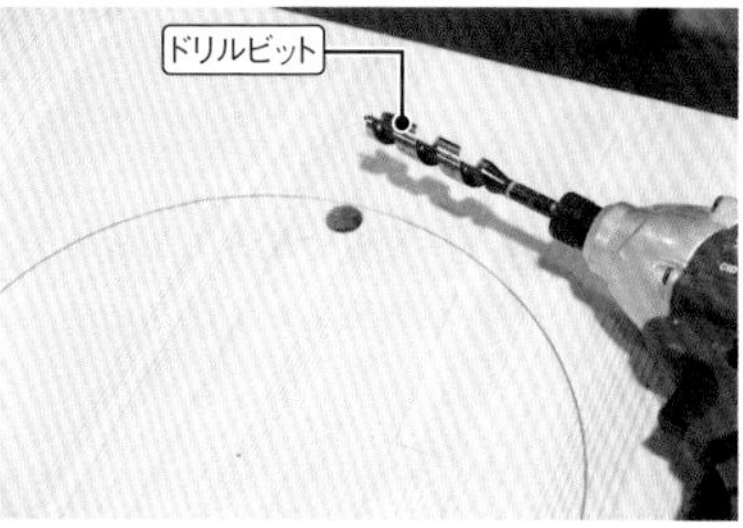

ドリルビットを電動ドライバーに設置して、引廻し鋸の刃を通すための孔あける。孔が円より外側にかからないように注意する。

⑤ 引廻し鋸で円を切り抜く

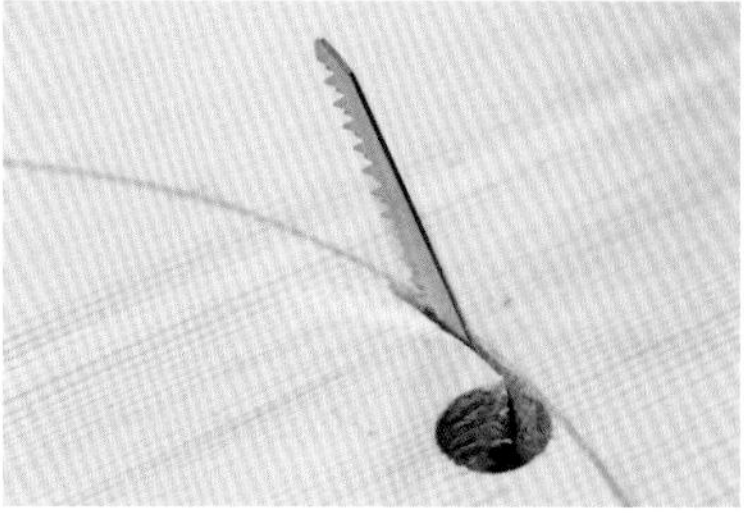

孔から引廻し鋸を入れて円形に切り抜く。刃が細いので、少しずつ切り進めていくとよい。

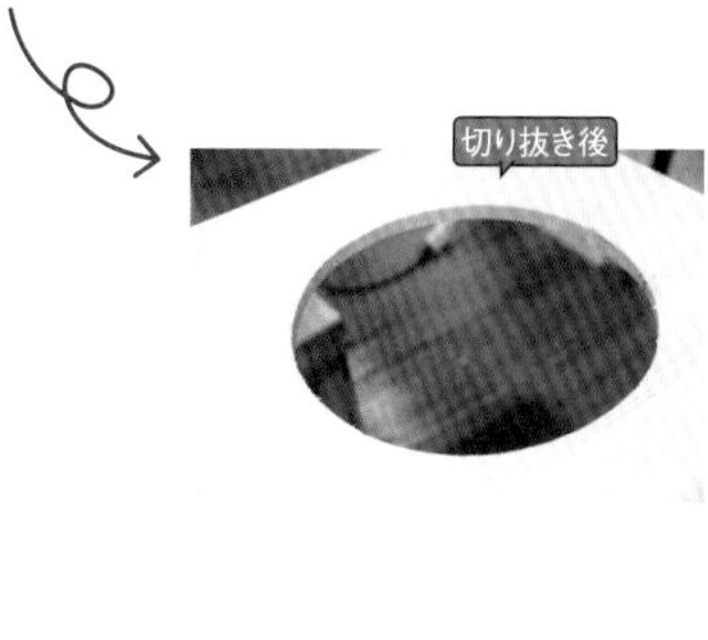

家具調トイレですっきり 収納一体型トイレカバー

引出し ⑦ 引出しを組み立てる

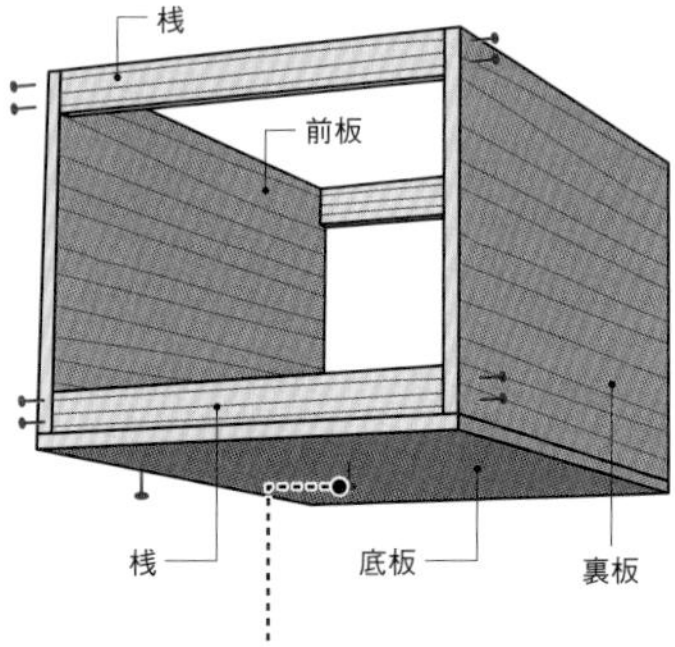

ビスは長さ20～25㎜を使用。引出しの化粧前板以外のこれらのビスは隠れるので、木栓をする必要はない

底板に前板と裏板を載せ、接着部分に木工用速乾接着剤を塗布し、桟を挟み込むように組む。オープンタイム（10分程度）を取り、組み立てる。桟と接する前板、裏板、底板をビスで固定。

⑧ 前板に化粧前板を設置

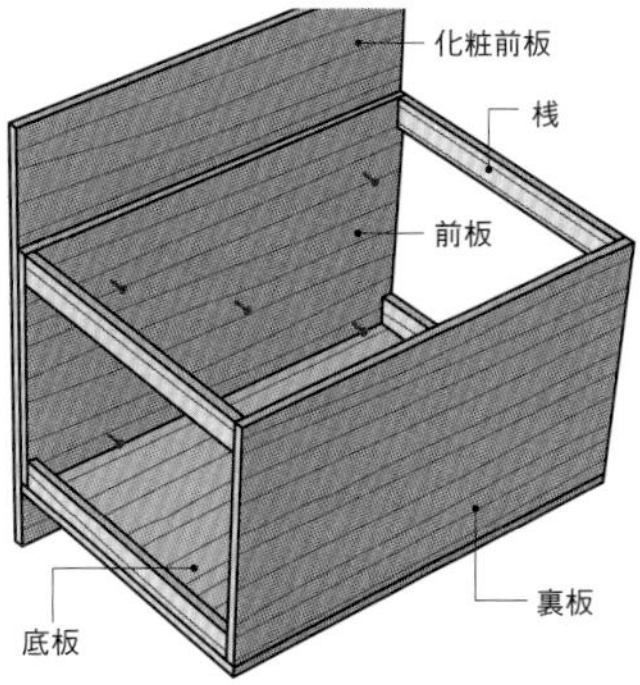

引出しのキャスターが隠れるように、化粧前板の下端をキャスター下の床から５㎜ほどの高さにして前板に取り付ける。木工用速乾接着剤を端部に点で塗り、オープンタイムを取り、ビスで固定。

⑨ 底板にキャスターを設置

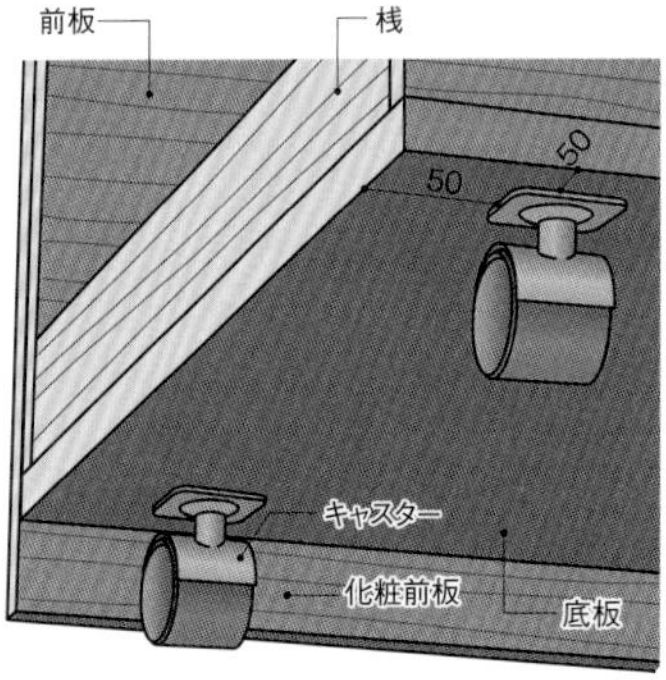

底板の四隅にキャスターをビスで留める。端に寄りすぎると、本体に接触してキャスターが動かないことがあるので、端から50㎜ほど内側に設置する。

ブックスタンド ⑩ フラップレールを設置する

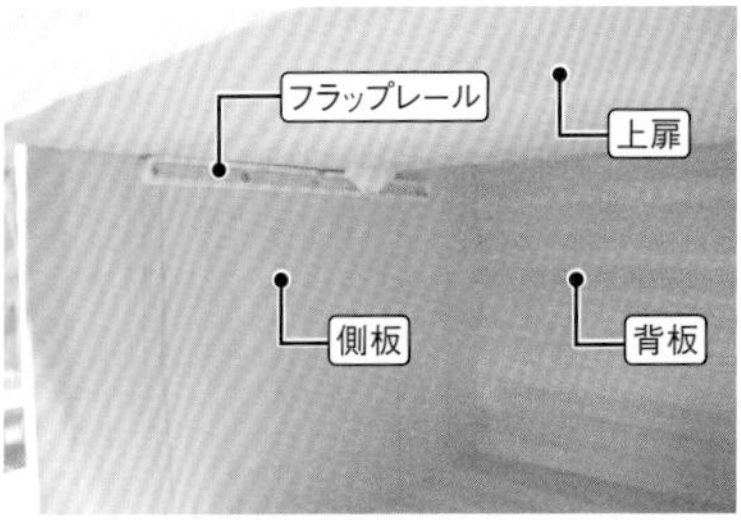

ブックスタンドを開閉するためのフラップレールは、箱を組み立てる前に設置するタイプもあるが、ここでは組み立て後に設置するタイプを使っている。位置を確認してフラップレールを両面テープで仮留め。数カ所をビスで軽く留めて固定し、本締めで留め付ける。

⑪ ブックスタンドをつくる

上扉の端部に、上扉取手をコの字形に取り付けてブックスタンドにする。木工用速乾接着剤とビスで固定。

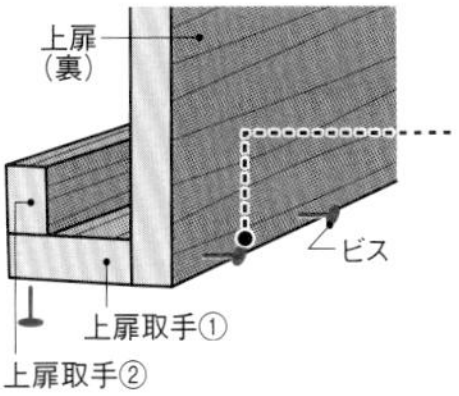

扉を閉じたときにビス頭が見えない方向から、ビスを打つとよい

木栓処理 ⑫ 木栓をつくる

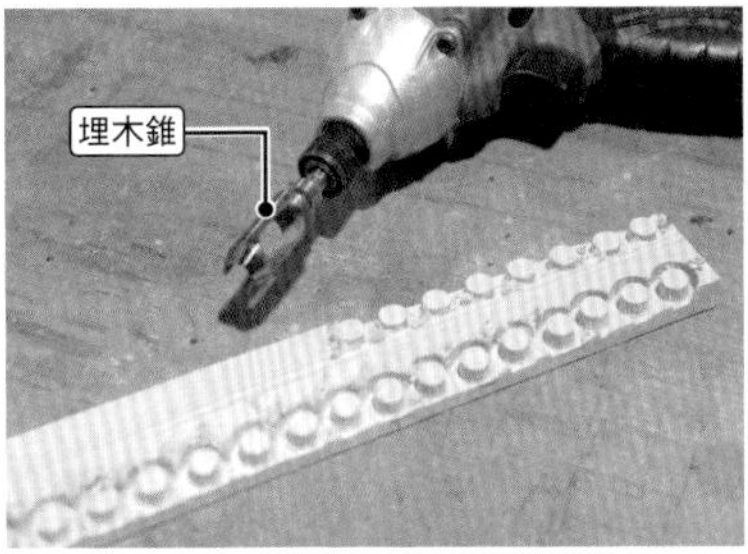

端材を使い、皿取錐の穴をふさぐ木栓をつくる。埋木錐でできた木栓脇の溝にマイナスドライバーを入れて木栓を折り、取り出す［78頁参照］。

このひと手間で
本格派な仕上がりに

▷ フラップレールの設置位置

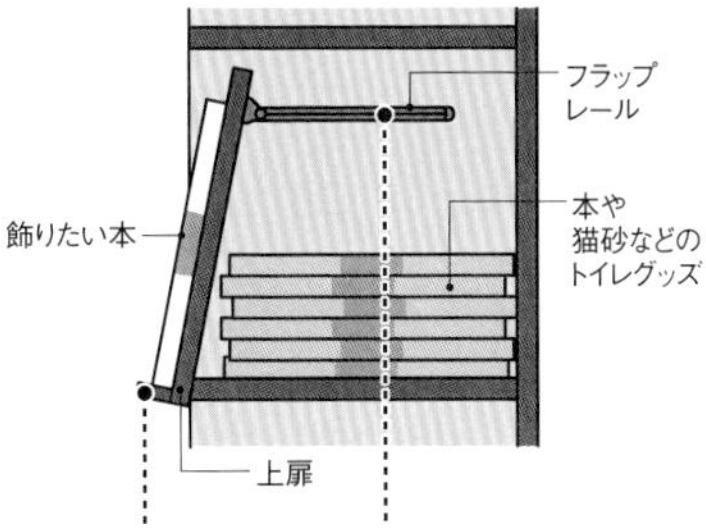

ブックスタンドは、飾りたい本を表に見せたい場合などに使用

フラップレールを用いれば、ブックスタンドを持ち上げて上部に収納し、上扉を開放したままにできる

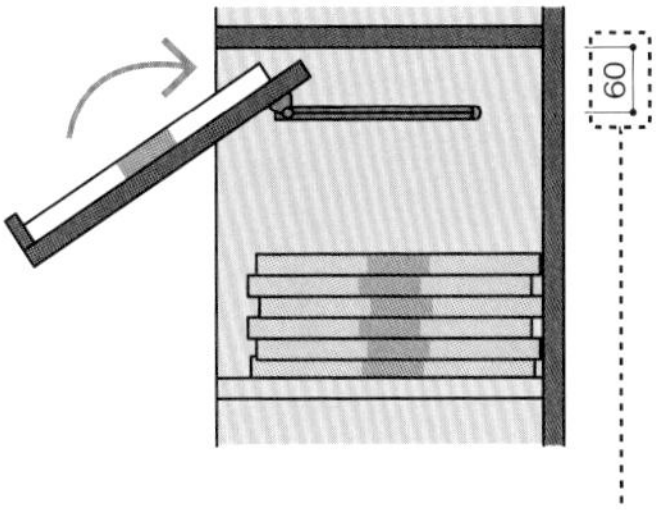

ここではフラップレールは天板から60㎜程度下げた位置に取り付けた。扉の高さや厚さによって設置高さが異なるので注意

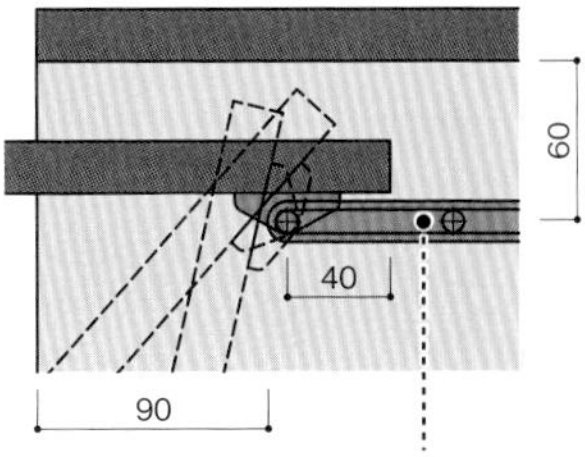

フラップレールの端部で扉が回転して開閉する仕組み。説明書に従って、設置位置を決める

▷「アサリ」の有無の使い分け

アサリあり

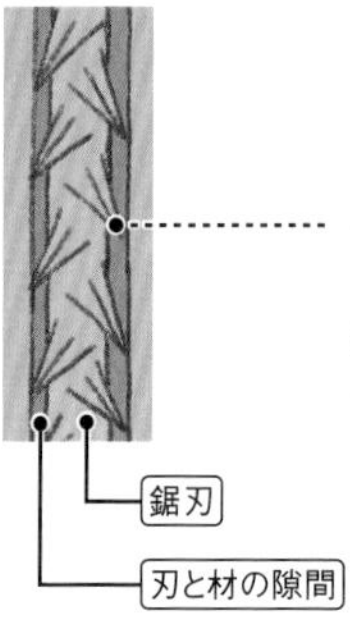

「アサリ」があることで、切り幅が鋸刃の厚みより広くなる。その分、刃と材に隙間ができるため、切断中の摩擦抵抗が減少して切りやすくなる

アサリなし

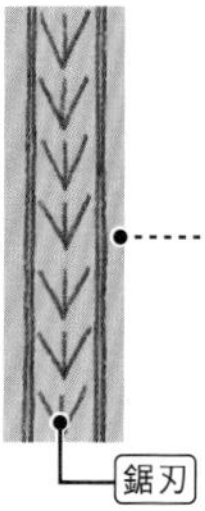

木栓を切る場合は、材を傷つけないように木栓切り専用鋸を用いる。この鋸にはアサリがついていないため、刃と材に隙間ができない。そのため、アサリ付き鋸よりも切りにくく、板材などの切断には向かない

⑬ ビス穴を木栓で埋める

木工用速乾接着剤を穴に少量入れて、金づちで木栓を埋め込む。このときに木板の木目と木栓の木目方向をそろえると、木栓が目立たない。

⑭ 木栓切り専用鋸で木栓を切る

鋸の刃の先端が左右交互に開いている部分を「アサリ」という。材を傷つけないように、アサリのない木栓切り専用鋸を板材に沿わせ、木栓の出ている部分を切る[78頁参照]。

工程に応じて
道具を
使い分けよう

▷ 塗装仕上げ

木製家具は未塗装の場合、手垢などの汚れやシミがついてしまう。保護材として、ウレタンなど表面に塗膜をつくる塗料と、蜜《みつ》蝋《ろう》ワックスなど塗り込む塗料がある。なかでも木の質感を生かし、初心者でも扱いやすい蜜蝋ワックスはお薦め。ただし塗膜をつくる塗料と比べて耐水性は劣るので、こまめな塗り直しが必要となる。

「蜜蝋ワックス(亜麻仁)」(蜜蝋ワックスFOREST)

蜜蝋ワックスとは、蜜蝋（ミツバチの体内から分泌された蝋成分で、巣づくりに使われる）とエゴマ油や菜種油などを合わせたもの。木材に浸透しながら表面に膜を張って材を保護する。ほどよい艶を出して木目を引き立てる。価格は100g当たり600〜900円程度

作業の流れ

① > 蜜蝋ワックスはのびがよいので、少量を布にとり、薄くのばしながらこするように塗る。塗った後に手で触ってべたつかない程度が塗り終わりの目安

② > 約30分自然乾燥させた後、乾いた布で拭いて仕上げる

仕上げ ⑮ 化粧板に取手を設置する

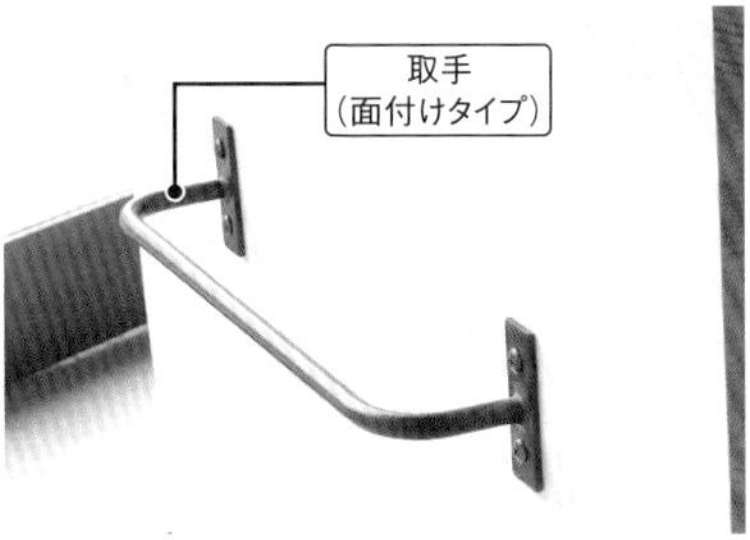

好みの取手を化粧板に取り付ける。化粧板とその裏側にある前板が重なっている（24㎜）ので、裏ねじタイプ（取手を取り付ける際に、ねじを貫通させて裏から留めるタイプ）の場合は、24㎜に対応できる製品を選ぶ。

⑯ 木部をサンドペーパーで磨いて完成！

サンドペーパーは＃の数字が高いほど粒子が細かく、仕上りに艶が出る。木工では通常、＃120で傷やへこみ、角を取り、＃240くらいで手触りをよくするための仕上げを行う。サンドペーパーでも傷はつくので、目立たないよう木目に沿ってかけるとよい［152頁参照］。丸穴の廻りの角もサンドペーパーで角を取っておく。

左官で調湿も消臭も
珪藻土壁

＞ 解説：松原要、写真：日本ケイソウ土建材

⏱＞約3日 ｜ ¥＞約1万7千円～

優れた調湿効果と消臭効果

左官材のなかでも超極小多孔質の珪藻土は、優れた調質性で知られます。室内の湿度を50～55％に保ち、気になる臭いも消臭してくれます。

左官には相応の技量が求められます。粉末の珪藻土は水を混ぜる攪拌《かくはん》機《き》が必要で、水分調整にも難しさがあります。DIYでは、ビニルクロスの上から塗れるペーストタイプの珪藻土がお薦め。粉末タイプに比べ格段に塗りやすいはずです。大人数で作業する際は、1人が壁の1面を丸ごと担当するようにし、塗り癖が入り混じるのを避けると仕上がりがよくなります。左官の上手な人の作業を一度見て、雰囲気を真似するだけでも、出来栄えは変わります。

| 材料 |

□珪藻土ペーストタイプ：「エコ・クイーン」（日本ケイソウ土建材）を使用。
　1箱20kg（5kg×4袋）で約10m²分。定価18,600円
□水性シーラー：「水性シーラー」（アサヒペン）など

| 道具 |

□角ステンレス鏝（先のとがった中塗り・仕上げ鏝よりも、角鏝240㎜が使いやすくてお薦め）
□鏝板
□水用バケツ
□ウエス（水で濡らしたものを1人1枚用意し、手に付いたり汚れたりした部分はその都度すぐに拭き取る）
□ネタ用バケツ
□ひしゃく

| 道具（下地用）|

□雑巾
□ローラーバケットセット
□タッカー
□グラスファイバーテープ
□カッター
□マスキングテープ
□マスカー
□ブルーシート
□ごみ袋

| 壁面構成図 |

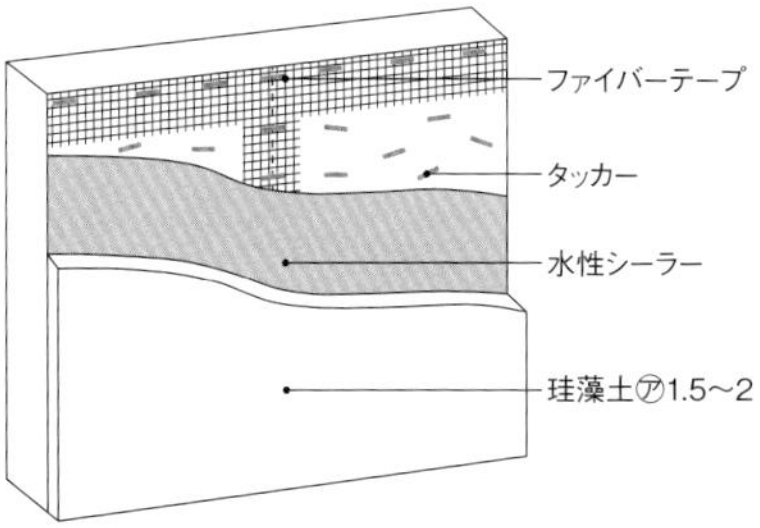
ファイバーテープ
タッカー
水性シーラー
珪藻土㋐1.5〜2

| 養生方法 |

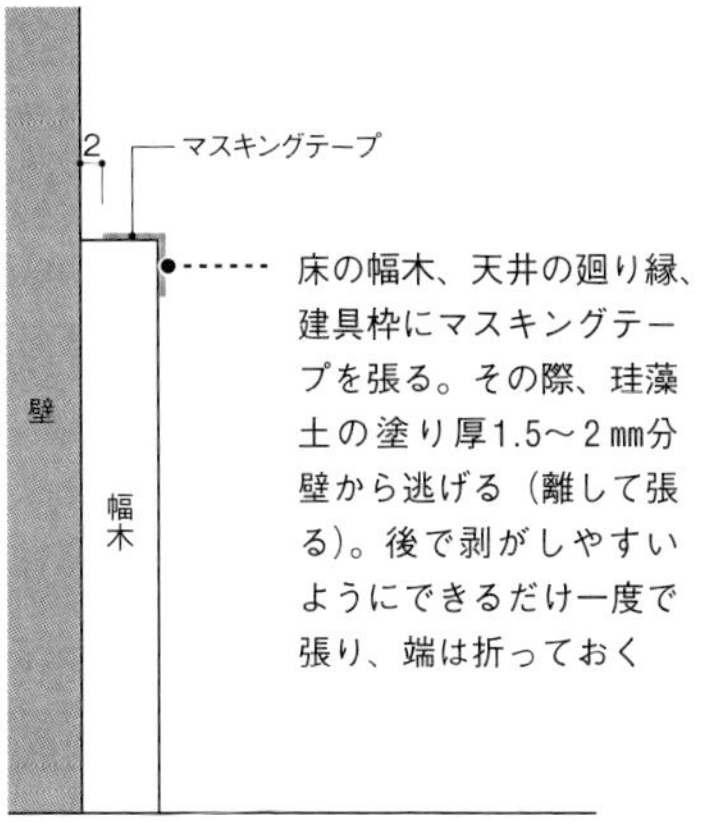
2
マスキングテープ
壁
幅木
床の幅木、天井の廻り縁、建具枠にマスキングテープを張る。その際、珪藻土の塗り厚1.5〜2㎜分壁から逃げる（離して張る）。後で剥がしやすいようにできるだけ一度で張り、端は折っておく

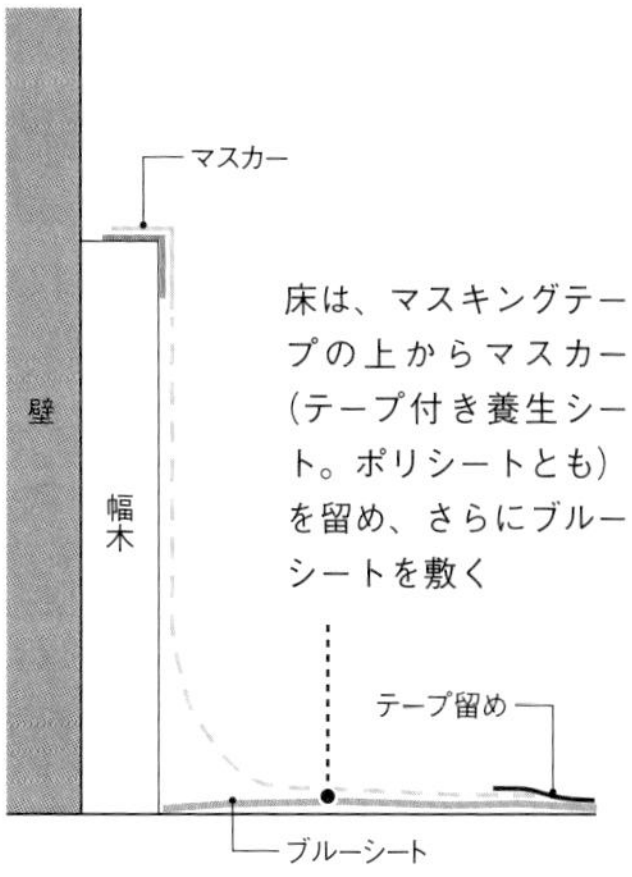
マスカー
壁
幅木
床は、マスキングテープの上からマスカー（テープ付き養生シート。ポリシートとも）を留め、さらにブルーシートを敷く
テープ留め
ブルーシート

塗る ③ ネタをすくう

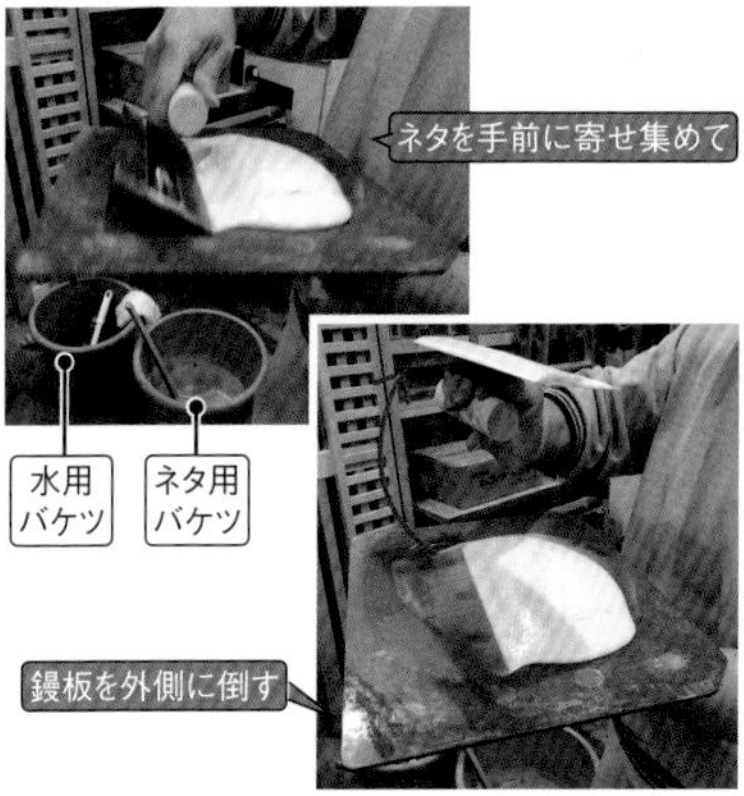

材料をバケツに出し、ひしゃくですくって鏝板に乗せる。ネタを手前に寄せ集めて、鏝に吸い付けるようにして、手首を外側にくるっと返してすくうとよい。鏝板は必ず外側に倒すこと。自分側に倒すと材料が垂れて汚れてしまう。

④ 壁に塗り付けて伸ばす

上から順番に仕上げていく。バケツから鏝板にネタを移し、壁に塗り付ける作業を繰り返す。もたもたしていると乾燥して塗り継ぎが難しくなるので、10〜20分以内に面を塗り伸ばす（気温と湿度、下地の吸水性によるが10分程度で塗り継ぎが難しくなることも）。なお、左官壁は追っかけ2度塗り［※1］が基本だが、「エコ・クイーン」は1度塗りでよい。

下地処理 ① 施工面を拭いてタッカー留め

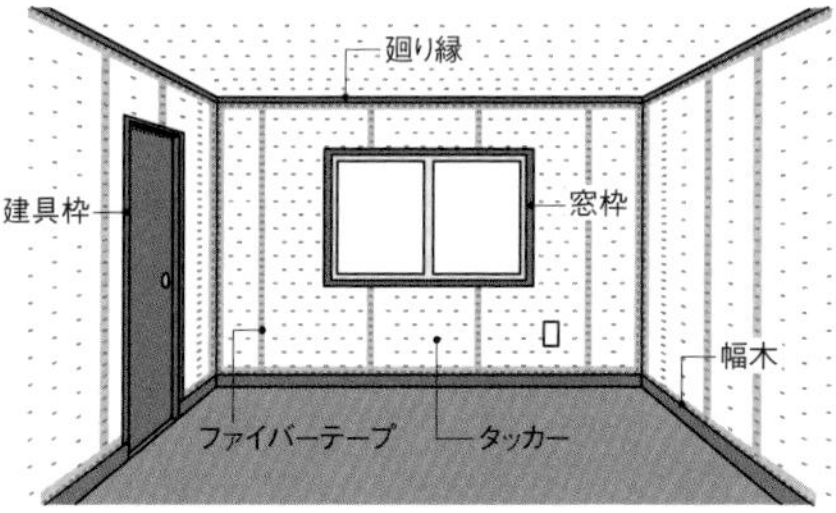

施工面を雑巾できれいに拭く。クロスの端と継目にグラスファイバーテープを張り、クロスが浮き上がってこないように施工面全体をタッカー留めする。クロスに剥がれがある場合は、カッターで切り取り、グラスファイバーテープで補修する。

② 水性シーラーを塗る

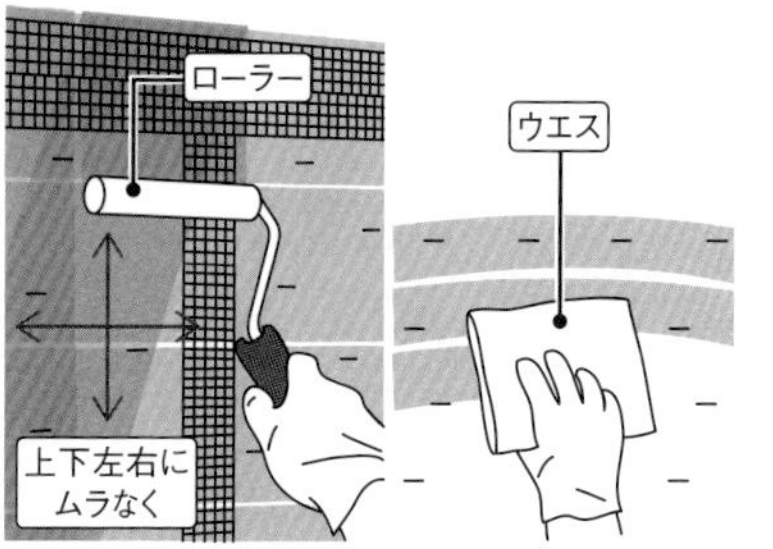

ビニルクロスと珪藻土の密着力を高めるため、ローラーを用いて水性シーラーを塗る。垂れたり弾いたりしてうまく濡れないときは、ウエスに染み込ませて塗るとよい。

※1 壁と壁材の密着力を高めるため、しごき塗り後、乾かないうちに塗り重ねて仕上げる

火山噴出物　シラス壁

海の珪藻の殻の堆積物からなる珪藻土に対し、火山噴出物のシラスを原料とした左官材もある。100％自然素材のシラス材「ビオセラ」（高千穂シラス）［※2］は消臭機能、空気清浄機能が高く、お薦めだ。多頭飼いの猫カフェや猫オフィスで使用しても臭いが気にならない。写真の猫オフィスでは、左官職人とともに社員も施工に加わった。猫社員のいるオフィスのため、キャットウォークや爪研ぎを設え、壁はシラス壁とした。石膏ボードの上からや、クロスの上からも塗ることもできる

＞「ハチたまオフィス」設計：黒猫組

2人または数名で
下地処理1日、塗り1日、
乾燥に1日かかる

※2　1袋20kg、塗り厚5㎜で約5㎡分。平米単価2,550円

▷ 塗りの仕上げ方

天井廻り

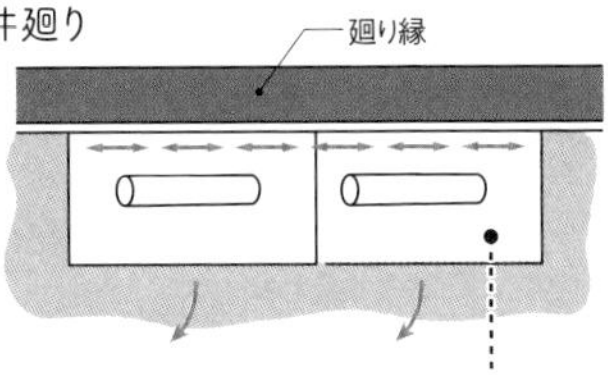

ネタがたくさん付いているところをすくい、枠廻りの入隅部分でぐじゅぐじゅっと押し伸ばし、押さえる力を加減して1.5～2㎜程度に薄く塗り広げる

建具廻り

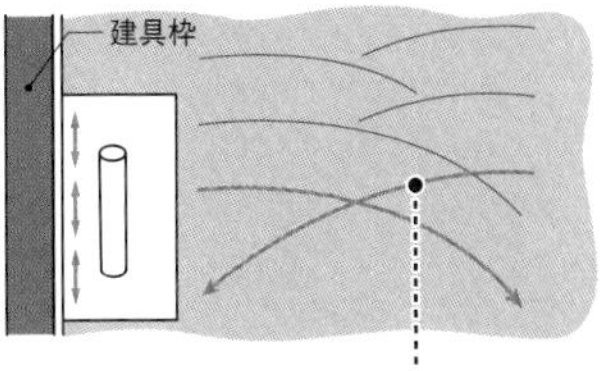

クロスには凹凸があるため、一方向に塗るとネタが偏ってしまう。必ず折り返して塗り、塗り厚を均一にする

乾燥 ⑤ 養生を外して乾燥させる

乾燥後にマスキングテープを剥がすと珪藻土も一緒にぼろぼろ落ちて仕上がりが汚くなるため、塗り終わったら珪藻土が乾く前に養生を外す。2～3日間かけて完全に乾かす。扇風機の風を当てたり、晴天時に窓を開けて風を通したりしてもよい。ドライヤーは速く乾きすぎて白樺現象（表面が白っぽくなる）を起こすので使用しない。

乾燥中は施工面に物をぶつけたり、猫が触ったりしないように注意！

人と猫が共に使う ベンチダイニング

> 「isu neko DIY」家具設計：廣田デザイン事務所

| ⌚ > 約3時間 | ¥ > 約7千円 |

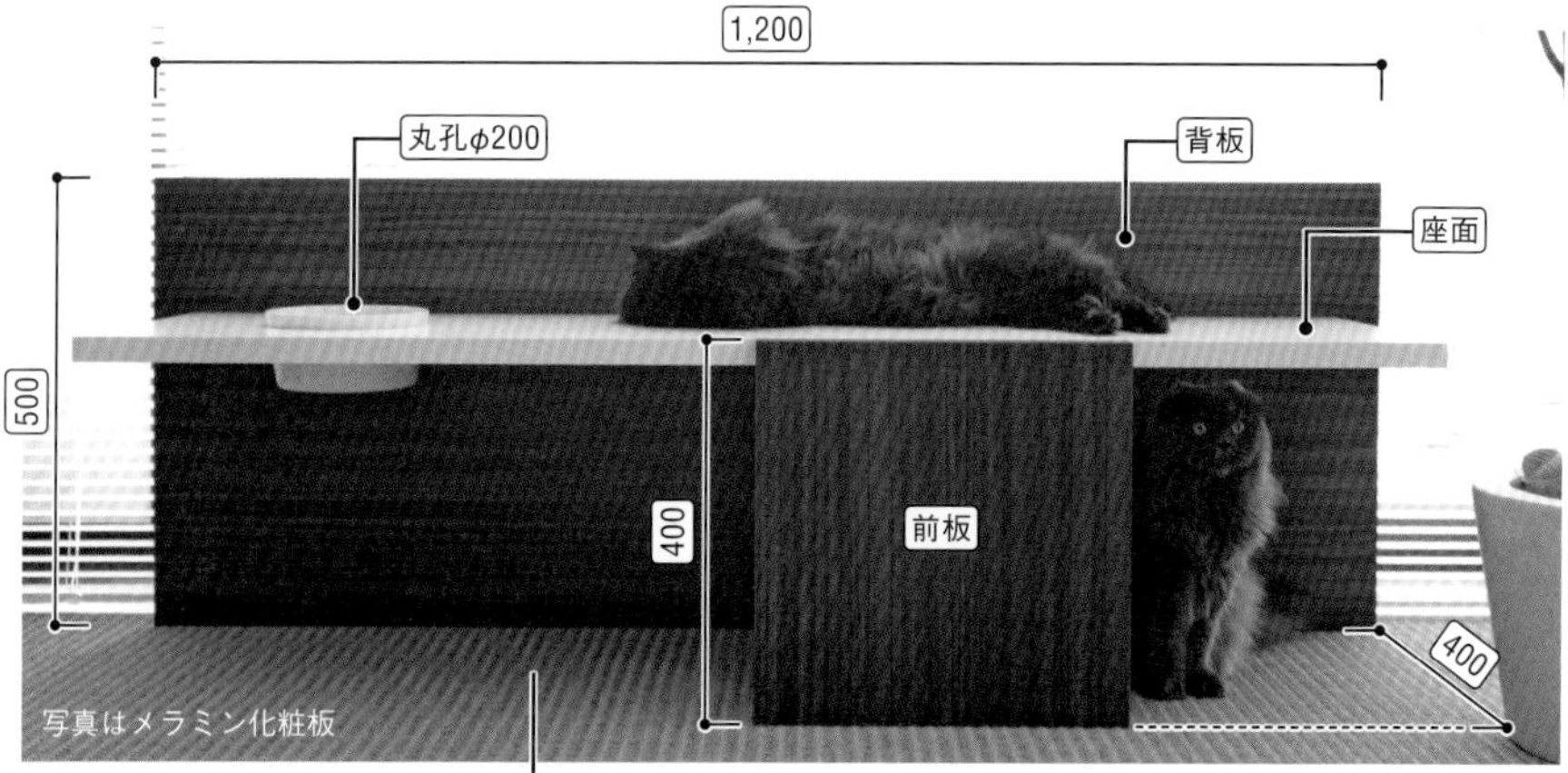

直線的で
スタイリッシュな
デザイン

丸孔が食器置きにもくぐり孔にもなる

ベンチが人と猫の距離を自然に近づける場になるよう、本来なら座るための座面にあえて丸孔をあけました。座面の丸孔に食器や猫草の鉢をはめれば、猫の食べている姿を傍らから見ることができます。食器や鉢を外せば、猫のくぐり孔にもなります。また、前板の後ろは猫の隠れ場所や猫トイレの置き場所になります。

DIYしやすいように材料はパイン集成材と特厚L形金物にしていますが、ダークブラウンと白のメラミン化粧板を組み合わせ、隠し金物を用いれば、モダンな印象で清掃性も高まります。人が座るものなので、しっかり固定して安全性を確保してください。

材料

□パイン集成材910×1,820×25㎜ ―― 1本
□L形金物（特厚タイプ）―― 2本
□25、41、45、65㎜スリムビス（皿）―― 約36本
□木工用速乾接着剤

道具

□電動ドライバー：プラスドライバービット、ドリルビット、下穴錐、皿取錐、埋木錐
□手動ドライバー（増締め用）
□引廻し鋸（またはジグソー）
□サンドペーパー#120～#240（中目）
□コンパス

木取り図

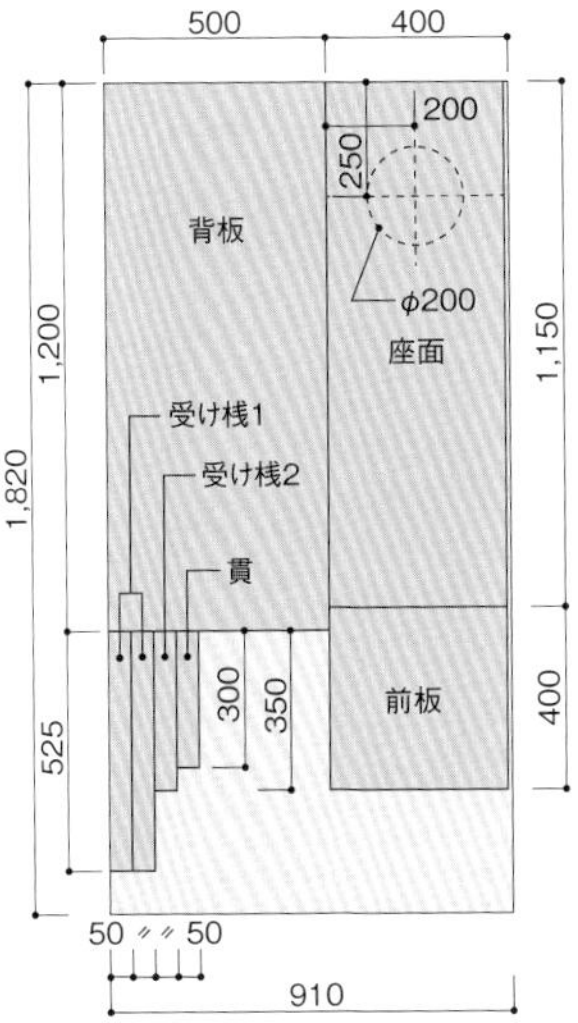

組立図

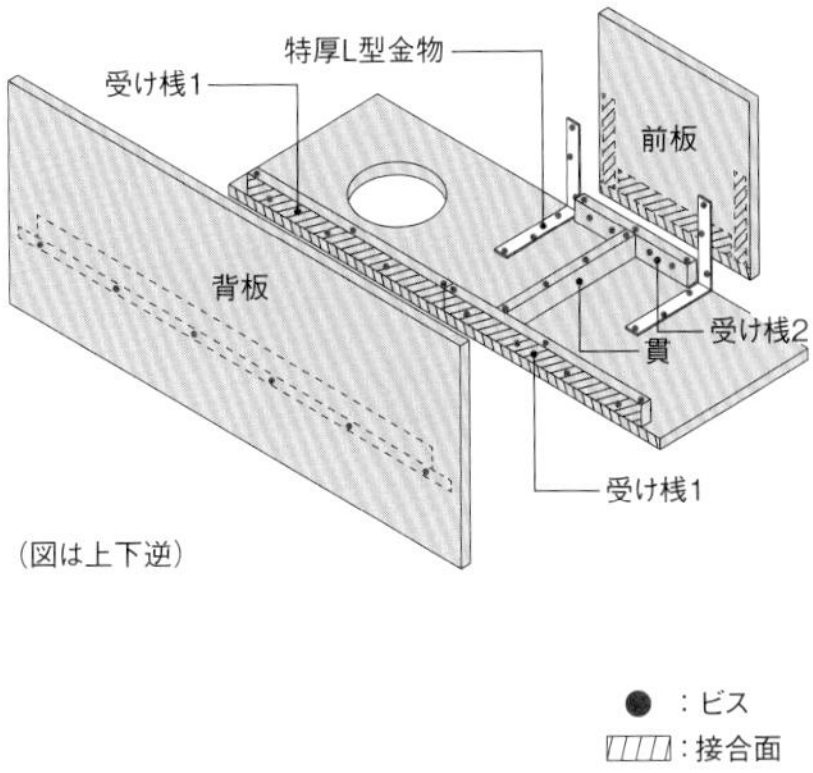

(図は上下逆)

作業の流れ

① 座面に円を墨付けし、ドリルビットと引廻し鋸を用いて円を切り抜く

② 受け桟1・2と貫を、皿取錐で下穴をあけたうえ（以下同）、木工用速乾接着剤とビスで座面裏側に留める

③ 前板を、座面小口と受け桟2に正面側から木工用速乾接着剤とビスで留める。このとき前板の木目方向に注意。さらに、受け桟2側からもビス留めし、L形金物を取り付ける

④ 背板を、座面小口と受け桟1に背面側から木工用速乾接着剤とビスで留める。さらに、受け桟1側からもビス留める

⑤ 埋木錐を用いて端材から木栓をつくり、すべてのダボ穴を木栓で埋め、完成！

猫まっしぐらな食事場所を
猫ダイニング

＞「猫食堂＋猫カウンターDIY」家具設計：廣田デザイン事務所

| ＞約1時間 | ¥＞約1万円～ |

高さがあるので
食事しやすい！

ベースは面でつくってその重さで安定させる

複数の猫が一緒に食事できるダイニングテーブルです。ベース部分の材料の木取りが無駄に思えるかもしれませんが、面にすることで重さが増し、猫が乗っても傾かない安定したつくりになります。

多頭飼いの場合、食事場所は1カ所にまとめれば配膳と片付けがスムーズにでき、猫にも順番待ちのストレスが生じません。ダイニングテーブルだけだと端材が多く出るので、一緒にカウンターテーブルをつくるのもよいでしょう。2つを並べればより広いテーブルになります。場合によってはテーブルとカウンターで食事場所を分けたり、カウンターを水と猫草をおく場所として使ったりできます。

材料

□ポリ合板600×1,820×30㎜ ―― 1枚
□小口テープ
□51㎜スリムビス（皿）―― 5（10）本
□内装用速乾接着剤
□木工用速乾接着剤
□傷防止フェルト ―― 5（10）個

道具

□電動ドライバー：プラスドライバービット、下穴錐
□手動ドライバー（増締め用）
□サンドペーパー＃120～＃240（中目）

木取り図

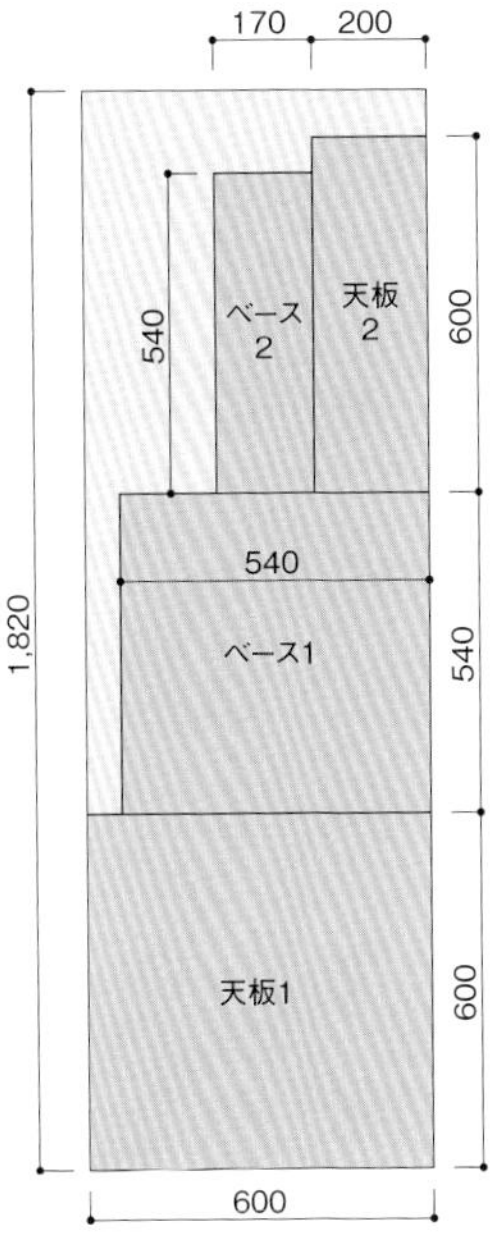

組立図

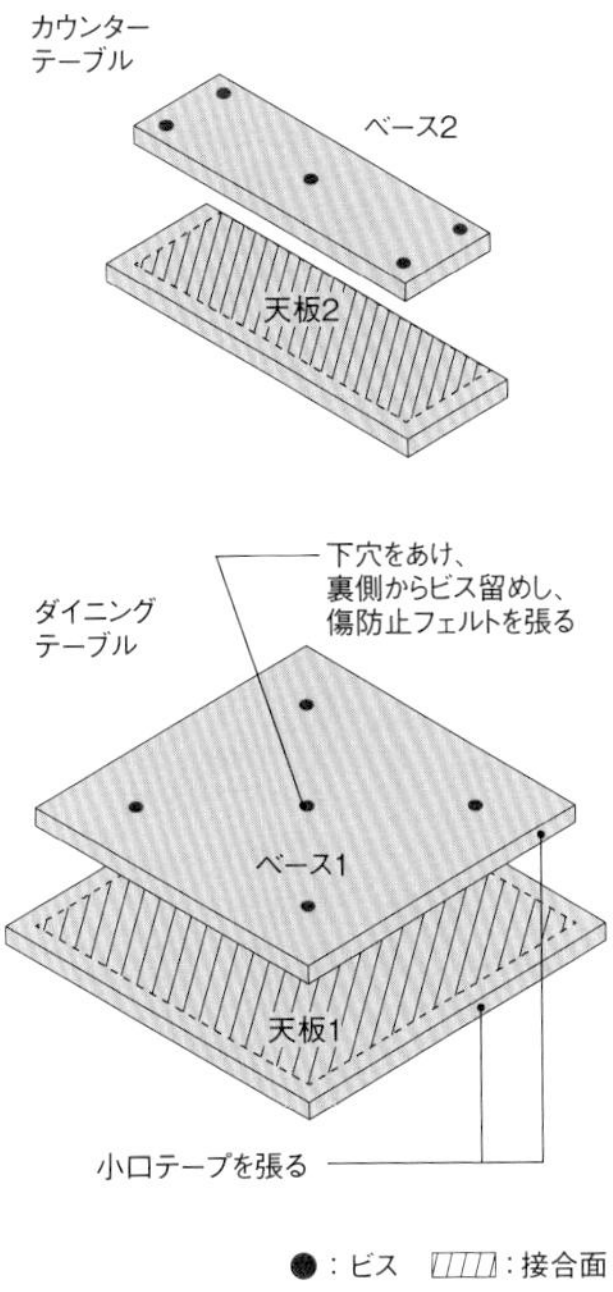

作業の流れ

① すべての小口に内装用速乾接着剤で小口テープを張り、角をサンドペーパーで面取りする

② 天板にベース位置を墨付けし、木工用速乾接着剤とビスで留める

③ ビス頭に傷防止フェルトを張って、完成！

持ち上げやすい 岡持ちトレイ

> 「オカモチ」家具設計: アトリエ・ヌック建築事務所

約1.5時間

猫の食事が済んだらさっと片付けて部屋をきれいにしておきたいもの。食器やマットを1つずつ持ち運ぶのは面倒なので、お盆にまとめて運びやすいかたちにできないか……と行き着いたのがこの「岡持ちトレイ」です。食べこぼしや水こぼれを気にしなくていいように、ビニル製のマットを敷いています。持ち手はオレンジ色の木材保護塗料で塗装しています。

材料

- □シナ合板300×450×9㎜［※］——1枚
- □角材910×30×9㎜——1本
- □丸棒φ25×600㎜——1本
- □L形アルミアングル2×15×15×1,000㎜——2本
- □ビニルランチョンマット
- □30㎜スリムビス（皿）——約18本
- □内装用速乾接着剤
- □木工用速乾接着剤

道具

- □鋸
- □金属切断鋸
- □電動ドライバー：プラスドライバービット、下穴錐
- □手動ドライバー（増締め用）
- □カッター

※ 合板はビニルランチョンマットよりひと回り大きく切り出す

作業の流れ

1. > 合板、角材、丸棒、アルミアングルに墨付けし、鋸で切る
2. > アルミアングルを内装用速乾接着剤とビスで合板に留める
3. > 合板の裏側に支柱の位置を墨付けし、支柱を木工用速乾接着剤で留めて裏側からビスを打つ
4. > 支柱位置に合わせて2カ所切り欠いたビニルランチョンマットを敷く
5. > 支柱間に持ち手を挟み込み、木工用速乾接着剤とビスで留め、完成！

組立図

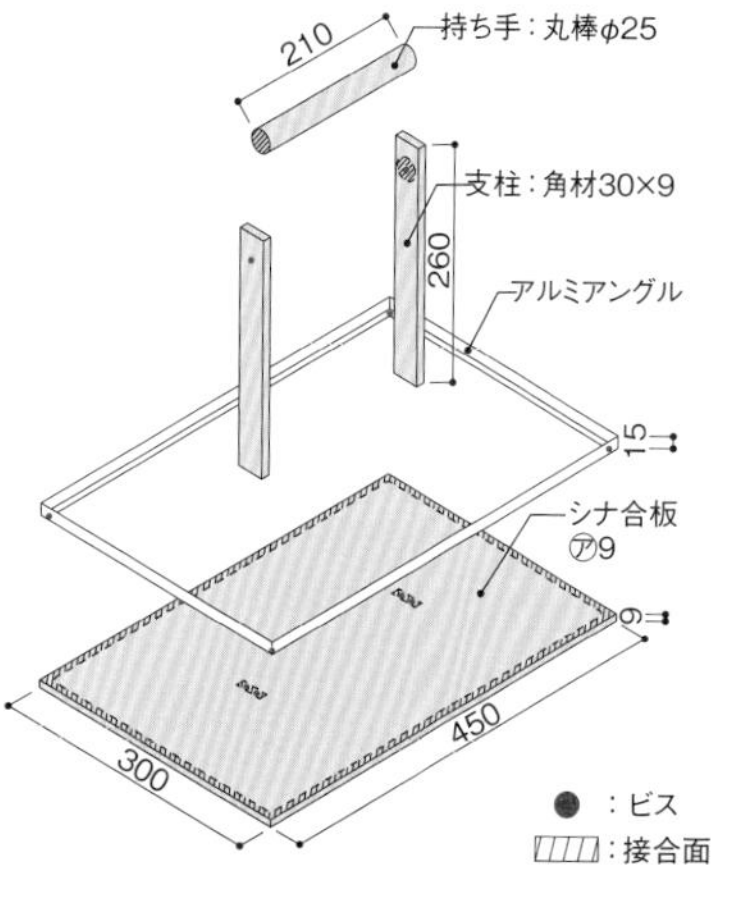

100円ショップの材料でつくる 簡単食器スタンド

>「かんたんフードトレイ」
家具設計・製作：アルブル木工教室

| 🕒 > 約2時間 | ¥ > 約400円〜 |

水に強く、汚れも目立たないバーンウッドを使います。シンプルな形状で、孔あけ以外は電動工具を使わないので製作時の危険が少なく、初心者でも楽しくつくることができます。お好みでデコレーションしてもOK。最後に蜜蝋ワックス［83頁参照］などを塗り、耐水性を高めるとなおよいです。

より詳しい工程動画はこちら！

| 材料 |

- □木板焼き目付（バーンウッド）［※］
  450×150×9㎜ —— 1〜2枚
- □20㎜真鍮釘 —— 6本
- □ステンレスボウル小 —— 2個
（以上100円ショップSeriaにて調達）
- □木工用速乾接着剤

※ 木の表面を焼き、炭化させることにより強度と耐水性を上げた木材

| 道具 |

- □電動ドライバー：ドリルビット
- □鋸
- □引廻し鋸
- □金づち
- □サンドペーパー#120〜#240（中目）
- □コンパス

作業の流れ

1. > 合板、角材、丸棒、アルミアングルに墨付けし、鋸で切る
2. > 側板部分を鋸で切り出す
3. > 天板の円の内側端にドリルビットで孔をあけ、そこから引廻し鋸を用いて円を切り抜く［79頁参照］
4. > 天板を木工用速乾接着剤と真鍮釘で側板に留める。側板の長辺の小口のうち、より平らな面を天板側に向けて留める
5. > サンドペーパーで角を面取りし、完成！

木取り図・組立図

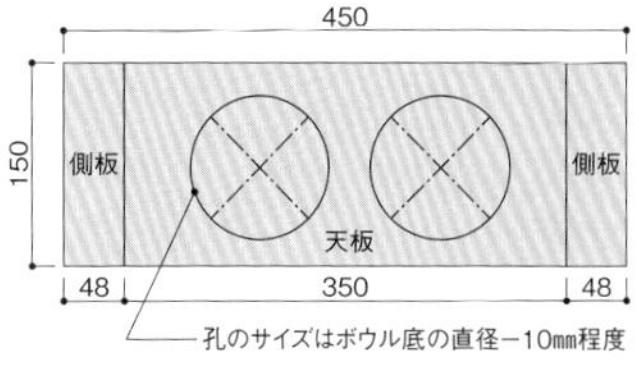

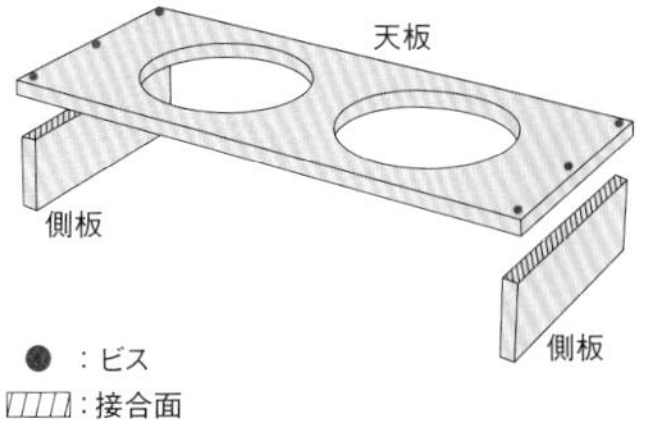

猫を守る最後の砦
脱走防止扉

＞「脱走防止扉」家具設計：櫻井由紀子

約2時間 ｜ ¥＞約1万5千円

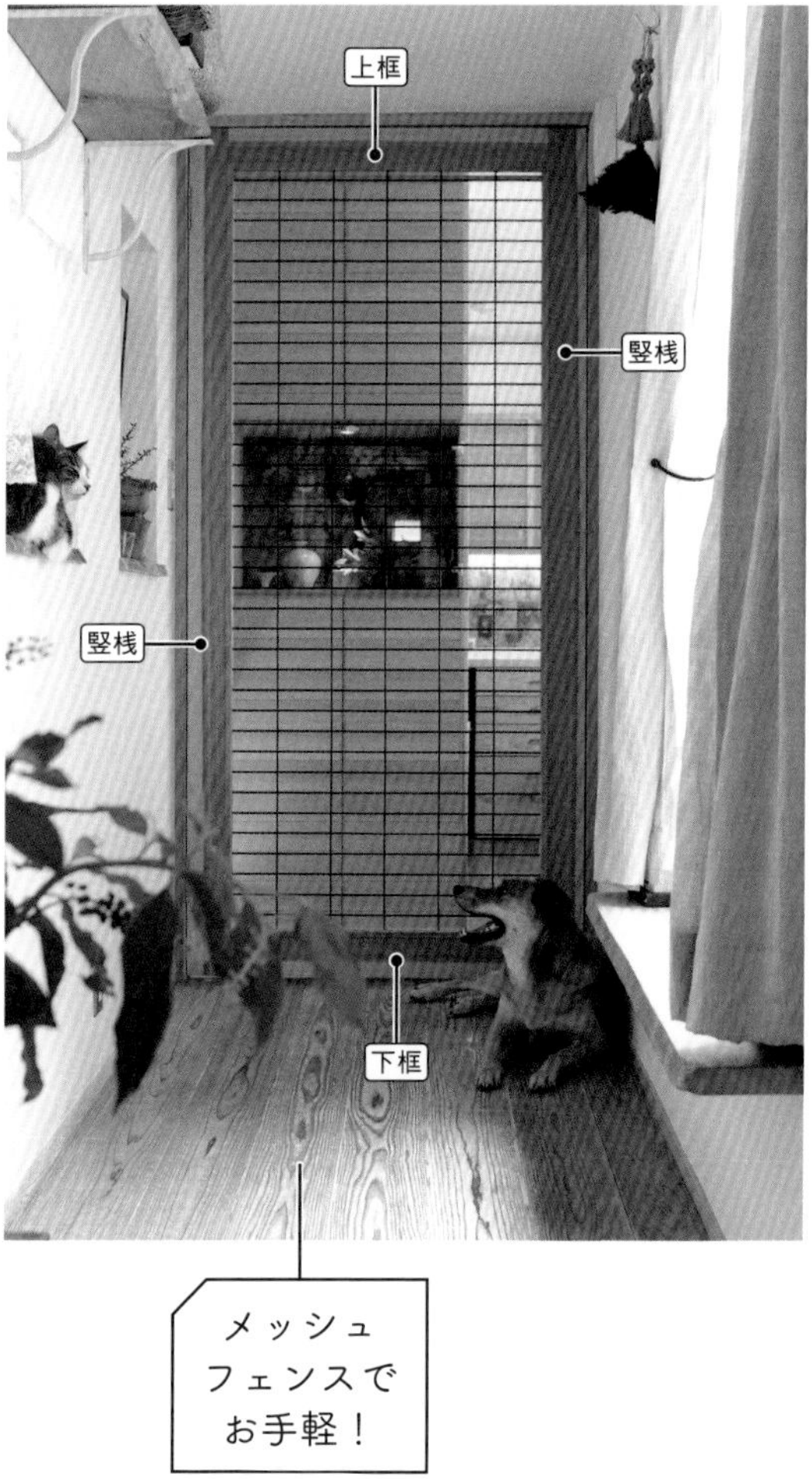

木材とメッシュフェンスで意匠性も抜群

猫の脱走はほんの少し目を離した隙に起きるもの。猫の居場所から外部に面した玄関・窓までの経路のどこかに脱走防止扉を設けることで、危険から猫を守ることができます。猫は1m程度の高さなら軽々と飛び上がるので、柵ではなく扉型で完全にガードするほうが安心。家の外に出ることを防ぐだけでなく、台所や浴室、クロゼットなど、入ってほしくない場所や入ると危ない場所への道をふさぐ目的でも有効です。全て木材でできた格子型の扉もありますが、メッシュフェンスを利用すれば圧迫感を軽減できるうえ、軽量なので開閉も軽く、さらにお手軽につくることができます。

材料

- □角材30×60㎜ —— 4本
- □角材30×100㎜ —— 1本
- □角材30×120㎜ —— 1本
- □メッシュフェンス1,000×2,000㎜ —— 1枚
- □120㎜スリムビス（皿） —— 14本
- □フラッシュ蝶番 —— 3個
- □簡易錠 —— 1個
- □隠し釘 —— 16本（トリマーがない場合のみ）
- □木工用速乾接着剤（トリマーがない場合のみ）

道具

- □トリマー：ストレートビット（6㎜）
- □電動ドライバー：プラスドライバービット、下穴錐
- □手動ドライバー（増締め用）
- □両面テープ
- □スペーサー（アルミプレート、押縁、端材など10㎜厚分）

木取り図

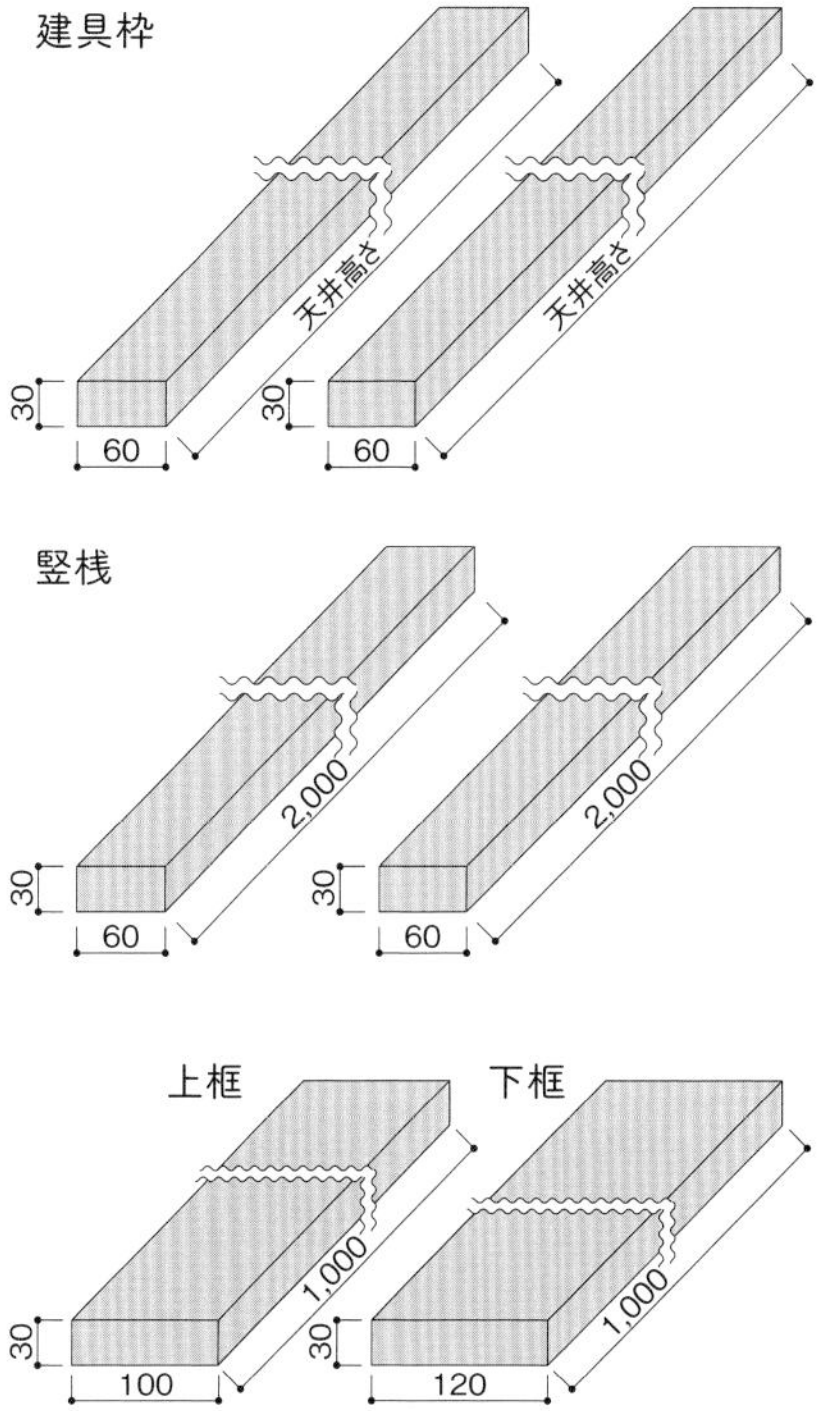

組立図

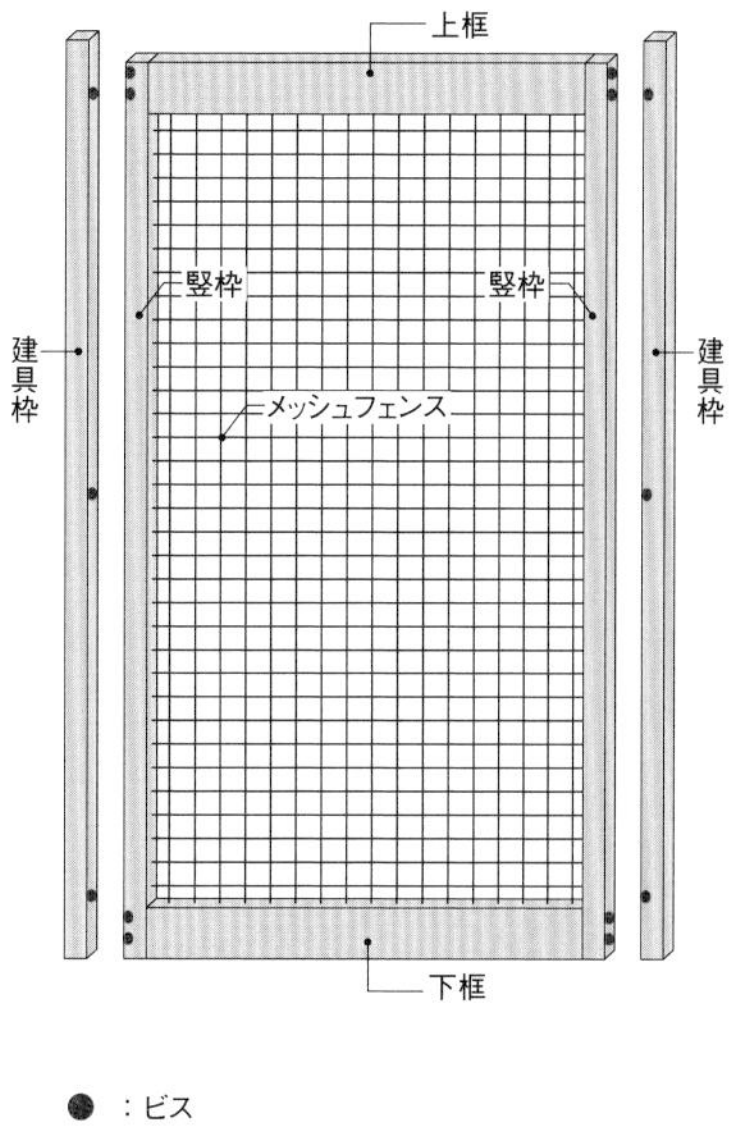

溝彫り ① メッシュフェンスを差し込む溝をつくる

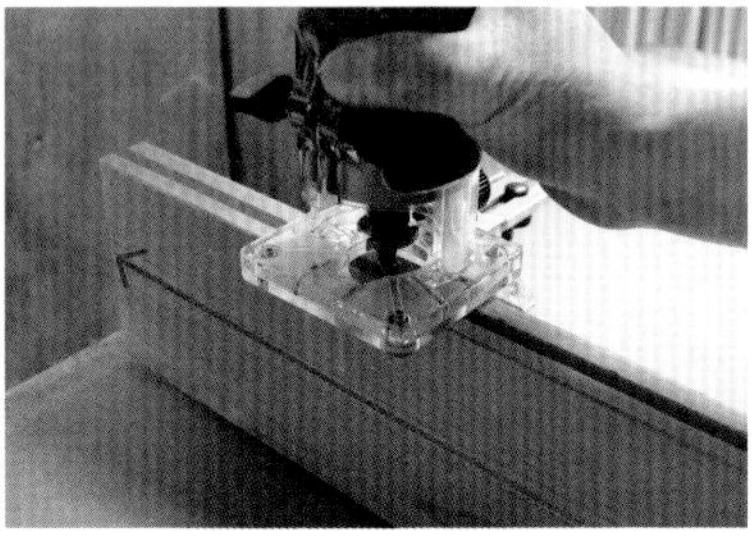

上下の框と竪桟にメッシュフェンスを差し込むため、トリマー［155頁参照］で溝を彫る。先端にストレートビットを取り付け、見込み（材を正面から見た時の奥行き）の左右中央を一直線に彫る。深さは最低5㎜以上、10㎜程度が望ましい。

▷トリマーがない場合

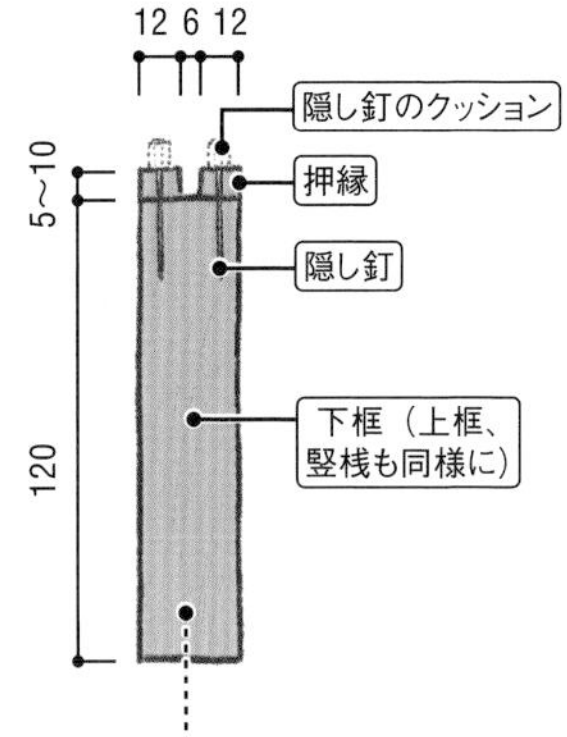

見込み（扉の奥行き）に押縁を2本当てても溝をつくることができる。まず押縁を両面テープで固定し、その上から22㎜の隠し釘で留める。隠し釘は頭にクッションが付いており、押縁を釘で留めた後、頭を金づちで叩いて折る。こうすることで、打ち込み跡が目立たない

扉組み立て ② メッシュフェンスと材を組み立てる

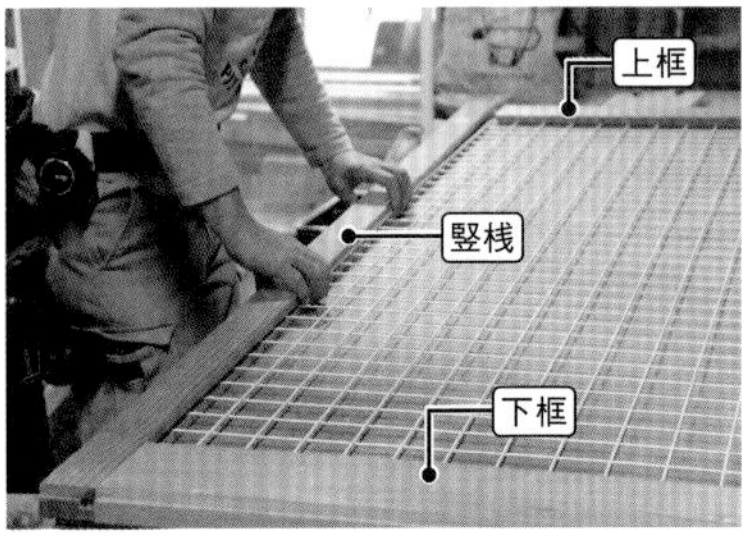

上框、下框、竪桟、メッシュフェンスを一度すべて組み立てる。まず、メッシュフェンスを寝かせ、左右どちらかの竪桟の溝とフェンスを合わせる。次に上下の框、残りの竪桟の順で材の溝とフェンスと合わせていく。

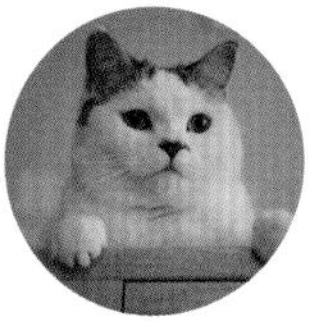

メッシュフェンスは白や茶系の色がインテリアとなじみやすい

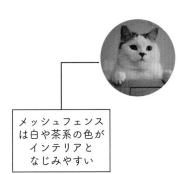

▷ ビス選びのポイント

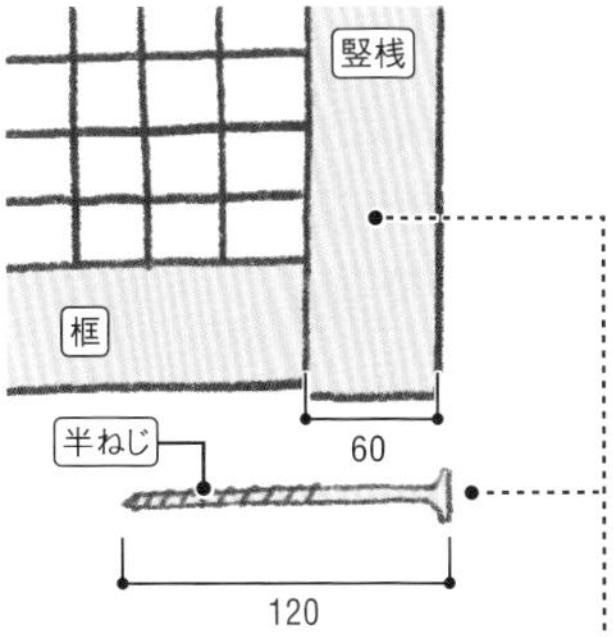

ビスは、長さが竪桟の見付け（材を正面から見た時の幅）の2倍程度（120㎜程度が妥当）のものを選ぶと、確実に固定することができる。別々の材を緊結するために使いやすいのは半ねじ。全ねじはすでにつながれている材同士の補強にお薦め

④ ほかの部分もビス留めする

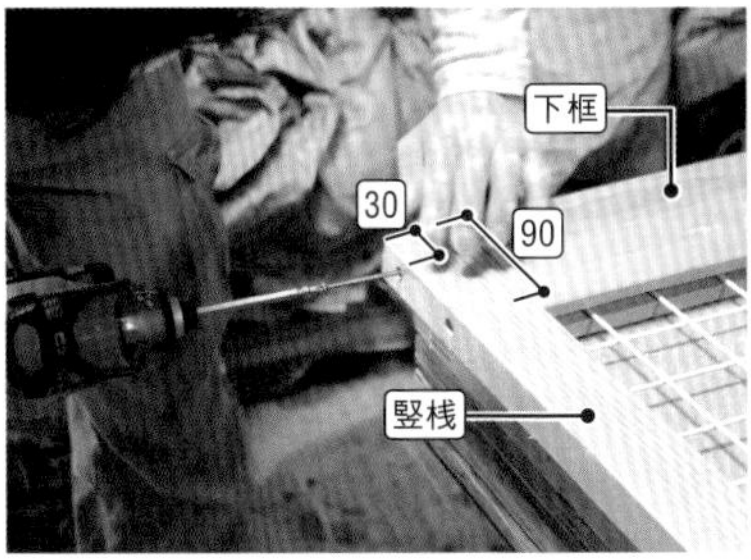

下框と竪桟も同様にビス留めする。下框、竪桟ともに見込みの下端から30㎜と90㎜の見込みの左右中央に下穴をあけ、ビスで留める。

③ 上框と竪桟をビス留めする

竪桟の見込みからビス留めし、竪桟と上框を固定する。

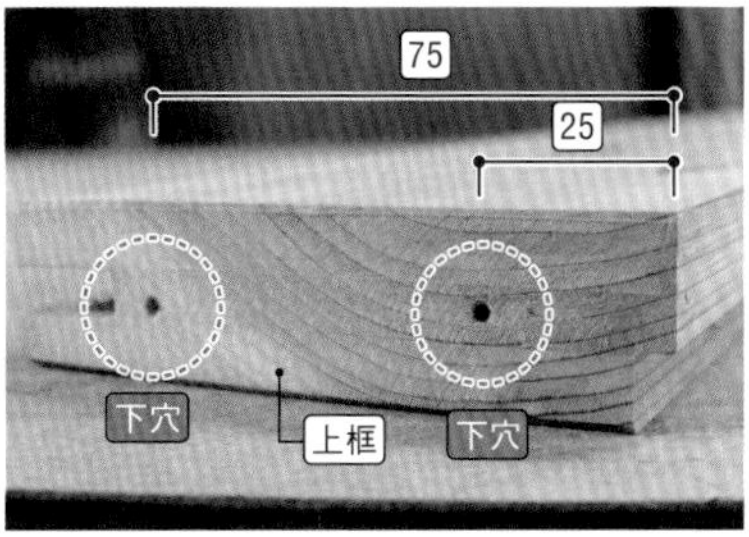

初心者は錐で下穴をあけるとやりやすい。上框、竪桟ともに見込みの上端から25㎜と75㎜の、見込みの左右中央に穴をあける。

下穴あけ［140頁］はDIY成功の重要ポイント！

⑥ 壁に建具枠をビス留めする

扉を取り付ける壁に、建具枠をビス留めする。建具枠の上端・下端からそれぞれ150mmの箇所と、上下の中央部分に1カ所ずつビス留めする。

▷ ビスの位置は壁内側にある柱と間柱を狙う

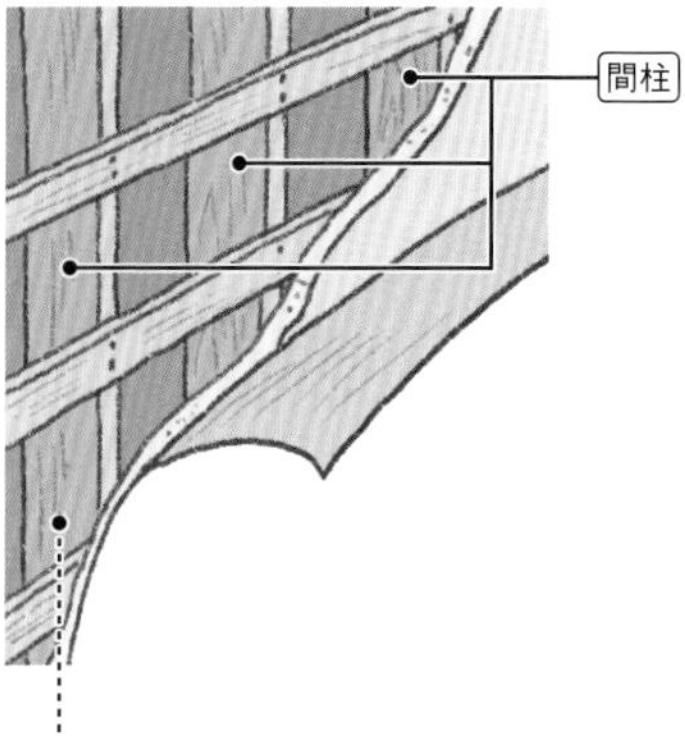

間柱は、壁の内部に等間隔に配置されている。ビスは間柱に留めないと固定されず、すぐ抜けてしまう。下地センサー［58頁参照］を使って確実に間柱に留めるようにしよう

扉取り付け

⑤ 竪桟に蝶番をビスで仮留めする

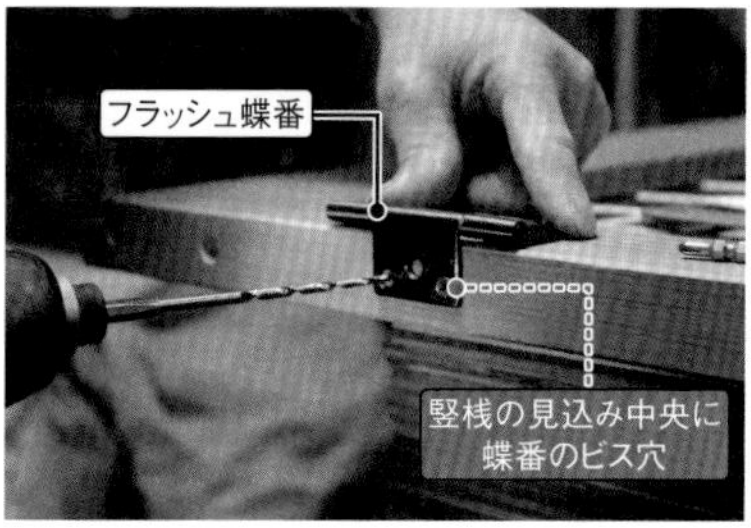

竪桟に蝶番の内側（小さいほう）の羽根を仮留めする。蝶番は、2枚の羽根を広げたときの長さが見込みの2倍程度（30×60mmの材なら60mm）必要。薄いフラッシュ蝶番［142頁参照］なら、扉を閉じた際も2枚の羽根がぶつからないので彫り込みは不要。

▷ 蝶番取り付け位置の目安

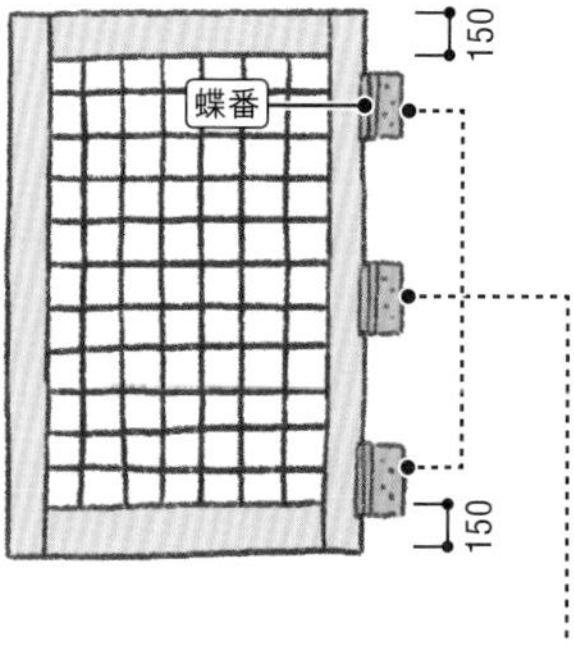

蝶番を付ける位置は上端・下端からそれぞれ150mmと上下の中央。4カ所ある固定孔のうち2カ所を使って仮留めすればOK。蝶番のビスが見込みの中央に留まるようにする。テープなどで仮止めし、穴の位置を墨付けして、錐で下穴を開けておくとまっすぐに取り付けることができる

⑦ 建具枠に蝶番の位置を墨付けする

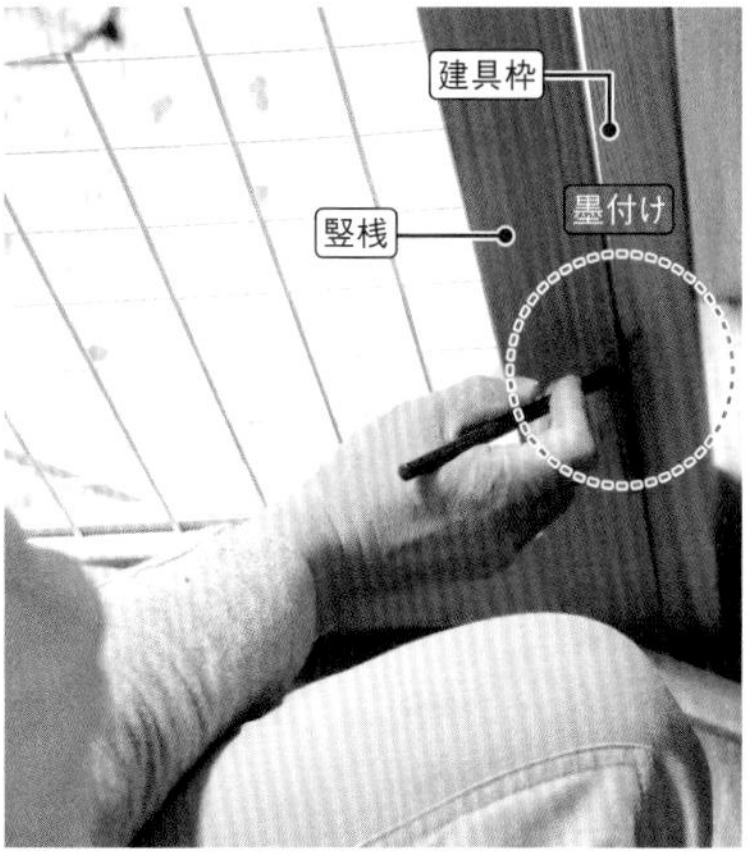

扉を床から10㎜程度浮かせ、蝶番が取り付く位置に墨付けする。

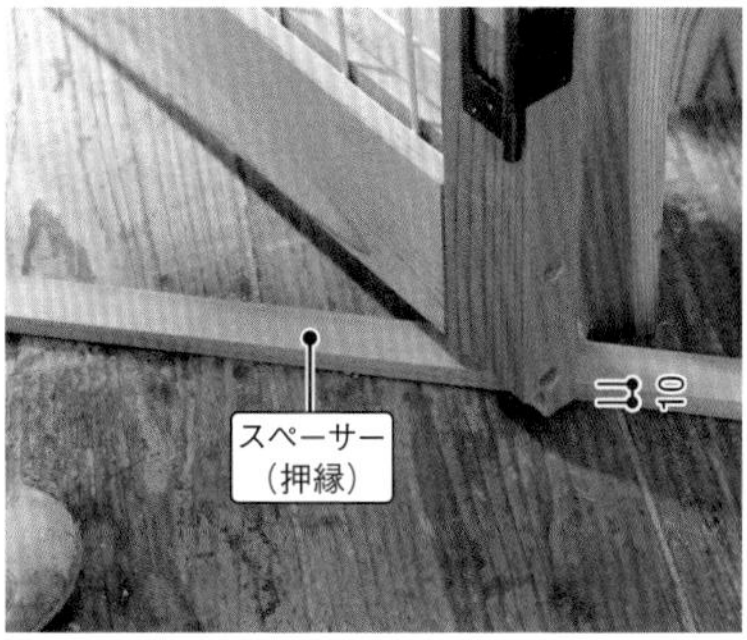

扉の下にスペーサー［153頁参照］として段ボールや新聞紙、押縁や端材を差し込むと、浮いた状態で安定し、作業しやすくなる。

⑧ 蝶番を建具枠にビスで仮留めする

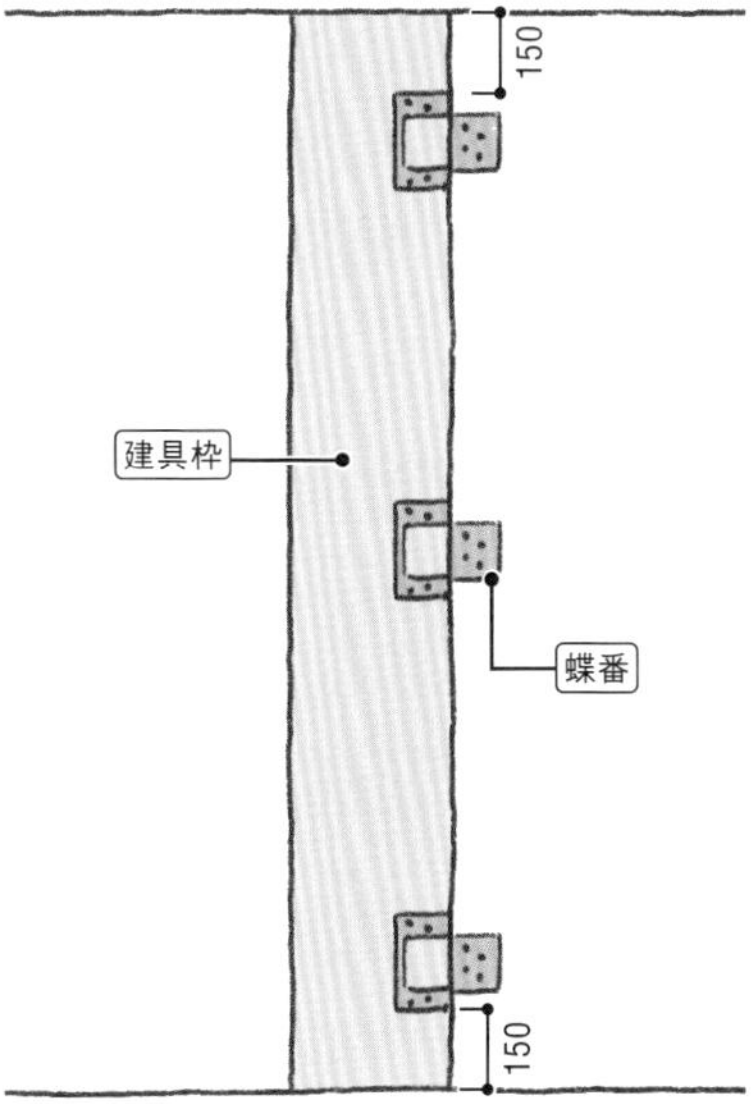

扉に蝶番を固定したままではこの後の作業がやりにくい。蝶番をいったん竪桟から外し、建具枠のほうに仮留めし、扉を取り付ける際に目印となる穴をあけておく。4カ所ある固定孔のうち2カ所のみでよい。ビス留めで使う孔を3つの蝶番で共通にしておくと混乱が少ない。

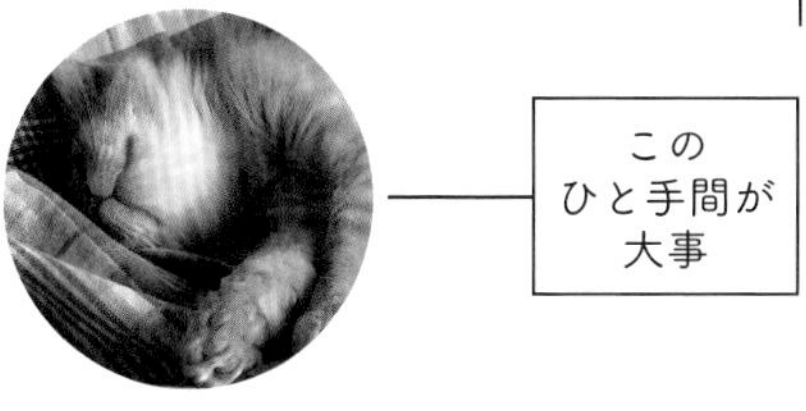

⑨ 再度、扉と蝶番をビスで本留めする

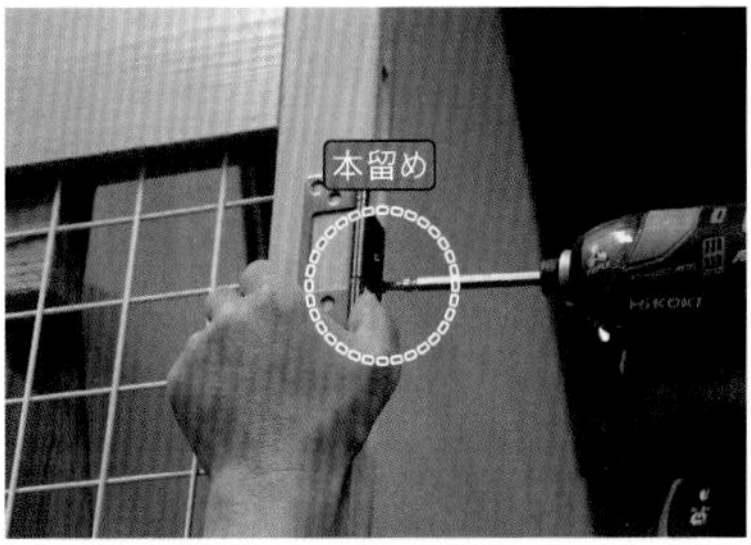

蝶番を建具枠から外し、⑤で付けた位置に竪桟を再度ビス留めする。

⑩ 建具枠に扉をビスで本留めする

竪桟に付けた蝶番の反対側の羽を、⑧で建具枠にあけた穴に合わせてビス留めする。2人以上で支えながらやるとやりやすい。

⑪ 錠を付ける

床から1,000㎜程度の高さに簡易錠を付けて完成！

あと
もう少しで完成！
頑張ろう

端材も活躍してくれる猫もぐら叩きボックス

＞「猫もぐら叩きボックス」解説：杉浦充

神出鬼没な
おもちゃに猫も
興味津々

おもちゃを出すタイミングを変えたり、猫の好きなおもちゃを付けたりしながら猫と楽しく遊べるもぐら叩きボックス。端材と家にある段ボールで簡単につくることができます。もぐら叩きのレバーの支点となる部分に工夫をすることで、段ボールでも耐久性を高めることが可能です。

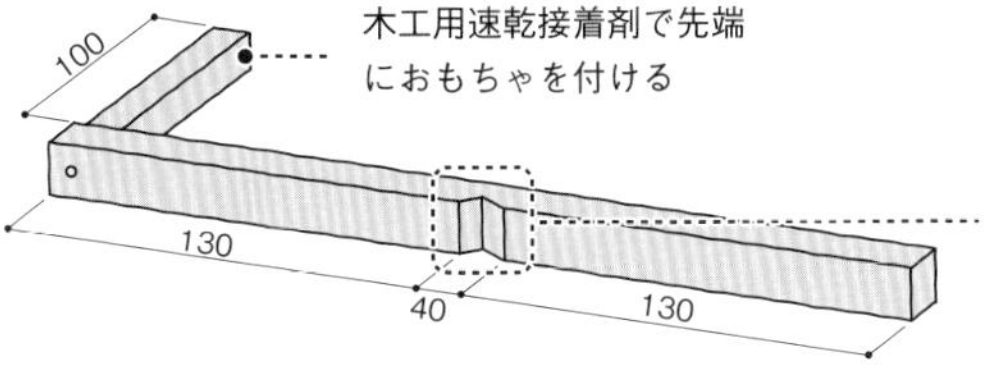

木工用速乾接着剤で先端
におもちゃを付ける

猫の安全のため、支点
と全体の角をサンドペ
ーパー等で面取りし、
丸みを付ける

カッターでおもちゃが通る穴を開ける。この穴からもぐら叩きのレバーを入れ、支点の穴に通す。素早く動かしてもスムーズにおもちゃが出入りできるよう、おもちゃの直径の3倍程度は確保する

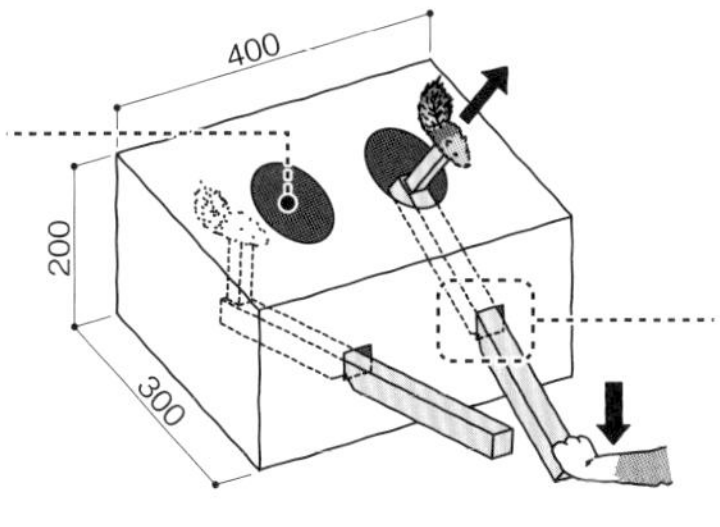

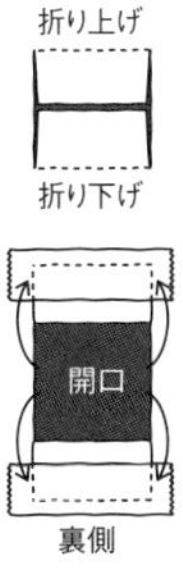

支点の穴は、四角形にくり抜くだけでは耐久性に欠ける。H型の切り込みを入れ折り返すことで、繰り返し遊んでも長持ちする。折り返したら裏側に接着剤で張り付け、剥がれないようテープで留める

あけてみよう！くぐり孔

> 解説：松原要

⌚ > 約2時間 ｜ ¥ > 約4千円

材料

- □シナランバーコア 900×160×18㎜ ―― 1枚
- □小口テープ ―― 2m
- □無垢材900×30×9㎜ ―― 1本
- □木材保護塗料
- □内装用速乾接着剤
- □51㎜スリムビス（皿）―― 約18本

道具

- □電動ドライバー：プラスドライバービット、ドリルビット、下穴錐、皿取錐
- □鋸（引き廻し鋸があればより便利）
- □カッター
- □手動ドライバー（増締め用）
- □サンドペーパー #120（中目）
- □水準器

間仕切り下地を避けてあける

猫がストレスなく移動できるくぐり孔。開口場所選びが難しいので上級者向けではありますが、技術があればチャレンジしてみては。孔を設けるなら、間仕切壁の下地（石膏ボードなどを固定している部材）と干渉しないよう、位置確認が必須です。「下地探し」という専用工具またはセンサーを使って行い、下地位置には目印としてマスキングテープを張っておきましょう。

また、枠の周囲を無垢材で囲えば、壁との隙間をきれいに納めることができます。固定にはビスを使ってもよいですが、隠し釘を使用すればよりきれいに仕上がります。枠の奥行きは、無垢材の厚さと壁の厚さを考慮して決めましょう。

作業の流れ

①

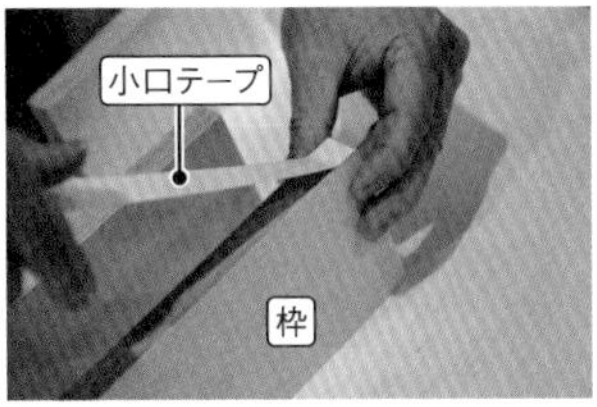

壁下地位置を確認し、開口位置を決める。開口の大きさに合わせて枠を切り出す。枠の小口には小口テープを張る

②

枠を組み立て、木材保護塗料で塗装する

③

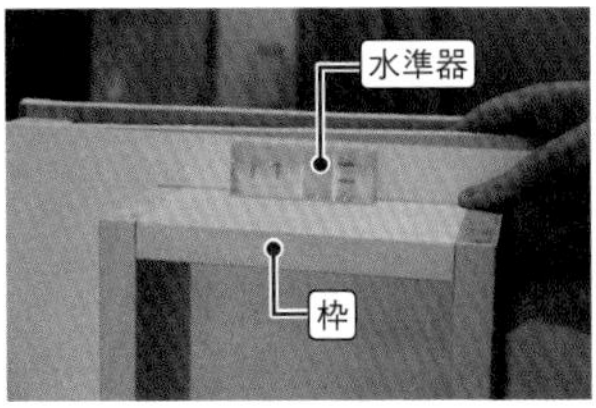

開口位置に枠を当て、水準器で水平に調整したら、枠の外側に合わせて墨付けする

④

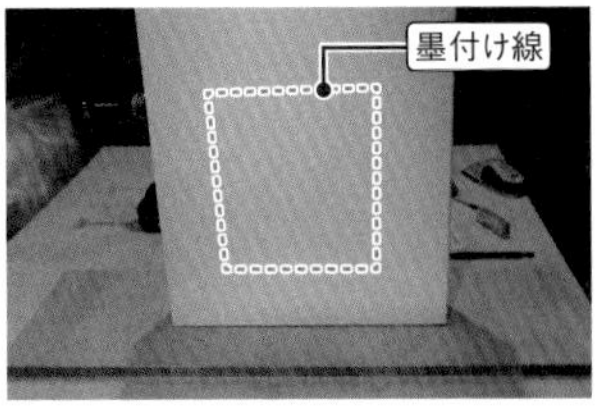

枠の外寸ぴったりだと後から枠が入れられないので、枠の墨付け線よりも2㎜程度外側に改めて墨付け線をひく

⑤

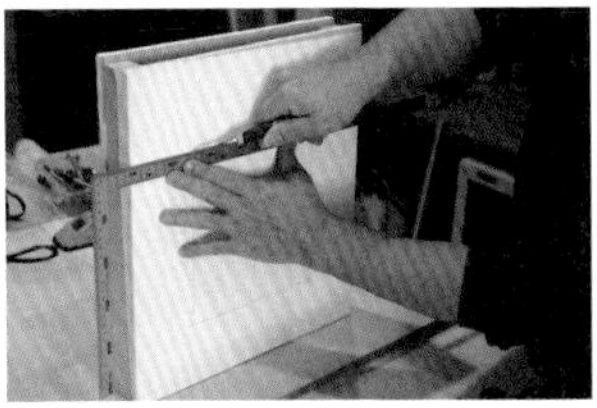

墨付け線に定規を当て、カッターでクロスに切れ目を入れる。クロスを剥がしてから、石膏ボードに鋸を入れて切る

⑥

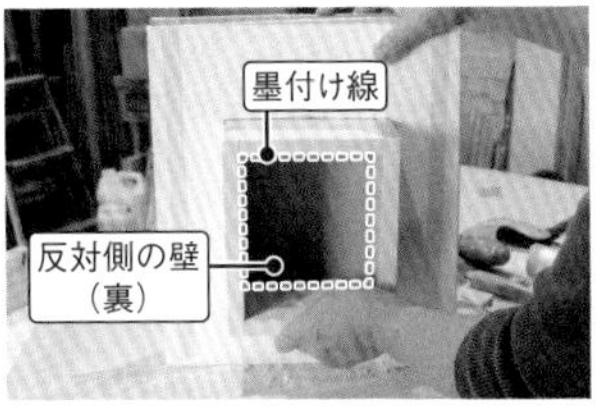

あけた孔に枠が収まるかを確認する。枠を反対側の壁の裏側に当て、枠の内側にも墨付けする

⑦

壁の裏側から四隅にドリルで孔をあける。それを基準に反対側の壁に墨付け線をひき、⑤と同じように孔をあける

⑧

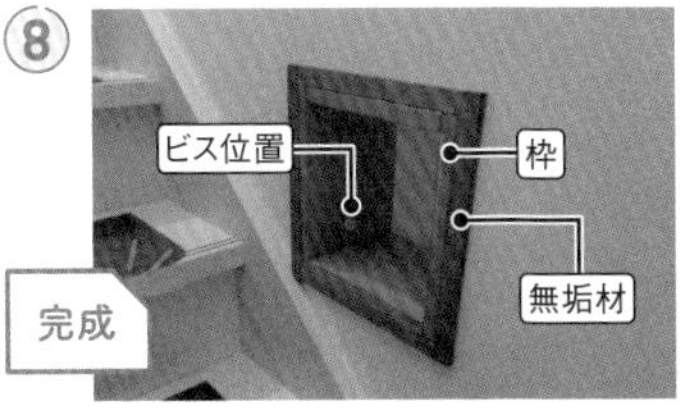

壁内に端材を差し入れ壁と端材をビスで留め、そこに枠をビス留めする。無垢材を枠の廻りに取り付けて完成

いつまでも忘れないよ 猫の“お仏壇”

> 「猫の“お仏壇”」家具設計・製作：アルブル木工教室

⌚＞約6時間 | ¥＞約2千円

より詳しい工程動画はこちら！

お別れしたあとも ずっとそばに

愛情を注いだ、大切な時間。その思い出がいつでもよみがえるように、インテリアになじむ「手づくり」の〝お仏壇〟をつくってみましょう。愛猫との思い出のかけ橋となる、ほどよいサイズの〝お仏壇〟。思い出の品を入れる引出しはふた付きで、引き出すと御供《おそな》えをする太鼓棚《たいこだな》（仏具を置いて、お供えをする棚）になります。遺影《いえい》を飾るフォトフレームも棚板と引出しの間に収納でき、転居などの際にも、コンパクトにまとめられ、持ち運びも簡単です。木製なので部屋のインテリアにもよくなじみます。100円ショップでも購入できる材料を使用しているので取り組みやすく、じっくりとつくることができます。

| 材料 |

□木板450×150×10㎜ ―― 8枚
□合板450×300×5㎜ ―― 2枚
□フォトフレーム（既製品） ―― 1個
□LEDバーライト：
「RL-BAR30L」(ルートアール) ―― 1個
□硬化促進剤
□瞬間接着剤

| 道具 |

□電動ドライバー：φ20㎜ドリルビット
□鋸
□両面テープ
□サンドペーパー ＃120〜240（中目）

木取り図（木板）

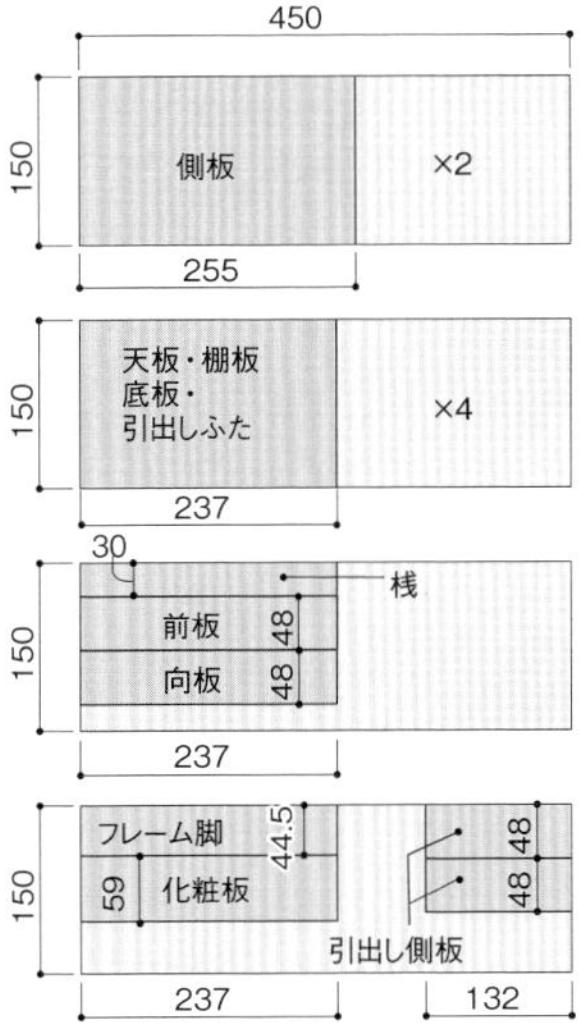

木取り図（合板）

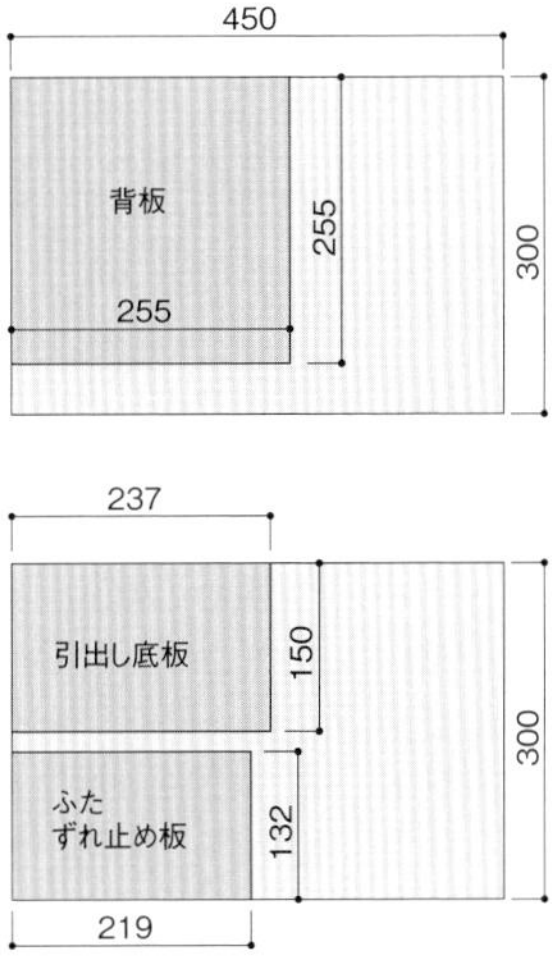

組立図

本体

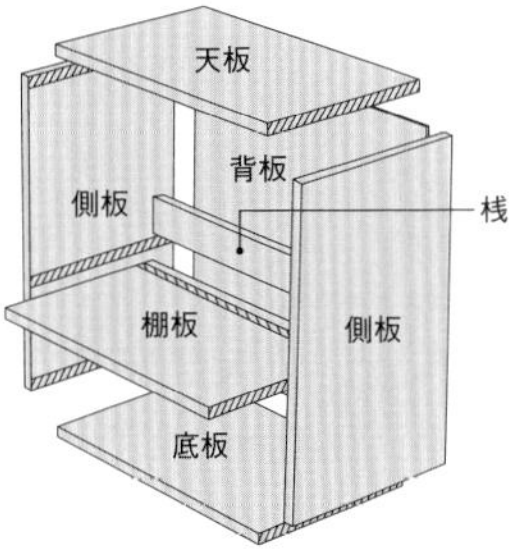

引出し

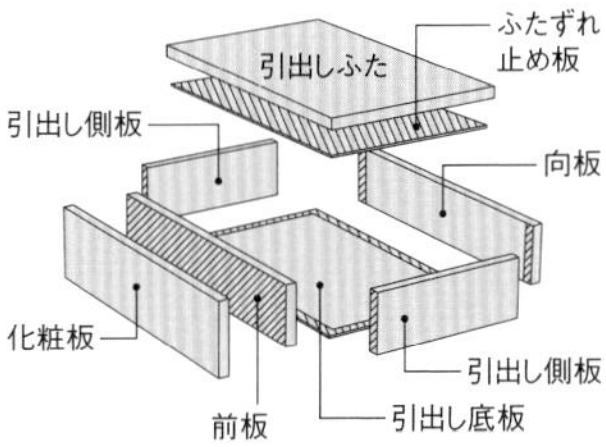

フレーム台

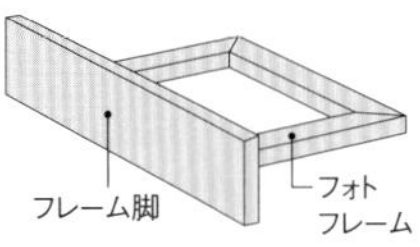

▨：接合面

▷ 鋸の刃は使い分ける

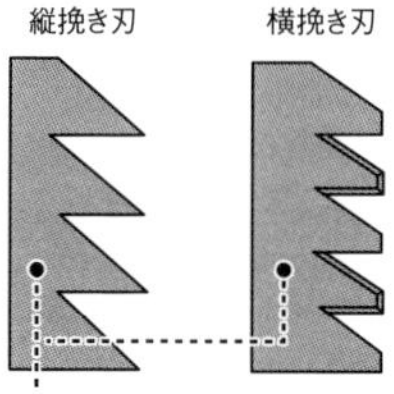

縦挽きと横挽きの区別に注意！材の繊維に対して垂直に切る場合、細かい目の横挽き刃を使う

▷ 材を同じ長さに切るコツ

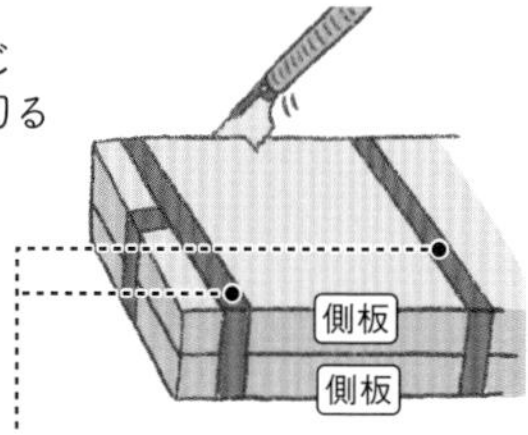

同寸法の材が2つ必要な場合は、材を重ねて切ると同じ寸法に切り出すことができる。材をピタリと合わせて、テープなどで留めて切るとよい。鋸が多少斜行しても、双方の材の切れ方は同じになり、接合面の調整が容易になる

▷ 縦挽きをまっすぐに切るには

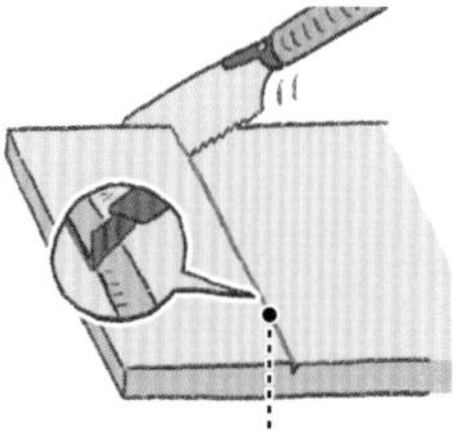

縦挽きの場合、カッターなどでガイドとなる切込みをあらかじめ墨に重ねておくと切りやすい。墨に沿って軽く繊維を切るようにカッターで切り、その上に深めの切り込みを再度入れる。切り込みが補助となり、鋸を直線に導くのに十分なガイドになる

※ 刃物や工具を使用する際に、正しい位置に工具を誘導するために用いる道具。英語で「工具の位置合わせ」を表す“jig”に由来し、漢字を当てた言葉

部材切り出し ① 鋸誘導治具をつくる

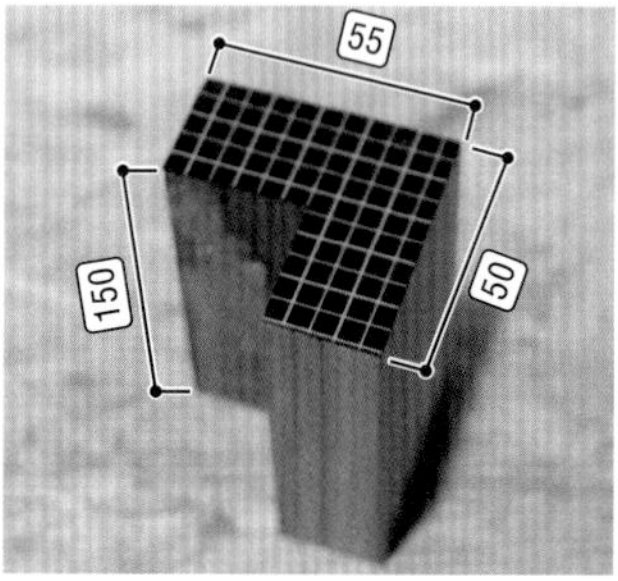

ソーガイド（鋸の方向を補助する工具）などがない場合、鋸で真っすぐ切るための道具（治《じ》具《ぐ》［※］）を自作する。長方形の端材などをL字形に組み合わせて、5㎜方眼の粘着式マグネットシートを張り付ける。今回は高さ150㎜幅の治具を作成した。

組立図

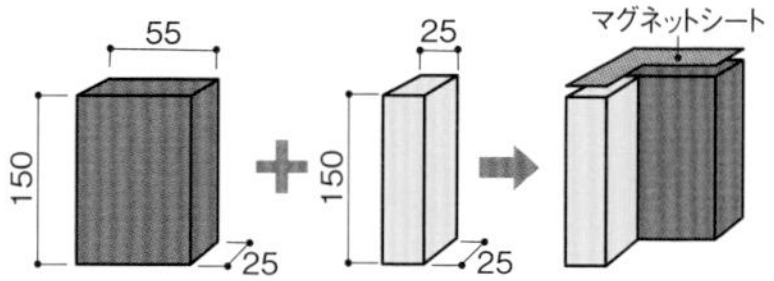

② 鋸で木板を所定の寸法に切る

材に寸法を墨付けし、鋸でまっすぐ切る。治具で押さえることで、鋸の切り始めの位置を正確に墨に合わせることができる。

引出し組み立て ③ 引出しの枠を組み立てる

どちらか一方の接合面に瞬間接着剤を塗り、もう片方の接合面にプライマーを吹き付ける。適宜直角な端材などを当て、側板と前板・向板が直角になるよう接合する。

組立図

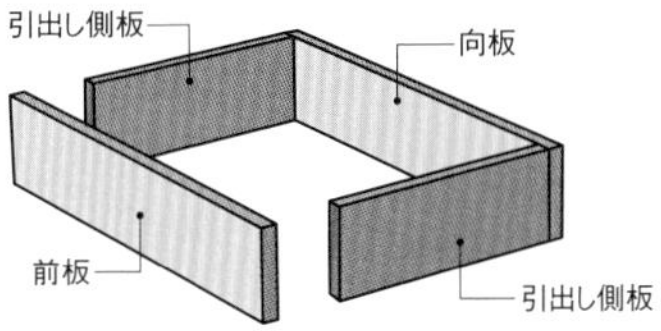

▷ 瞬間接着剤と硬化促進剤で強力接着

荷重があまりかからない小型の置き家具の場合、木工用速乾接着剤より瞬間接着剤のほうが扱いやすい。硬化促進剤を併用すると、より強力に接着できる［144頁参照］

④ 前板の化粧板と底板を張る

③の底面部が水平であることを現物合わせ［※］で確認し、化粧板と底板を瞬間接着剤と硬化促進剤で接着する。枠の底面が水平でない場合は、サンドペーパーを用いて水平調整する。

組立図

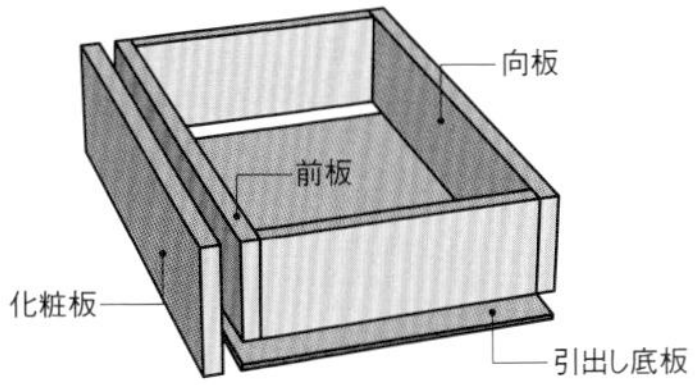

▷ 引出し底板は切り出す前に張る

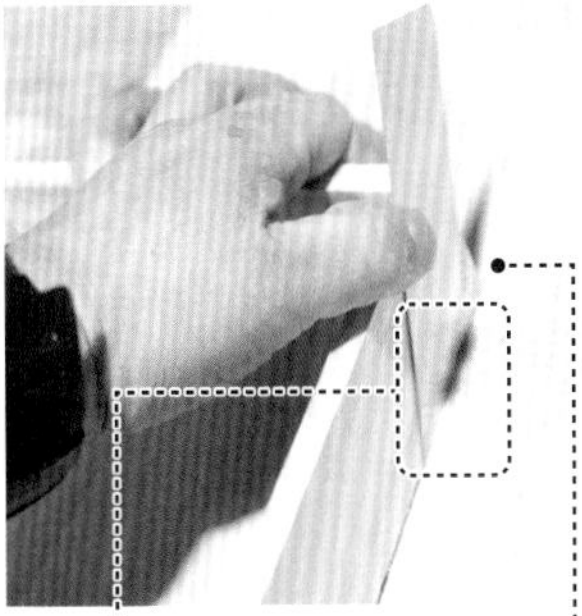

底板は、③の枠に張り付けてから切り出すとよい。鋸の切断幅で底板が小さくなりすぎるのを避けられる

枠に沿って鋸で切る。枠が治具の役割を果たし、きれいに切れる

※ 接合する部品の寸法を図面などで指定するのではなく、工程の途中で決定すること

本体組み立て ⑦ 棚板の高さを決める

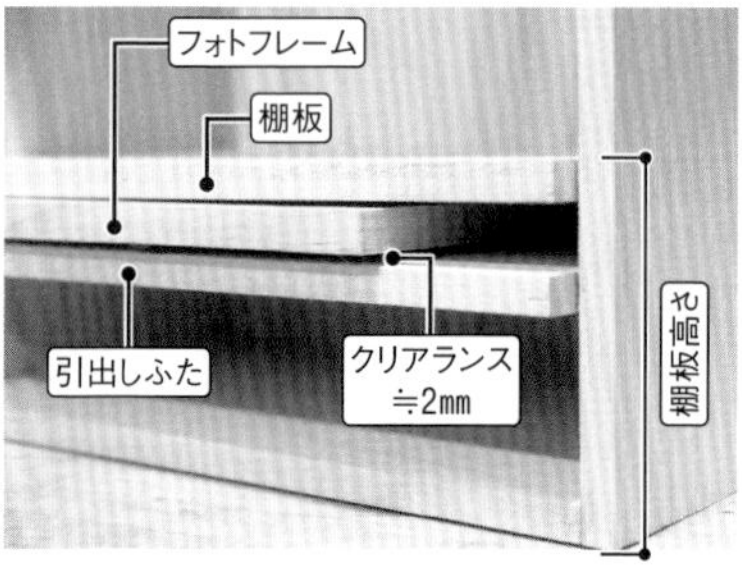

棚板の高さは、切断時の誤差を考慮し、一度仮組みをして現物合わせで寸法を決める。その際ふたの上下に約2㎜のクリアランスをとる。

⑧ 側板に天板・棚板・底板を接合する

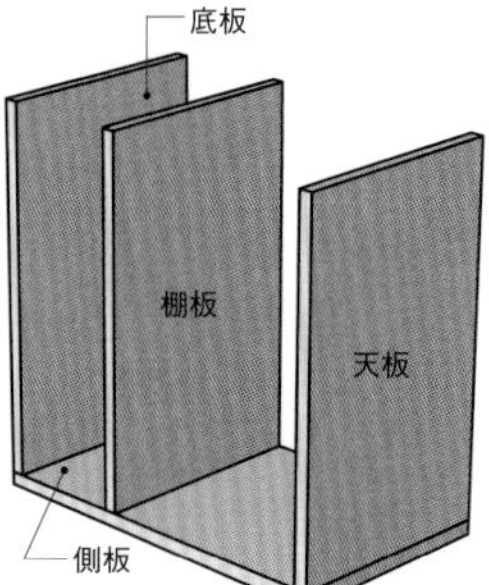

棚の高さが決まったら墨を付け、本体を組み立てる。天板・底板・棚板と側板の直角を確かめながら、左図のように組み立てる。③と同様に接合面の片方に瞬間接着剤を塗布し、もう一方には硬化促進剤を吹き付けて接合する。

接着剤だから
つくるの簡単～

ふたの組み立て ⑤ 引出しのふたを作成する

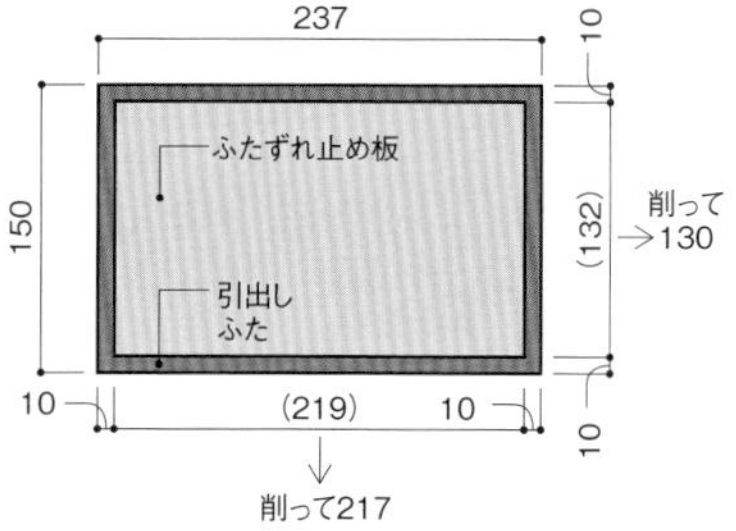

引出しふたにずれ止めの板を瞬間接着剤と硬化促進剤で張り合わせる。ふたずれ止め板は、ふたがちょうどいい具合に閉まるよう、四方をサンドペーパーで1㎜ずつ削ってクリアランスを確保する。

⑥ 引出し部の完成

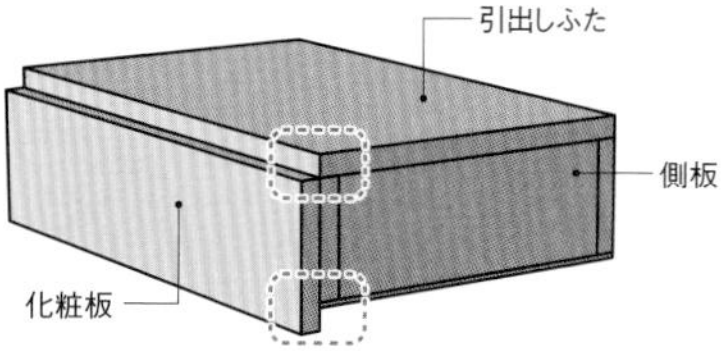

引出しに⑤をかぶせると完成。完成すると上図のようになる。引出しには化粧板でこのような凸部と凹部ができる。この部分は本体と組み合わせると、底板の木端の前板となる。引出しふたと干渉しないよう注意。

⑩ フォトフレーム

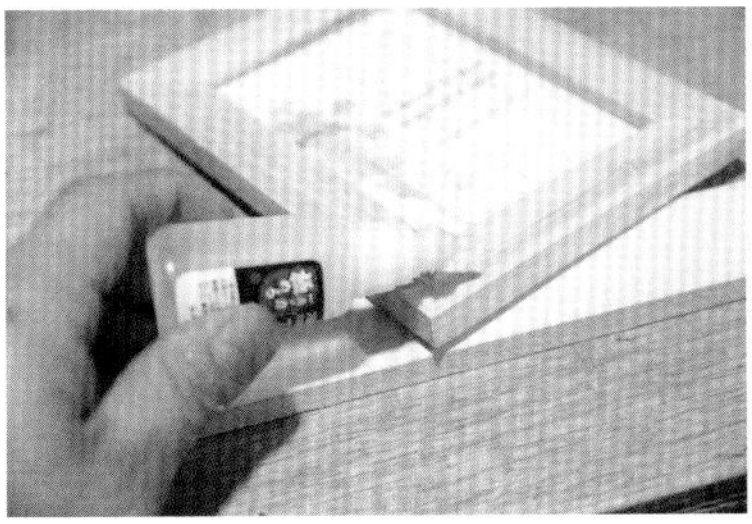

フォトフレーム台は収納時の前板を兼ねるので、接合位置に注意。③同様に接着剤とプライマーで接着する。一度現物合わせでフォトフレームの位置を確認し、墨付けしておく。

▷ フォトフレームの位置決めのポイント

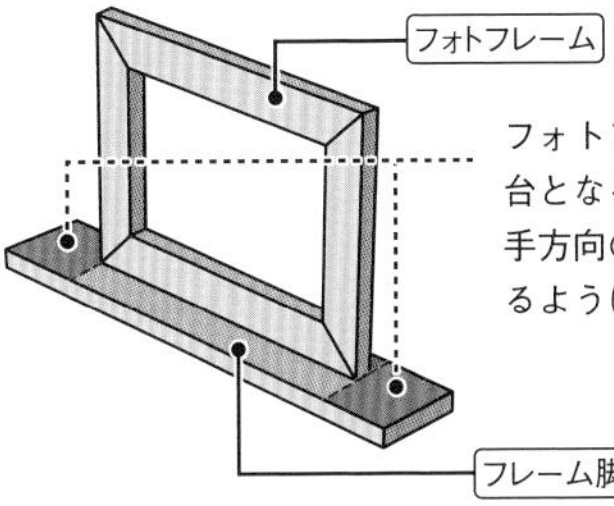

フォトフレームは、台となる板材の長手方向の中央にくるように調節する

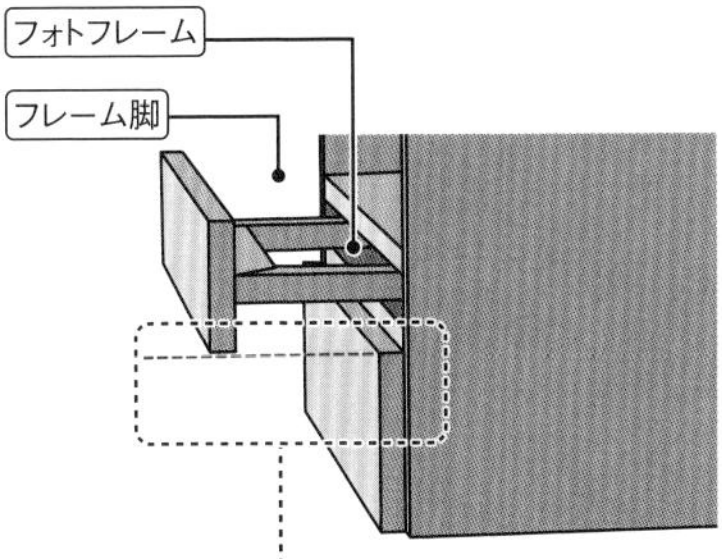

現物合わせで、短手方向のフォトフレーム位置を決定する。台が引出しの化粧板に干渉しないように注意する。引出しを出した状態で寸法を決定し、接合する

▷ 本体の直角を正しく出す

直角を確かめるために、立方体の端材など基準となるものをガイドとして使用する。水準器がない場合でも棚板などに水平を作れる

⑨ 側板と背板を接合して本体の完成

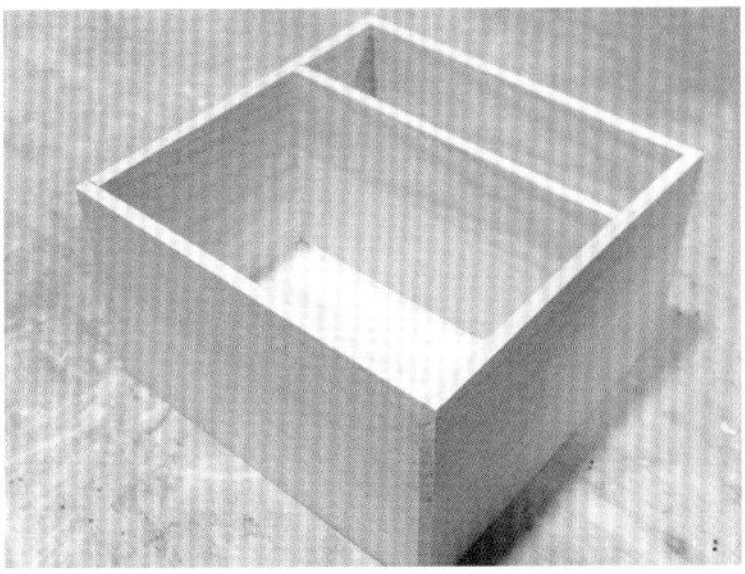

⑧が終わった段階で、残りの側板・背板の接合面が水平になっていることを、現物合わせで確認する。水平でない場合は、サンドペーパーで磨きをかけ、水平にする。ここでも本体全体が直角になっているかを確認し、側板→背板の順に接合する。

照明取り付け

⑪ LEDバーライトのコード孔を開ける

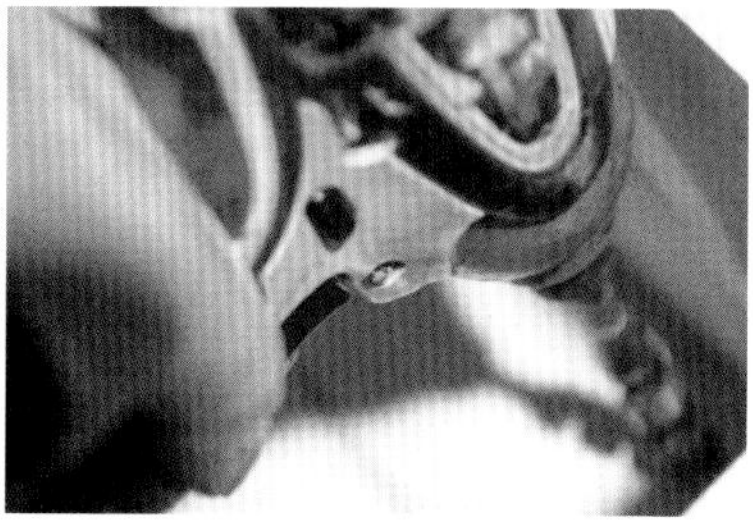

背板の目立たない位置を選び、必要最低限の大きさでコード孔をあける。貫通加工の際、バリを防ぐために裏側に端材などの板を敷いて作業する。

加工図

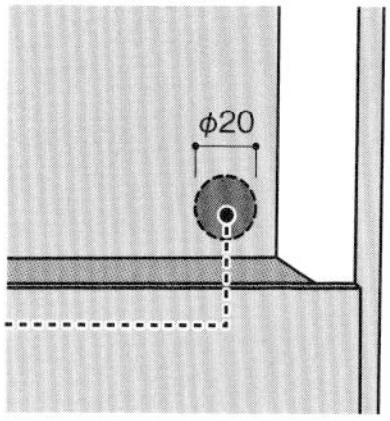

電動ドライバーや引廻し鋸で孔をあける。ここではLEDバーライトが入る寸法のφ20とした

▷ LEDバーライトは安全・便利

LEDライトは電球と比べ、熱を帯びにくい。またUSB電源にしておけば、USBポートから電源をとれて便利

⑫ LEDバーライトの取り付け

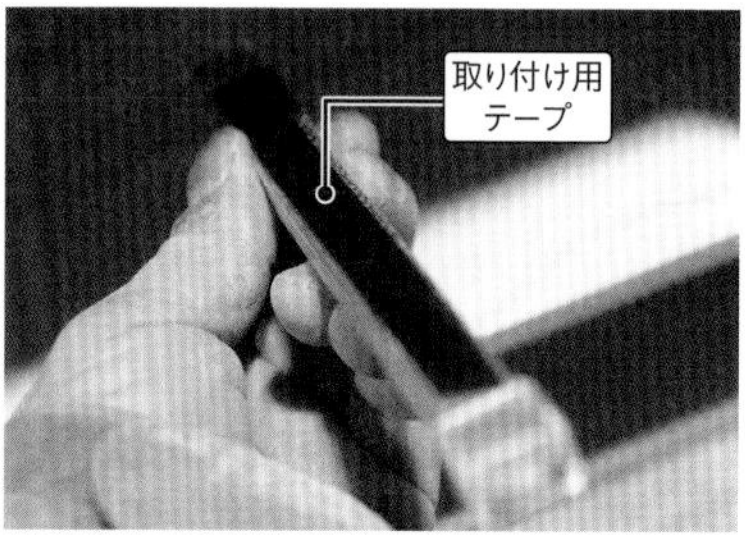

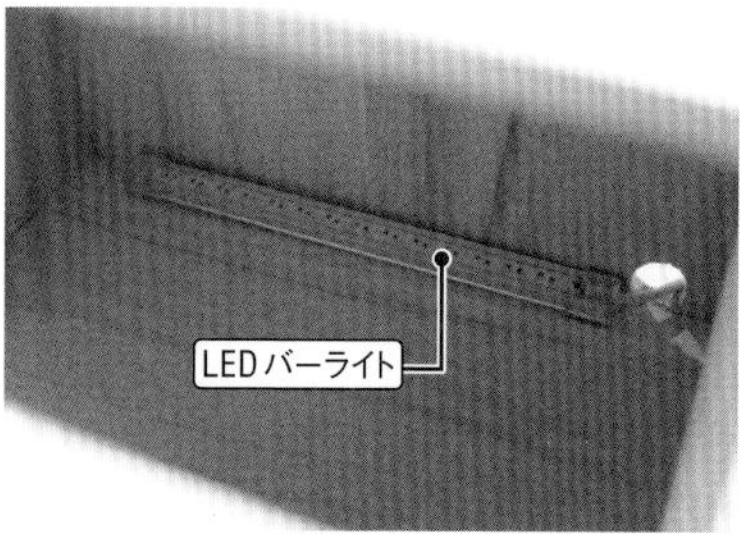

孔からLEDバーライトを通し、取り付け用テープで棚板に留める。光の向きがここで決まるので注意。天板に向かって光を向けると、より柔らかい印象になる。LEDライトには取り付け用シールが付属していることが多いが、ない場合は両面テープで接着するとよい。

あともう少し……

⑬ LEDバーライトに桟をつける

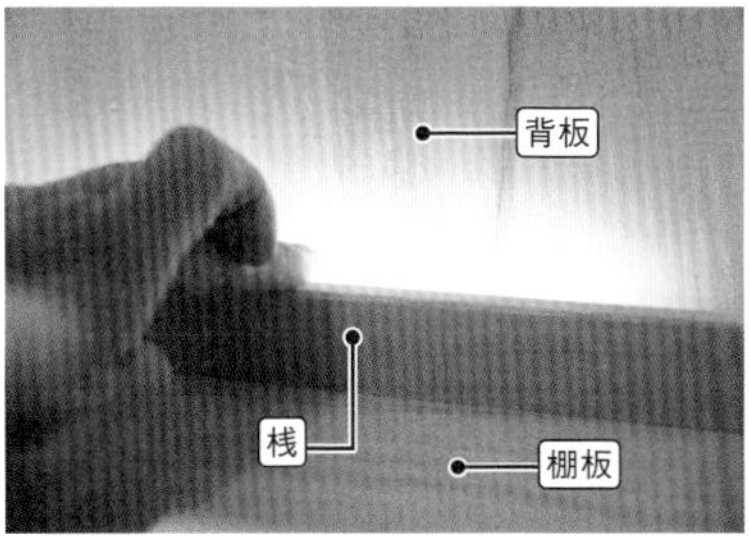

照明器具が直接見えないよう桟をつけると、配線や孔を隠すだけでなく、遺影や骨壺の奥を温かく照らすことができる。LEDバーライトの電源を入れ、光の広がり具合を見ながら、ちょうどよいと思う位置に瞬間接着剤と硬化促進剤とで取り付ける。

仕上げ ⑭ サンドペーパーで全体を仕上げる

サンドペーパーで全体の表面を磨き、小口の角を面取りして手触りを滑らかにする。サンドペーパーは＃120程度から始め、傷を取って整えた後、＃240程度で表面を仕上げる。

⑮ 完成

引出しは骨壺や花を供える太鼓台としても使用でき、引出しのなかには首輪や写真など思い出の品を収納することができる。また、寸法を変更すれば、フォトフレームのサイズや骨壺の大きさに応じて、仏壇の大きさも変更可能。収納に必要なサイズの引出し→本体の順に設計すると、最適な大きさにでき上がる。

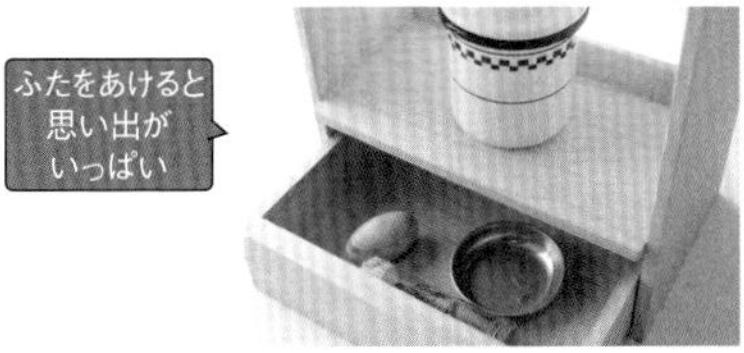

愛情込もった
手づくりが
嬉しい

ニャンとも
キレイ

臭い・掃除・健康管理がキモ 猫のトイレ環境を整える

設置場所は？　数は？　臭い対策は？
悩みが尽きない猫のトイレ。
猫にも人にも心地がよいトイレを考えましょう！

猫が落ち着けるトイレの基本

猫トイレを置く場所の必須条件は、静かな場所であること。ただし、人が定期的に観察できるよう目の届く場所に設置する。猫の個体ごとの差も考慮して、居心地よいトイレ環境を整えたい。

洗面室やトイレに設置する場合、猫ドアを設けて猫が自由に出入りできるようにする。さらに猫トイレの近くに専用の換気扇を設ければ、臭いが広がらない

猫トイレの近くに猫砂などを収納する棚を設けると便利

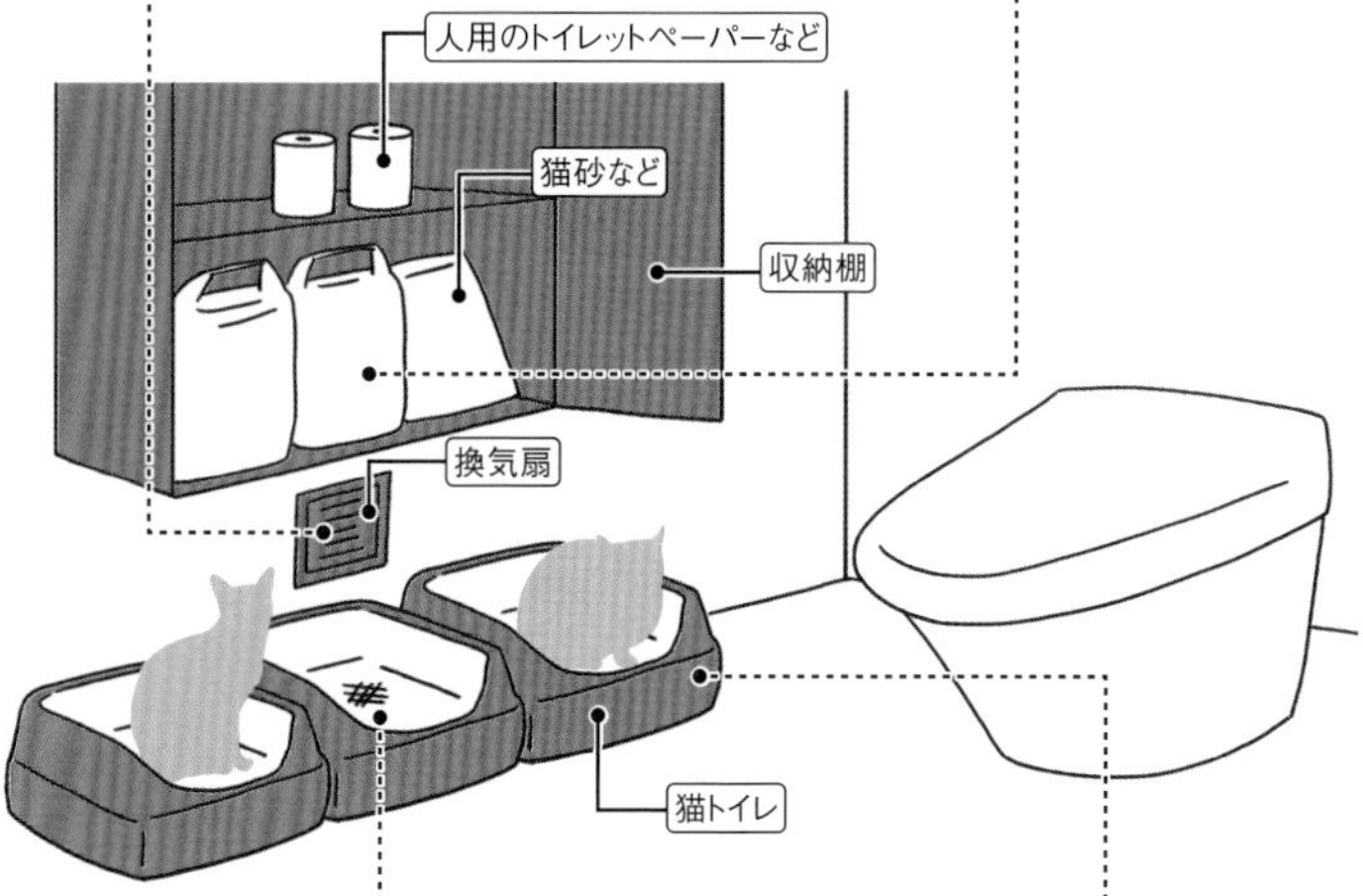

家族が不在でも清潔なトイレを使えるように、猫トイレの数は猫の数＋１台を用意したい。猫砂などは尿の有無や色が分かるものを選んで、排泄の回数や健康状態が確認できるようにする

大きな音に驚いて排泄を中断してしまうと、健康に悪い。テレビや洗濯機の近くは避け、洗面室やトイレ、階段下のスペースなどに設置するとよい

解説：田向健一

掃除しやすく換気しやすい場所に置く

洗面室内に猫トイレを2台置ける広いスペースを確保。洗面室には換気扇を設けているので、臭いも気にならない。猫トイレはすぐ隣の浴室で洗うことができる。

猫トイレは、リビングから離して来客に配慮。猫は、猫ドアを通って自由に洗面室と猫トイレを出入りできる

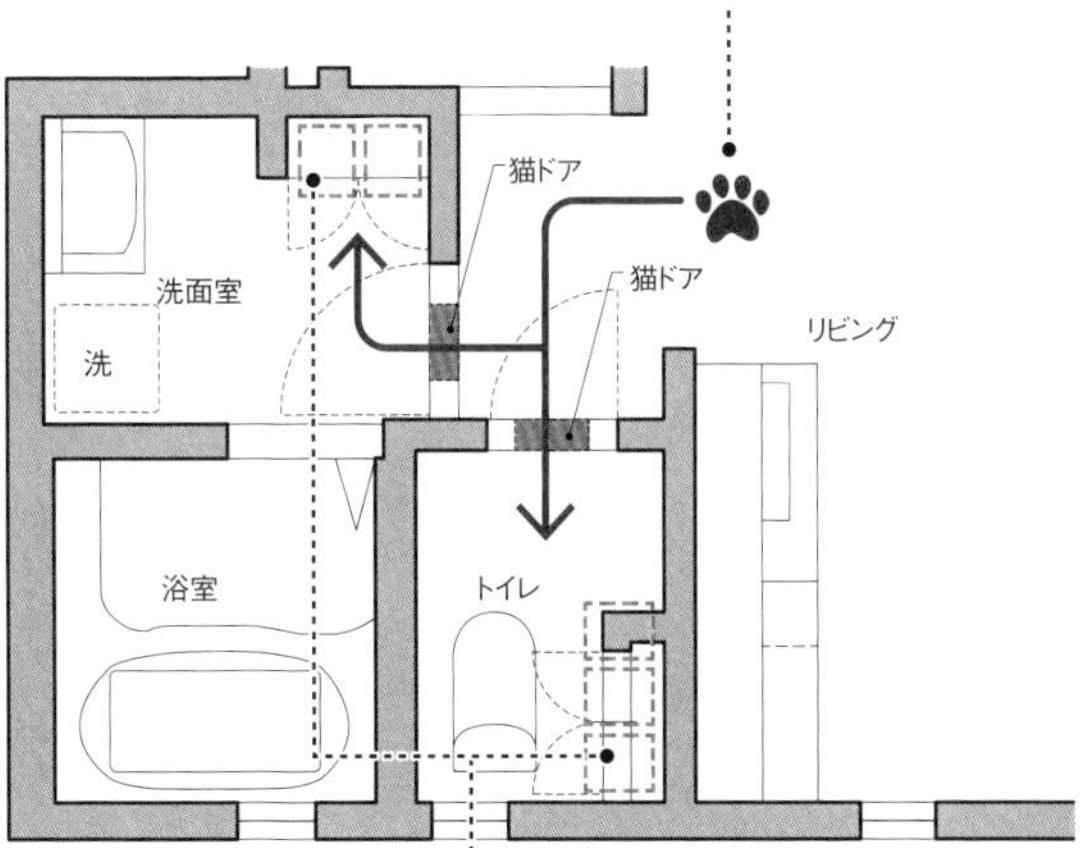

猫トイレは洗面室に2台、人用のトイレ内に3台置けるようにしている。換気と清掃性を考慮して、水廻りに設置するのがポイント

洗面室内の猫トイレ。猫トイレは、猫の数＋1台を置くことが基本。ここでは、猫砂などを収納する棚の下に幅800㎜程度のスペースを確保し、洗面室に猫トイレを2台置けるようにしている

「Chaton Garden」解説：木津イチロウ

猫トイレの近くにも換気扇を設置

洗面台の下に猫トイレを2台設置。扉とくぐり孔を設け、くぐり孔付近に換気扇を設けた。換気扇廻りは通気性に配慮してオープンスペースとし、洗面室全体に臭いが広がらないようにしている。

洗面台上部と人用のトイレ前面にそれぞれ棚を設けた。猫用品や洗面用品を置くスペースにしている。特に猫砂は猫トイレ近くに収納すると、交換の手間をグンと省ける

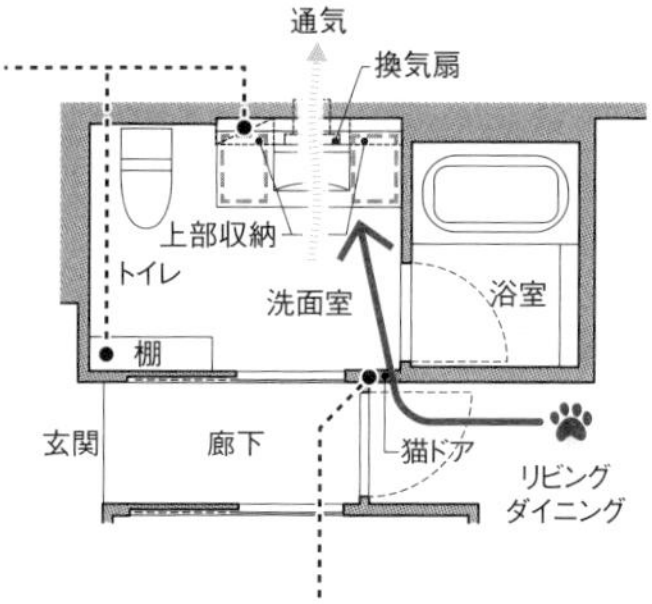

猫は、リビングダイニングから猫ドアを介して直接トイレに行ける。玄関に通じる廊下は通らないので、脱走の心配は少ない

洗面台下の猫トイレを見る。普段は扉を閉めて、猫トイレが人の視界に入らないようにしている。ただし、臭いがこもらないよう中央に換気扇を設置（写真中央）

トイレの様子を見守る小窓

猫トイレにいつも人の目が届いていれば、猫の健康を管理しやすい。ここでは、猫トイレを外からそっと確認できるように、小さなガラスの地窓を設けた。

廊下から、人用のトイレ内に置かれた猫トイレを見る。地窓からは猫トイレだけが見えるように配慮して、窓の大きさとレイアウトを決めている

人にとってトイレは、日に何度も立ち入る場所。人と猫のトイレを同じ空間に配置すれば、換気扇を共用できるだけでなく、人がトイレへ行くたびに猫の排泄状況を確認できるメリットもある

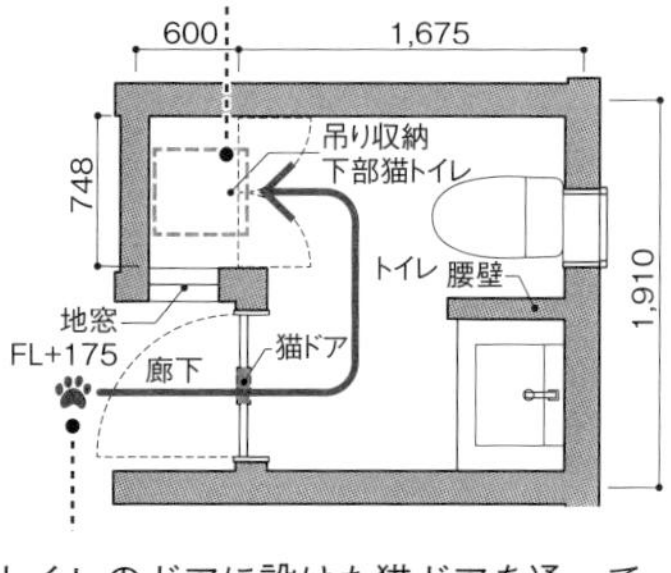

猫はトイレのドアに設けた猫ドアを通って、人の手を介さず自由にトイレへ行ける

上段　「N邸」解説：グローバルベイス、写真：明賀誠
下段　「中庭のある家」設計・解説：中村幸宏・裕実子

猫専用と清掃用の2方向の開口を設ける

猫トイレのスペースに、それぞれ用途の異なる2つの開口を設けた。猫トイレを隠すとともに、通気性とメンテナンス性にも配慮の行き届いたつくりになっている。

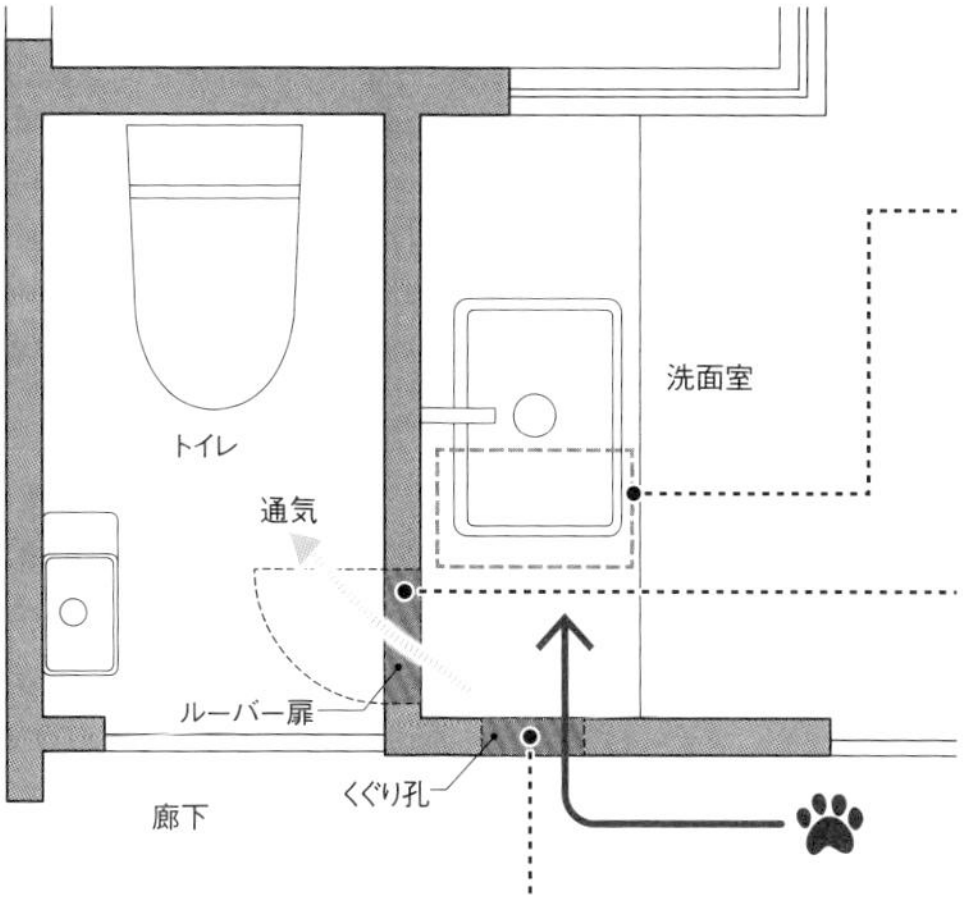

猫トイレのスペースは、洗面台下の空きスペースを活用

隣接する猫と人用のトイレは、ルーバー扉で仕切っている。猫トイレは、ルーバー扉を開けて、取り出して掃除を行う

廊下に面したくぐり孔は、猫トイレの出入口

猫と人のトイレを仕切るルーバー扉。扉に隙間があいているので、人用のトイレの換気システムがそのまま猫トイレの換気にも共用できるつくり

廊下から猫トイレに続くくぐり孔を見る。形状をハウス型（高さ350㎜）にしたことで、廊下の白い壁のアクセントになっている

「T邸」解説：田川友紀、設計：ブルースタジオ

食事の管理は健康の要 猫の食事環境を整える

おいしく食べて、いつまでも健康でいてほしい。
とはいえ、毎日の準備・片付けはラクしたいもの。
定位置を決め、食器スタンドなどを用意しましょう。

食器スタンドで猫ダイニングを設ける

フード皿が床に直置きだと、猫が食べづらくこぼしやすい。食器スタンドを用意して、決まった場所で落ち着いて食事できる環境にしてあげよう。

> 食器スタンド

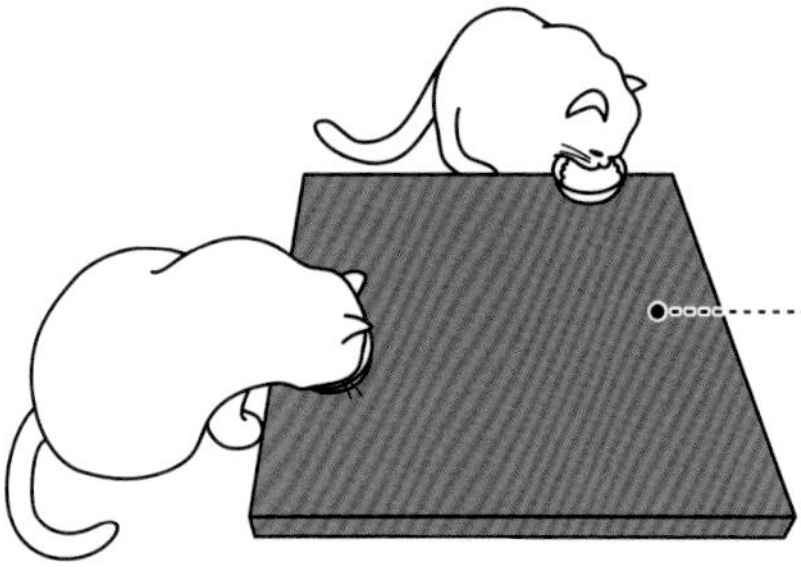

食器スタンドで少し高さを出したほうが猫は食べやすい（特に老猫）。食器スタンドごと運べるようにすれば、準備・片付けも簡単になる

> 多頭飼いの注意点

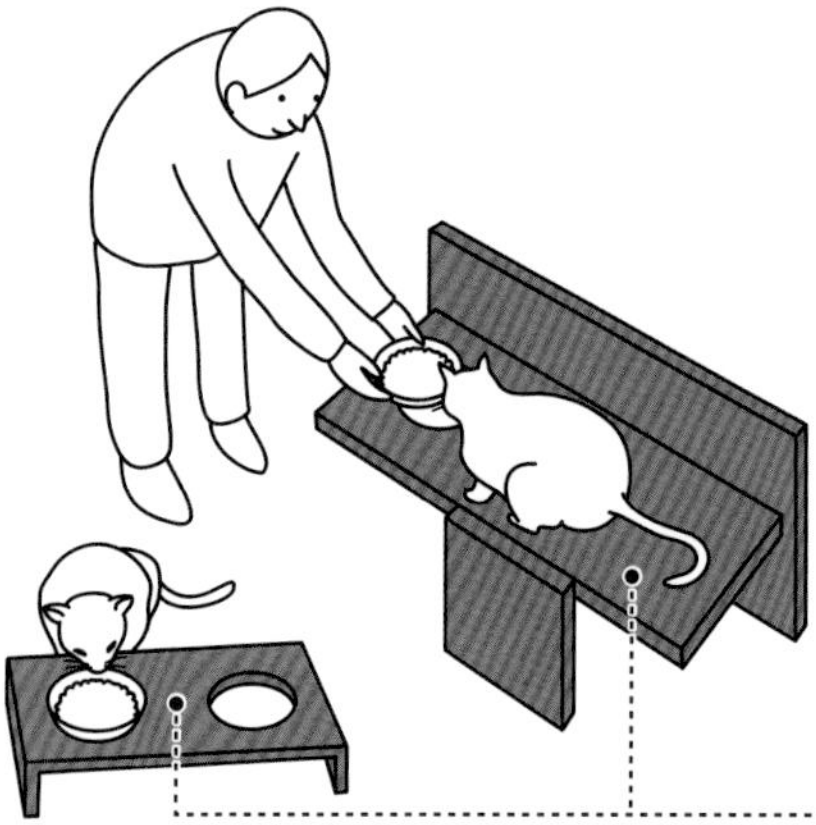

仲の悪い猫の食事場所を一緒にすると、強い猫が弱い猫のフードを奪ってしまうことも。別の部屋とすることができない場合、お互い干渉しない程度に離したり、高さを変えてあげたりすると、集中して食事できるようになる

解説：金巻とも子

ウォーターサーバー専用にコンセントを設ける

水飲みに関しては、ボウルの水を好む猫、蛇口から出る水を好む猫、ウォーターサーバーの水を好む猫がいる。ウォーターサーバーを使用するなら、猫の食事場所にコンセントを設けたい。

リビング階段の踊場が猫の食事場所。ここにウォーターサーバーを設置し、階段を上り下りする途中にこまめに水分補給してもらう

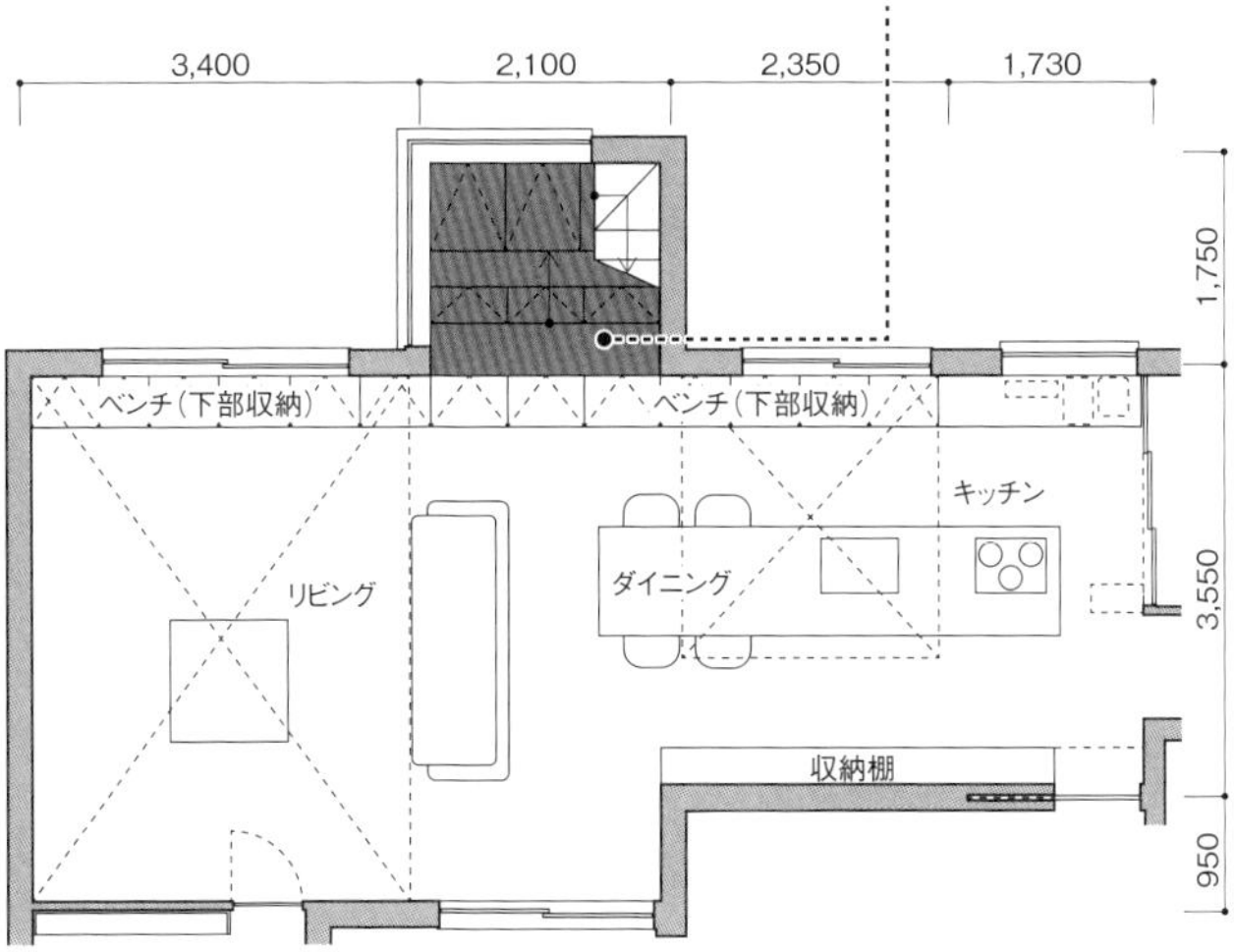

ウォーターサーバーのコンセントはいたずらされないように。ここではインドア・グリーン（写真右）で隠している

階段はガラス壁で日当り良好。食後はぽかぽかのお昼寝スペースになる

「Gatos Apartment」解説：木津イチロウ

安全と衛生から考える猫の立ち入り禁止ゾーン

気づいたらキッチンが猫の毛でいっぱい……
目を離した隙に屋外へまっしぐら……
猫と人、２つの視点で猫の居場所を決めることが必要です。

猫にとって危険な場所と猫の毛の管理

猫と人が暮らすとき、問題になるのは猫の活動範囲。猫の毛は、人によってはアレルギーの原因となる。また、家のなかの思わぬ場所で猫が命を落とすことも。まずは危険な場所の把握が必要。

> キッチン・クロゼット

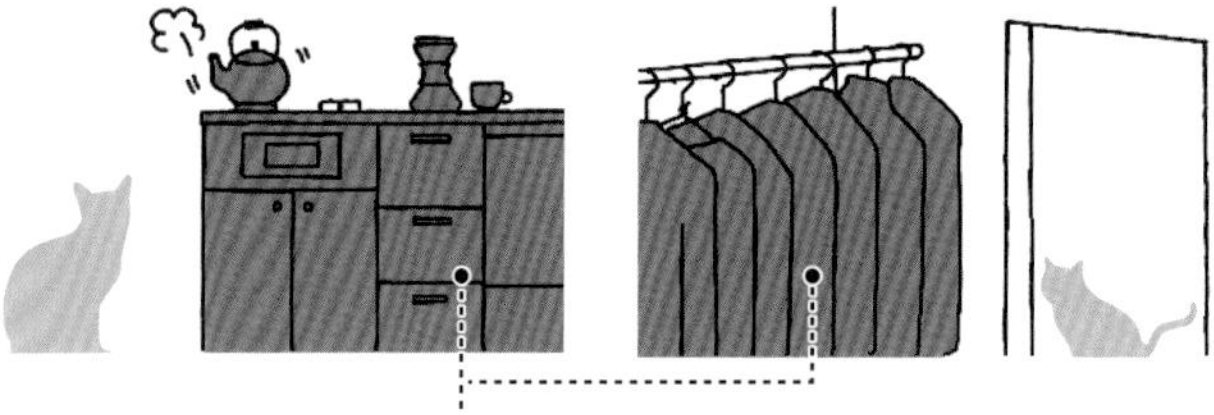

キッチンやクロゼットなど、衣食にかかわる場所は衛生上、猫の抜け毛管理をシビアに行う必要がある

> 浴室

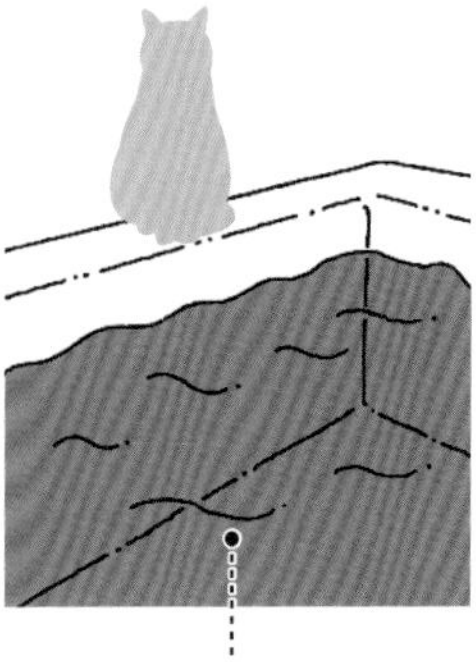

浴槽は溺死の危険がある。とはいえ水を張っていなければ、浴室に入っても危険は少ない

> 扉や窓

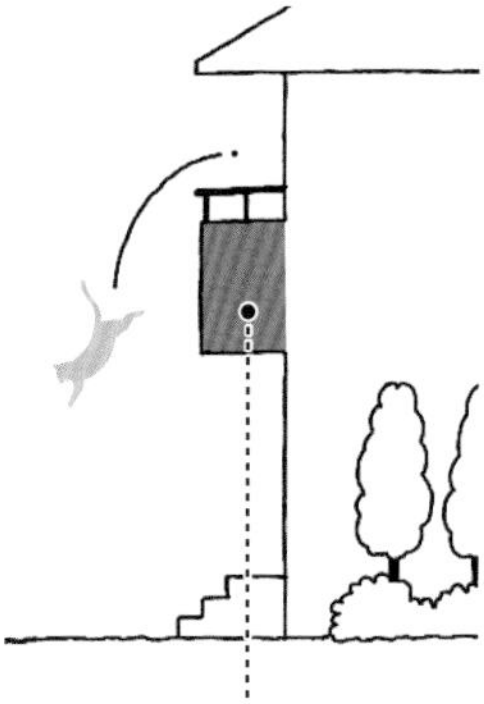

外部に通じる扉や窓を開け閉めする際は、猫を近づけないよう常に注意する。特にベランダやバルコニーは身体能力の高い猫でも転落死する可能性も。孤高を愛する生き物である猫は友を求めて外に出る必要性がないので、外に出さないことを徹底する

解説：田向健一

脱走防止柵の設置場所

猫の立ち入りをどこまでに留めておきたいかを踏まえ、脱走防止柵が取り付けやすい場所を考える。脱走の危険性が高い玄関付近で、高さ・幅が抑えられている廊下への設置がお勧め。

> ダイニング（奥がキッチン）

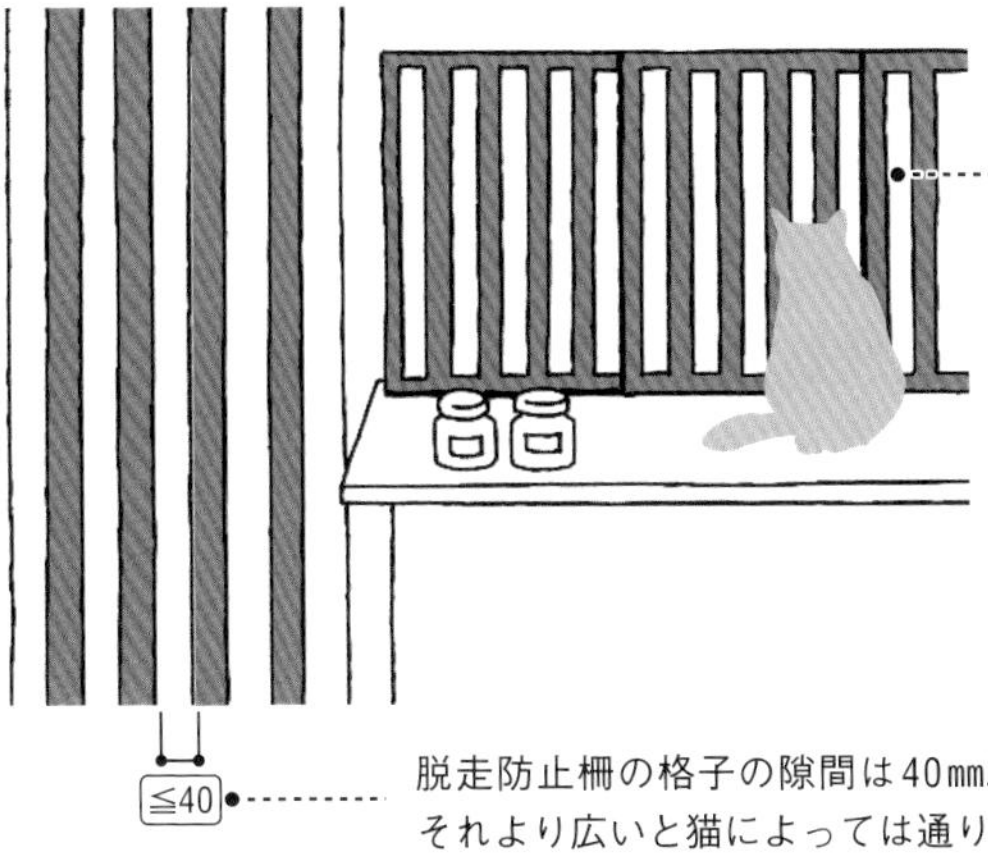

廊下や階段だけでなく、キッチンカウンターの手前に小さな柵を設けるのも効果的

脱走防止柵の格子の隙間は40㎜以下にする。それより広いと猫によっては通り抜けてしまう

> 階段とクロゼット

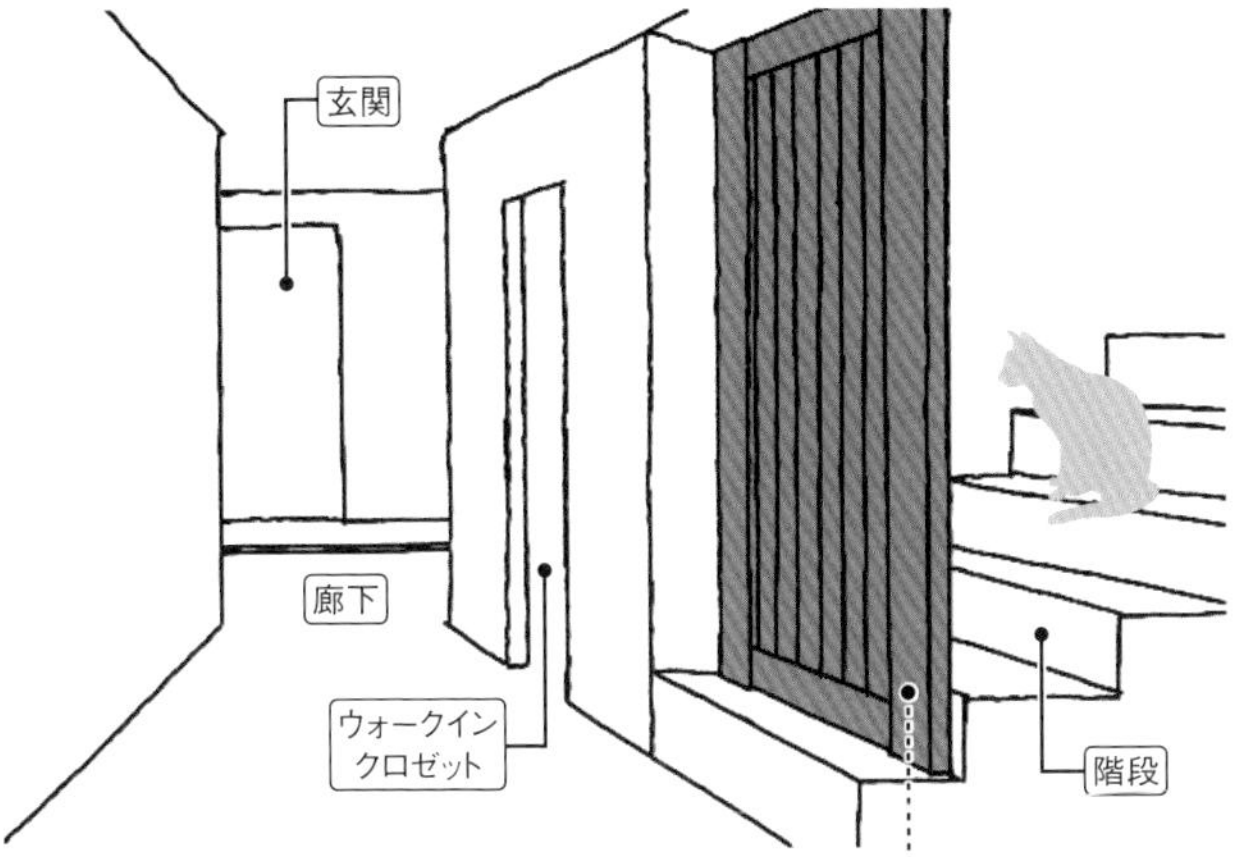

玄関に通じる階段の途中に柵を設置すれば、猫が上下階を自由に行き来できる家でも安心して遊ばせることができる。玄関までのスペースを広めに取れば、猫に邪魔されないウォークインクロゼットを置くこともできる

解説：松原要

家のなかにある脱走の原因

猫が外へ出たくなる理由は、住環境に不満があるからかも。住まい全体に工夫をめぐらせることで、脱走の心配は軽減される。

＞猫に開けられないドア

引き戸は猫にとっては簡単に開けることができ、手を挟む危険もある。ストッパーを付けて、脱走防止と猫の安全を確保したい

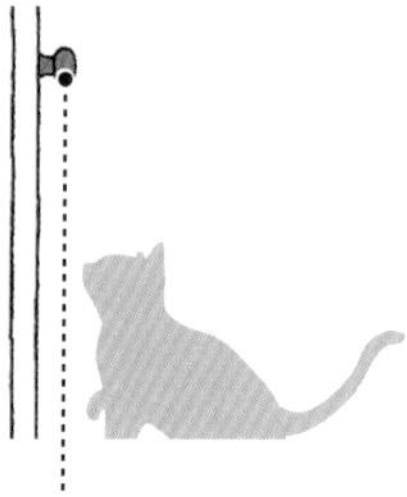

ドアのレバーハンドルは、上に回して開けるタイプにすると、猫がハンドルにぶら下がって開けてしまうのを防止できる

猫は、施錠されてない扉であれば開けてしまうことも。ぶら下がりやすいレバーハンドルは避けたい。握り玉に変えたり、レバーハンドルの回す向きを変えたりするだけで、脱走の可能性は格段に減らせる

＞屋外フェンス

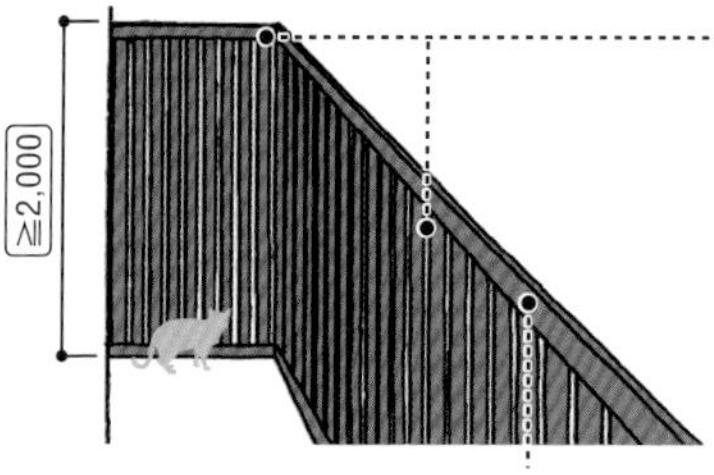

家のなかに柵を設ける代わりに、外にフェンスを設けるという手も。家猫の脱走だけでなく、外部からの猫の侵入も防げる。住まい手のプライバシーを守ることも可能

フェンスの高さは2m以上、隙間は40㎜以下にする。猫が手肢を掛けて上らないよう、竪桟タイプを使用する

＞快適な住まい

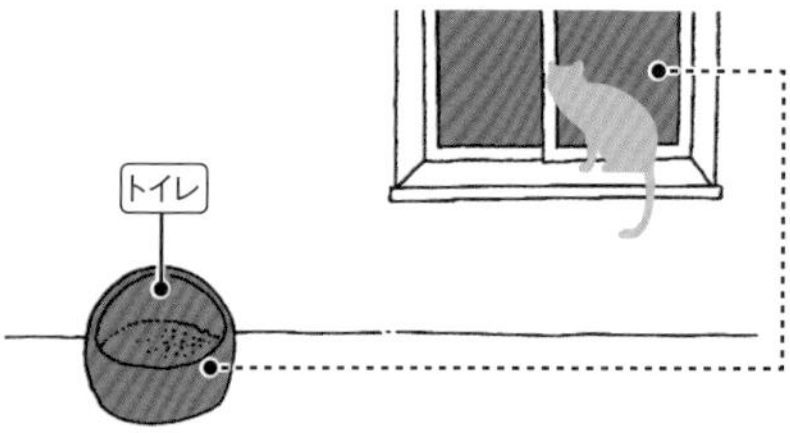

家のなかから外を眺められる場を設けたり、トイレを清潔に保ったりと、住環境の快適性を高めれば猫が快適になり、たとえ野良猫だった猫でも脱走の野望をくじくことにつながる

解説：木津イチロウ

閂で安心の脱走防止扉

閂《かんぬき》を使った脱走防止扉は、猫に開けられる心配がなくデザイン性も高い。取り付け場所に応じた設計と細かい調整が必要なので、プロに相談して取り付けてもらおう。

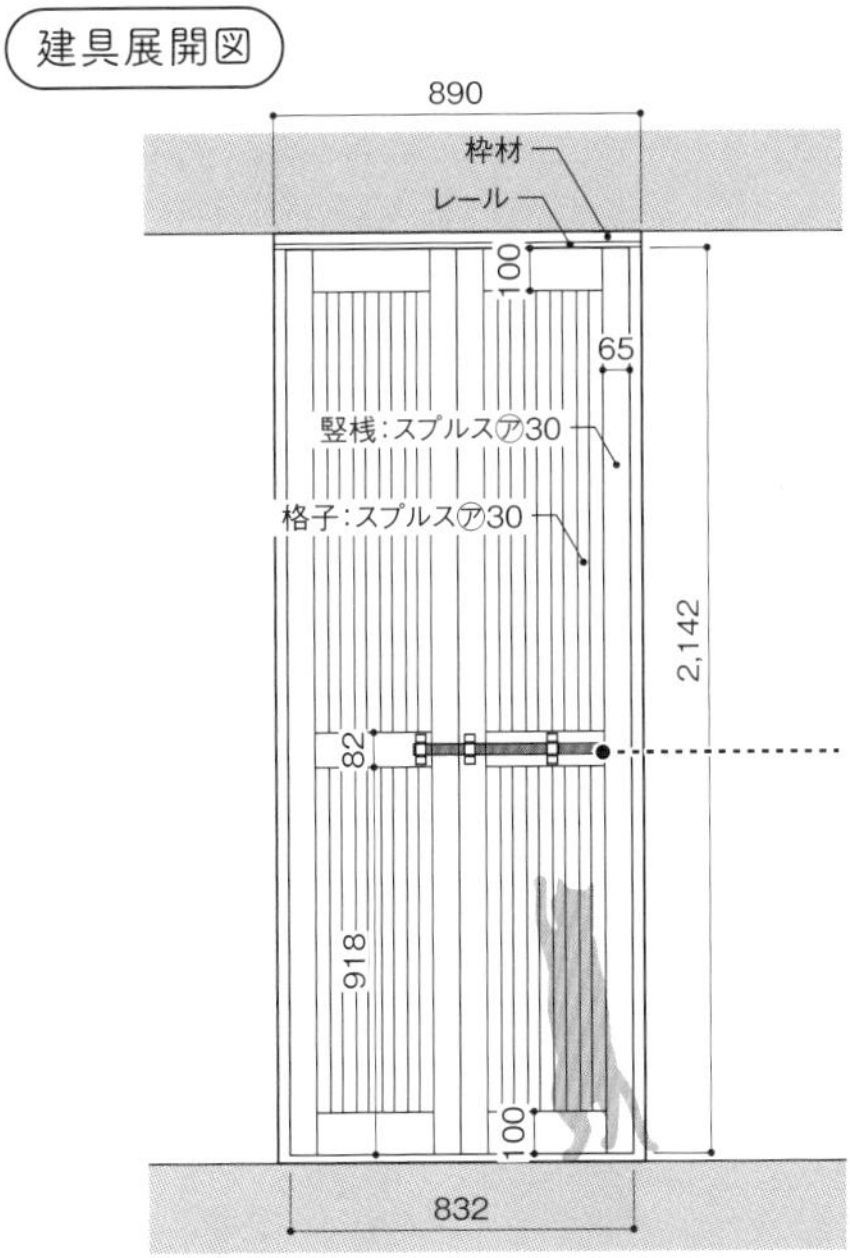

金物には30㎜角柱の取り付け金物を使用。閂棒の太さは、取り付け金物から上下2㎜程度差し引くと抜き差しがスムーズ。長さは扉の幅や高さなどの特徴に合わせて調整する。閂棒の位置は床から920㎜以上が握りやすく使いやすい

扉の室内側。「オスモカラー」（OSMO＆EDEL）のウォルナット色で塗装して仕上げた

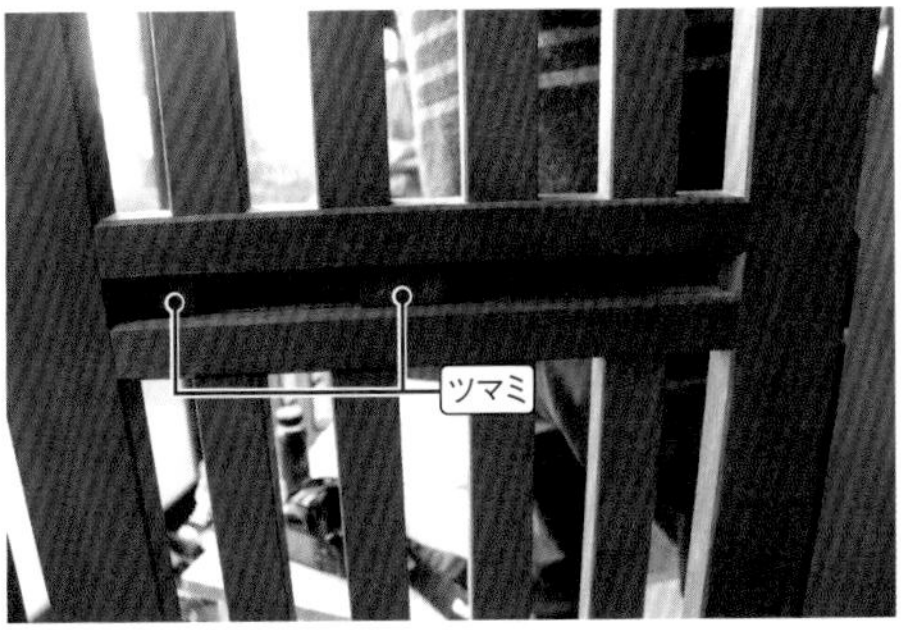

扉の玄関側には裏から動かすためのツマミが付いている。ツマミをスムーズに動かすために、ツマミと挿入する溝の間には適度なクリアランス（1～2㎜）が設けられている

解説・製作：松原要（LOYD）

家中探検！

猫が使いやすいくぐり孔

壁や天井にくぐり孔を開けて、
猫をもっと自由に遊ばせたい、もっと楽しませたい！
猫を退屈させない楽しいアイデアがいっぱいです！

天井のくぐり縦孔で上下階を結ぶ

1階と2階を結び、猫が自由に行き来できるくぐり縦孔を1階廊下の天井に配置した。猫がかがんで通り抜けられる大きさのため、運動不足になりがちな室内飼いの猫もアクティブに動ける。

くぐり孔断面詳細図

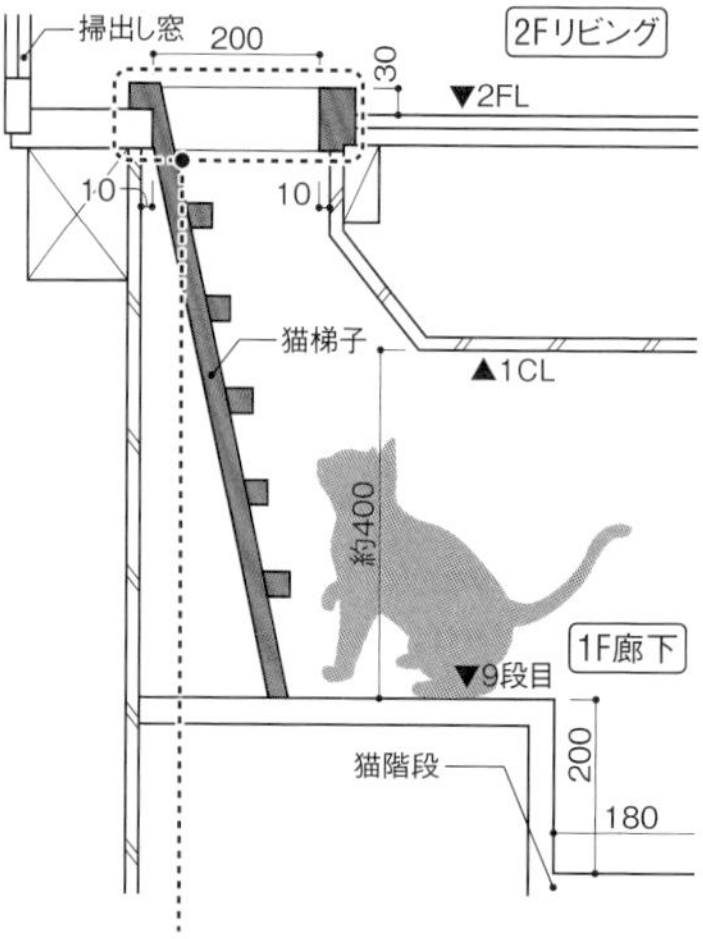

孔の廻りに枠を立ち上げ、万が一置き家具がすべっても止まるように安全対策を講じている

1階廊下から猫階段を見る。蹴上げはどんな猫でも上り下りしやすい200mmとした

2階から見たくぐり縦孔。猫梯子を上ってくると窓の景色が広がる

「ハコノオウチ15」解説：石川淳建築設計事務所

くぐり孔をすっきり見せる一工夫

扉の面《つら》（表面）に合わせてくぐり孔のフラップを取り付けると、蝶番や隙間が目立ってしまう。フラップを室内側の扉面に付けることで、外から見たときにすっきりとした見た目に仕上がる。

フラップをくぐり孔の廊下側の扉面にそろえると廊下側から蝶番が見えてしまう

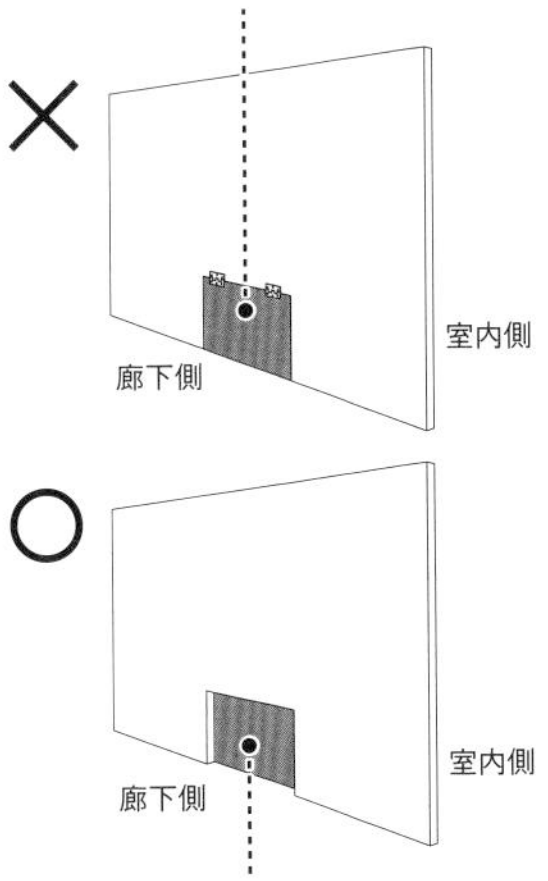

室内側の扉面とフラップの面をそろえれば廊下側に蝶番が見えないのですっきり見える

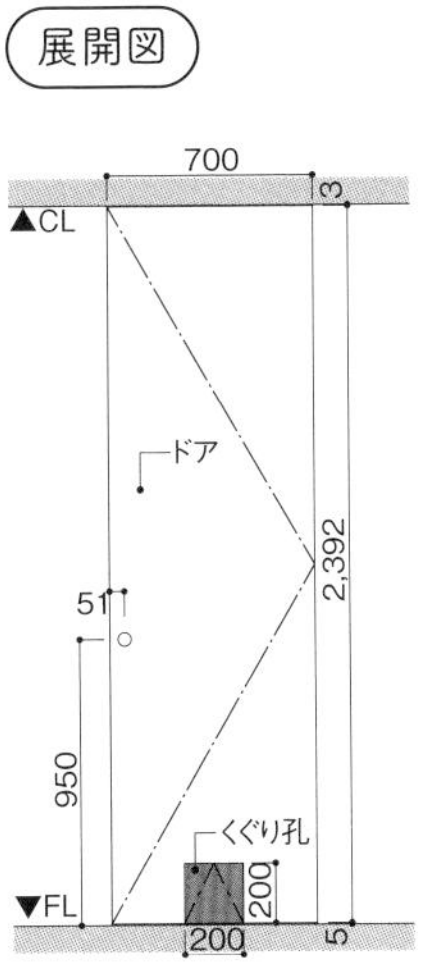

どんな猫でも通れる高級牛革製フラップ

牛革製のフラップは、耐久性と実用性のバランスに優れる。硬さや音が気になる市販のプラスチック製のフラップに比べ、牛革製ならどんな猫でも使ってくれる。

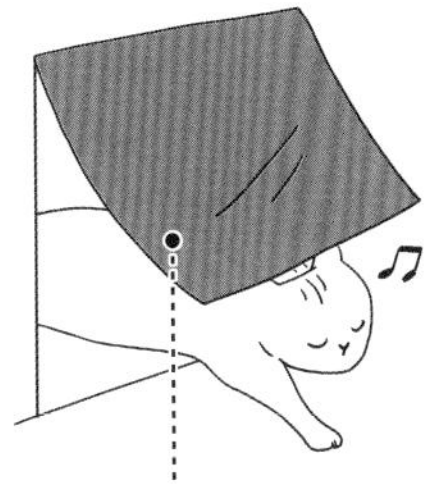

牛革製フラップは軽く軟らかいため、どんな猫でも使いやすい。音もほとんどしないので、人にも猫にもストレスフリー

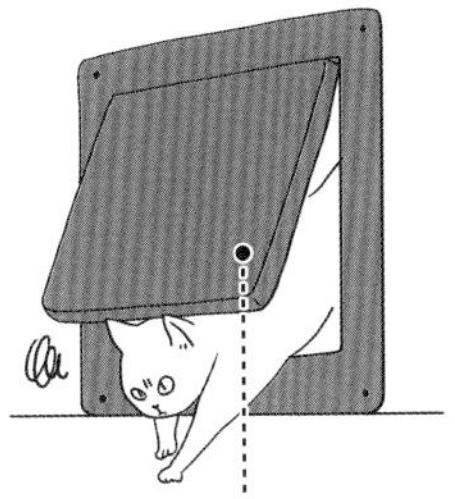

プラスチック製フラップは硬いため、素材に敏感な猫くぐってくれないことも

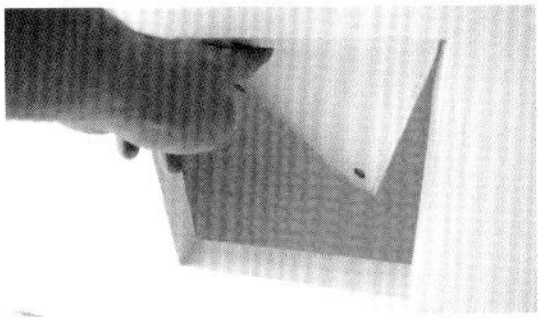

猫がスムーズに行き来できる牛革製フラップ。壁と同じ色で仕上げたので見た目もすっきり

上段　解説：中村幸宏・裕実子
下段　「Gatos Apartment」解説：木津イチロウ

COLUMN

人も猫も大満足！ お薦め猫グッズ その②

ここでは、猫の暮らしに欠かせないお薦めのグッズを紹介します。安価な定番製品から、最新技術を駆使したスマートな製品まで、寸法も記載しているので、家具設計時の参考にしてみてください。

＞トイレ

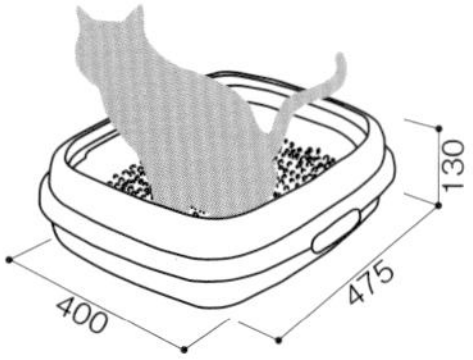

「コロル ネコトイレ48」（リッチェル）：老猫でも入りやすい高さで、ケージにも入れやすいコンパクトサイズ。つくりがシンプルなので、日々のメンテナンスが楽。
幅400×奥行き475×高さ130（㎜）

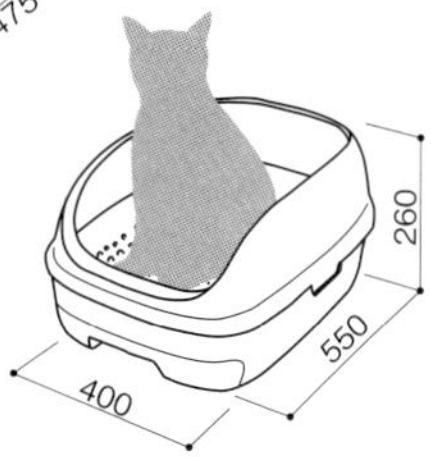

「ニャンとも清潔トイレ オープンタイプ」（花王）：チップの飛び散りを防ぐ砂返し付きのトイレと脱臭・抗菌のチップとシートのセット。チップとシートの脱臭・抗菌効果で1週間分の尿と尿臭を防ぐ。
幅約400×奥行き約550×高さ約260（㎜）、入口高さ：約135㎜

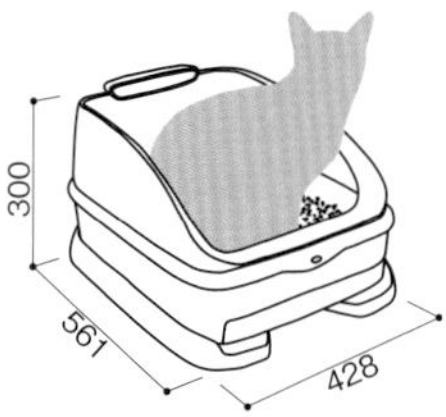

「トレッタ」（トレッタキャッツ）
体重や尿の量、トイレの回数などを自動で測定し、スマートフォンに自動転送。動画撮影もできる。多頭飼いでもAI顔認識で個体別にデータ管理が可能。
幅428×奥行き561×高さ300（㎜）、電源：AC 100V

＞自動給餌機

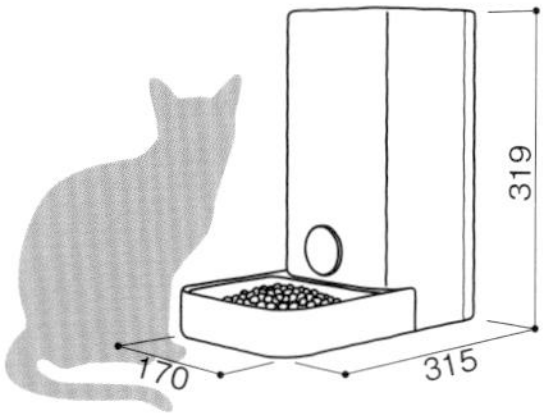

「自動給餌器 猫用」（PETKIT）：スマートフォンで餌やりの時間・量を設定できる。給餌しないときはシリコンパッキンでタンクを密封。フードの鮮度を保つ。
幅170×奥行き315×高さ319（㎜）、給電：ACアダプター、単1形アルカリ乾電池4本（停電時用）

＞自動給水機

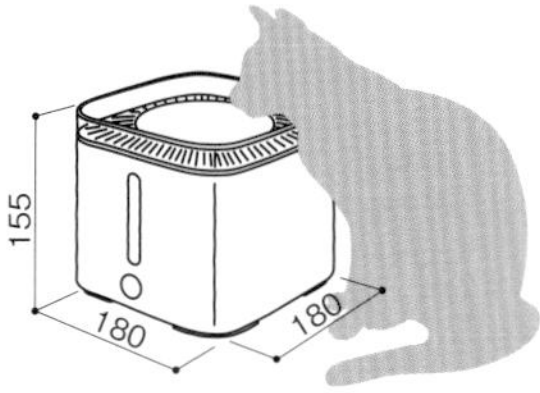

「ドリンキング・ウォーターファウンテン2」（PETKIT）：フィルタリングシステムで不純物を排除し、水をまろやかにおいしくする。40dB以下の静音ポンプで給水。
幅180×奥行き180×高さ155（㎜）、給電：ACアダプター

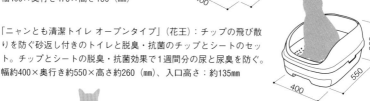

DIYの基本

猫も喜ぶ素材

DIYの基本 どんな素材が適している？

猫家具にはどんな素材を使うとよいでしょうか。
DIY初心者でも加工がしやすく、猫にとっても安心な素材とは？
どんなものがあるか、ここで把握しておきましょう。

木材を使いこなす

家具製作に好適な材料の代表格が木材。木材を大きく加工種類によって分類すると、無垢《むく》材、集成材、合板の3種類がある。DIYでお薦めなのは、比較的軽く、変形の起きにくい集成材や合板だ。家具の用途によって、最適な材料を選ぼう。

> 無垢材

一本の原木を切り出してつくられる天然の木材。質感・触感や意匠性に優れる反面、集成材や合板に比べ高価。傷や汚れが付きやすく、乾燥による狂い・反りも生じやすいなどの弱点も。一般的に材木店で購入する。ホームセンターでのカット販売はあまり普及していない

タモ

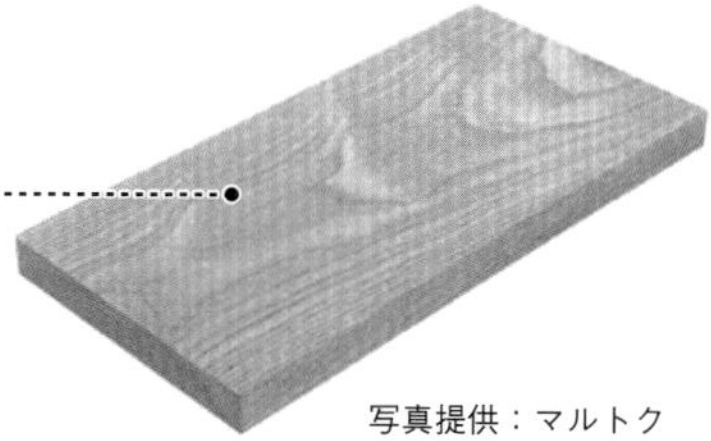

写真提供：マルトク

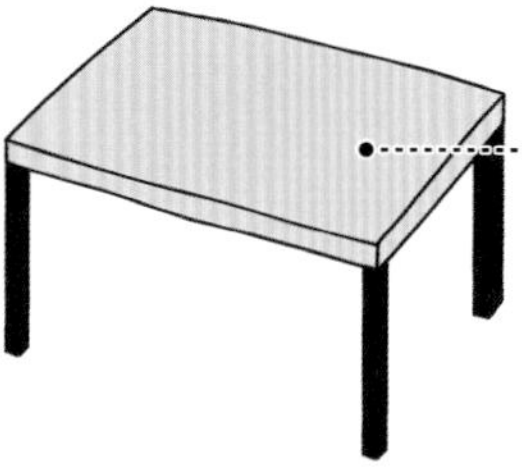

天板部分など一部に無垢材を利用する手もある

無垢材にこだわるなら

メープル

ブナ〔※〕

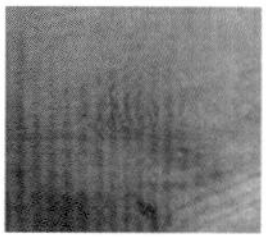

ナラ〔※〕

タモ

国産材ならタモやナラ、輸入材ならブナやメープルが猫家具にお薦めだ。これらの樹種は水に強く、傷が付いてもささくれが立ちにくい。堅いので加工の難度は上がるが、曲線やRなどの加工にも耐えうる

※ ブナ、ナラはオークとも呼ばれる

> 集成材

ラジアータパイン

小さな角材や板材を接着剤で圧着してつくられる。無垢材よりも狂いが少なく、強度も高い。パイン、アカマツ、タモなどがあるが、ホームセンターで手に入る樹種には限りがある。軽くて加工しやすいラジアータパイン集成材はDIYの定番樹種

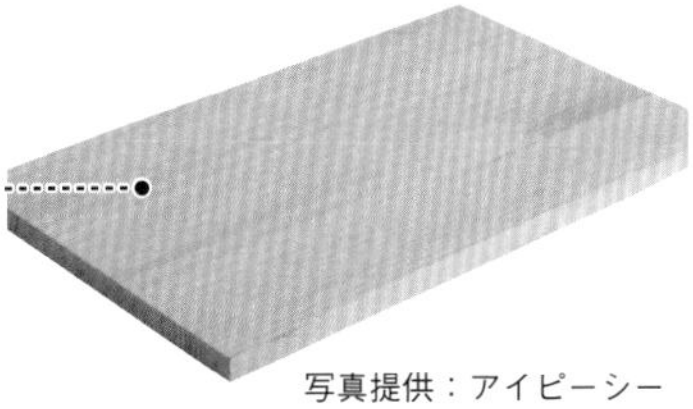

写真提供：アイピーシー

> 合板

シナ合板

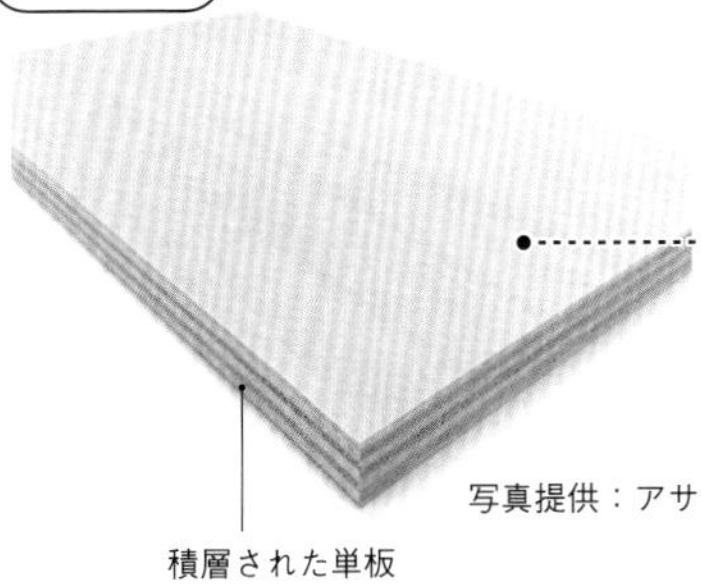

写真提供：アサヒ

薄い単板を接着剤で張り合わせた板。狂いが小さく、強度も高い。安価で厚さも豊富。表面材はラワンとシナが主流。塗装しても木目がきれいに出るシナ合板がお薦め

ランバーコア

合板の芯材に木片を用いたもの。一般的な合板に比べ、軽くて反りにくい。断面が美しいとは言えないため、小口テープを張って隠す［136頁参照］

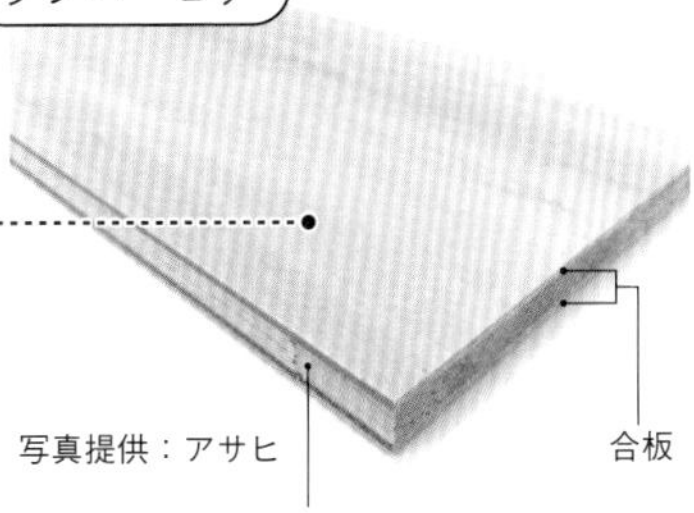

写真提供：アサヒ

ポリ合板（ランバーコア）

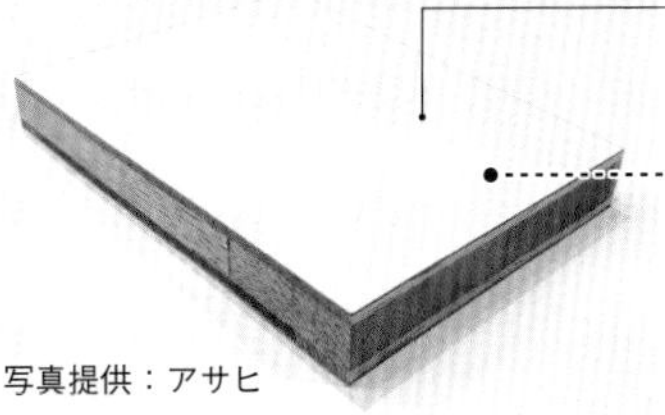

写真提供：アサヒ

合板表面材にポリエステル樹脂を塗布し、表面強度、耐水性を高めたもの。トイレカバーや猫ダイニングなど、水拭きが求められる猫家具にはポリ合板がお薦め

解説：松原要

押さえておきたい木材の規格寸法

猫家具製作の第一歩は、ホームセンターやインターネットで入手できる木材の寸法を確かめておくこと。さまざまなサイズにカットされた材が販売されているので、できるだけ無駄（端材）と加工手間が減らせるサイズのものを選ぼう。

> 板材厚さの例

合板

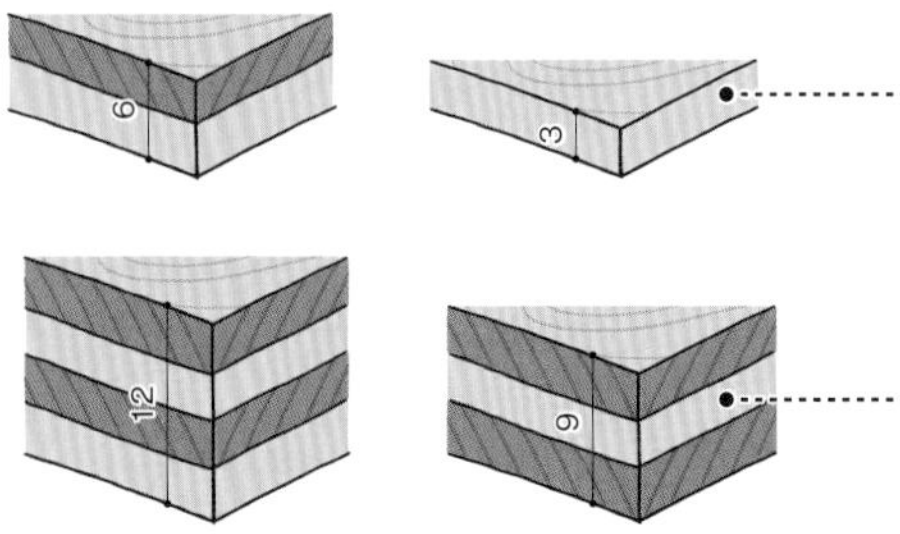

合板（ランバーコア）の厚みは板厚3mmを基準に、その倍数となる

材の厚さが設計時から変わると、全体の寸法も変わることに注意が必要

ランバーコア

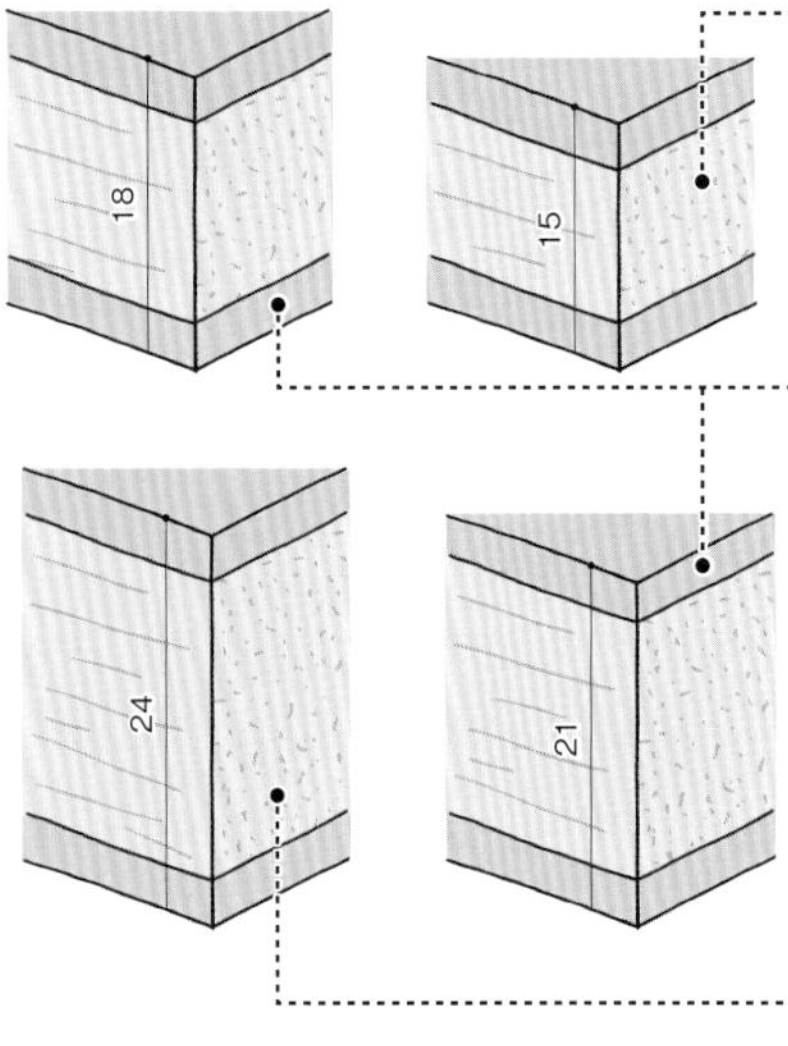

荷重のかからない家具には15mm厚を使用する

家具製品には18mm厚や21mm厚の合板が適している

頑丈な家具には24mm厚以上の材を用いるが、DIY初心者には加工が難しくなる。また重さもあるため、頻繁に移動する家具への使用は避けたい

集成材

集成材の厚みは15mm、20mmなど5mmの倍数。DIYには20mm厚がお薦め

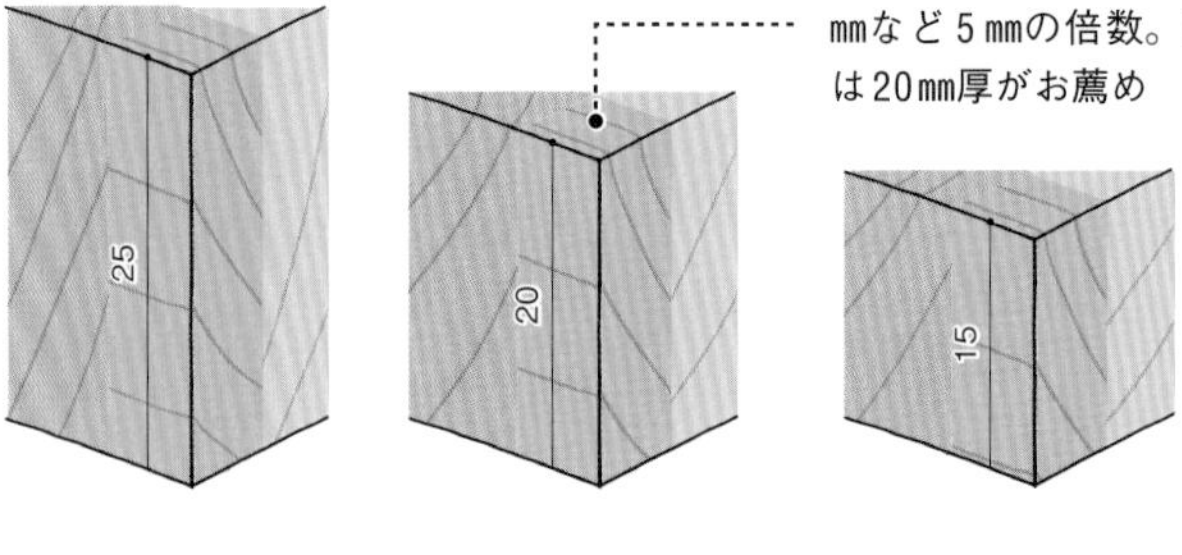

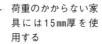

> 板材の定尺寸法

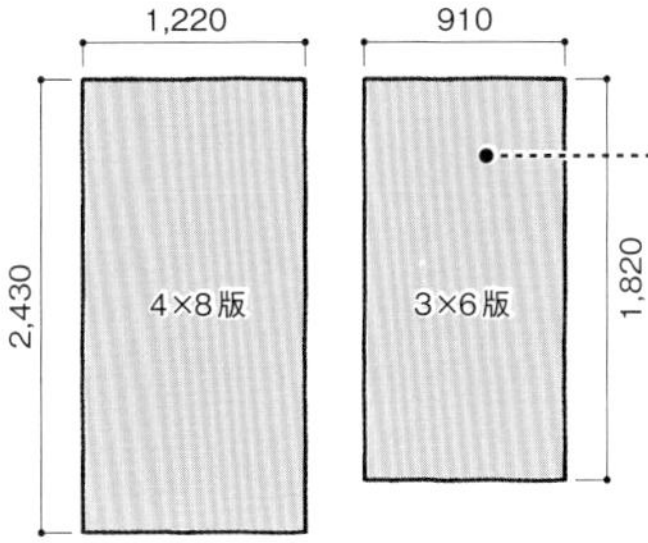

定尺とは、生産・流通しやすいよう標準として定められている規格寸法。建築材料は尺（1尺≒303㎜）や寸などの尺貫法を基準に定められていることが多い。合板の定尺は3×6（サブロク）版と4×8（シハチ）版。それぞれ3×6尺、4×8尺の板であることを表している。家具の部材が定尺より少しでも大きいと、1サイズ上の板材が必要になり、端材の量が増える。そのため定尺から効率よく切り出せる寸法・木取り［130頁参照］にすることが大切

> 定尺から切り出した板材寸法

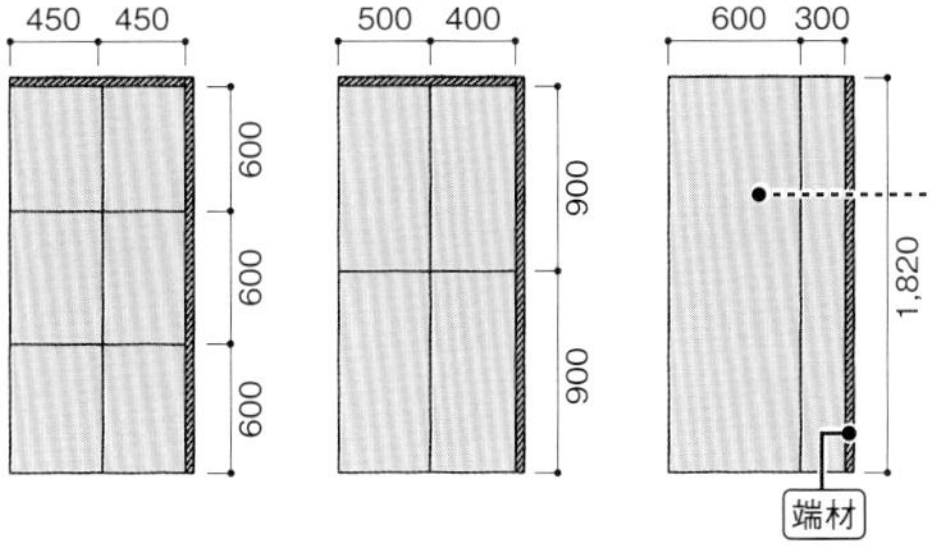

ホームセンターなどでは、定尺から切り出した小さい板材も販売されている。幅は300、400、450、500、600㎜など、長さは600、900、1,820㎜など。小さな家具をつくるときは、これらを使うとよい

> 角材のサイズは豊富にある

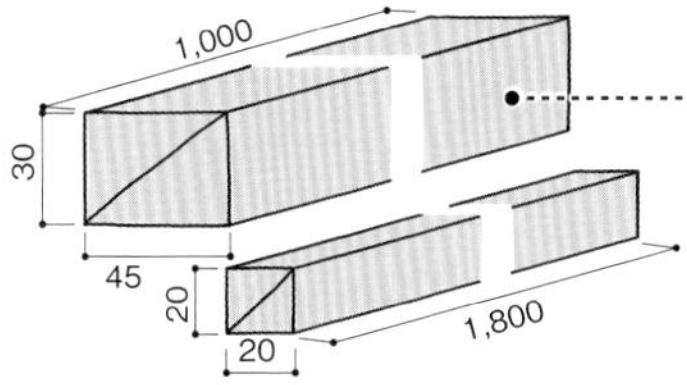

角材は家具の脚、柱部分、骨組みに使われ、30×45×1,000㎜、20×20×1,800㎜など、さまざまなサイズが用意されている。家具の脚には30㎜角～40㎜角程度が適している

> 爪研ぎ用には

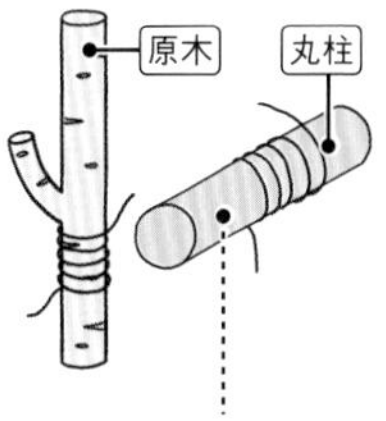

爪研ぎ柱などには直径60～70㎜程度の丸柱が使える。原木を使ってみる一風変わった手もある

> 使いやすい2×4材

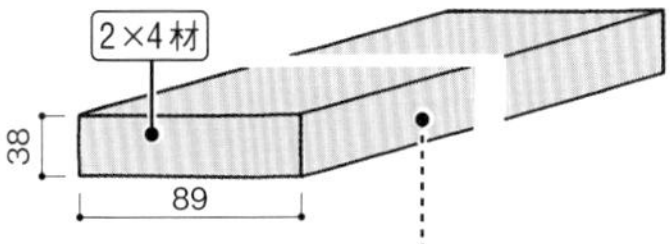

2×4材の寸法表

種類	サイズ
2×4	38×89㎜
2×6	38×140㎜
2×8	38×184㎜
2×10	38×235㎜

枠組壁工法、通称2×4（ツーバイフォー）工法で使われる製材。断面の厚み×幅がそのまま材の呼び名になっている。基本材となる2×4材は、断面の厚さが38×89㎜のものをいう

解説：松原要

木取り図の描き方と木材カットの方法

素材を決めたら次はいよいよ木材カット。
まずは木材カットに必要な木取り図を作成しましょう。
ホームセンターを活用して切ってもらうのもよいでしょう。

「木取り図」を作成する

DIYでは、1枚の板からどのように必要な部材を切り出すかを示した図を木取り図と呼ぶ［※］。最初に必要な部材と寸法を把握して木取り図を作成することが、無駄の削減につながる。

＞「木取り図」作成の流れ

1. 家具のラフスケッチを描く

つくりたい家具の大まかな構造を描いたら、寸法を正確に決め、接合方法を決めていく

∨

2. 展開図を描く

ラフスケッチをもとに、必要な部材の寸法と数を、1枚ずつすべて描き出す

∨

3. 木取り図を描く

展開図の部材をCADソフトで（簡単な家具製作なら手描きでも）パズルのように組み合わせ、材料のサイズ内に納める

CADとは設計や製図ができるシステムソフト。一般的には無料のJw_cadを使用している人が多い。そのほか、自動で木取り図を作成してくれるCADソフトもある

※ 木取りとは、一般的には丸太から材料を切り出すことを指す

> 木取り図作成のコツ

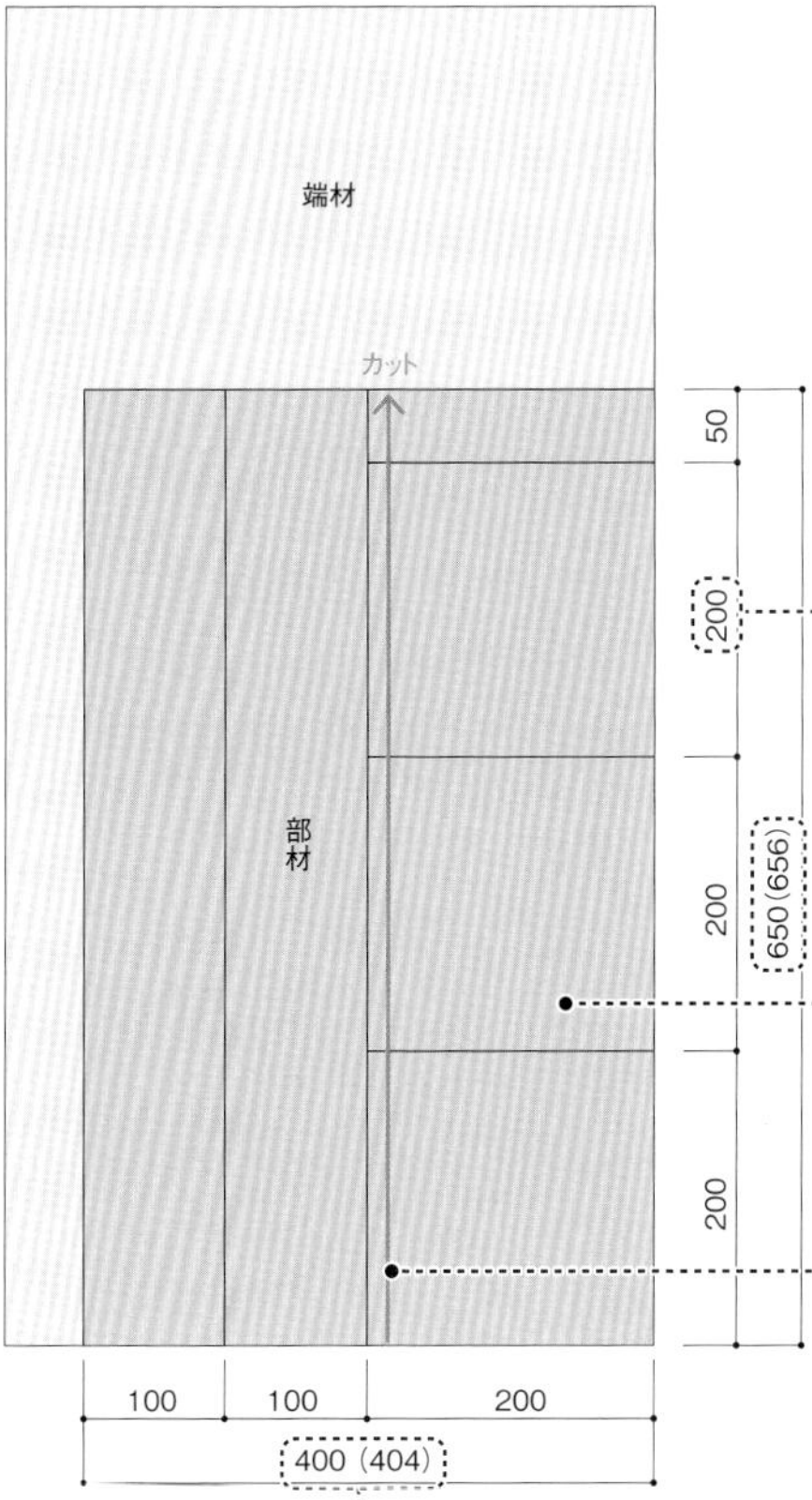

家具設計において、寸法はすべて「mm」で統一して表記する。たとえば20cmは「200（mm）」とする

木取りは「方向」に注意すること。木材は横方向に比べ、縦方向（長手）の強度が高いので、原則、長手から切り出す

同じ幅・長さの部材をそろえて1回で切れるようにする。同時に切り出した部材は、もし誤差が生じても同じ誤差になるので、仕上がりサイズは変わってしまうが組み立てることはできる

材料のサイズは、部材の合計寸法に刃の厚さを加え、余裕をもたせる。図の場合、400×650mmの板材では足りず、幅400mm＋刃の厚さ2mm×2カット＝404mm、長さ650mm＋刃の厚さ2mm×3カット＝656mmが必要になる

解説：松原要

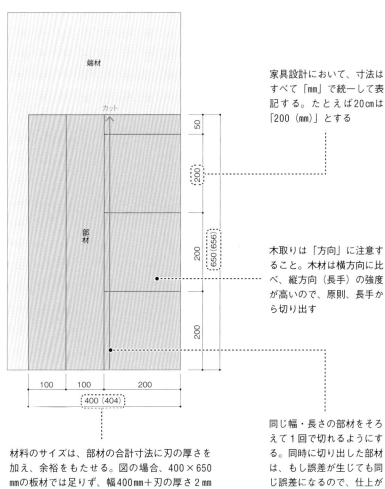

カットサービスを利用する

初心者が木材をすべて鋸で切るのは重労働なうえ、精度も低い。ホームセンターに木取り図を持ち込み、カットはプロにお任せしよう。住まいのことを気軽に相談できる工務店がいれば、家具づくりの相談もしてみても◎。

> ホームセンターに木取り図を持ち込む

ホームセンターで材料を購入し、カットサービスコーナーでつくりたい家具の木取り図または部材の寸法を伝える。費用は1カット60円程度

店員がパネルソーという大型の機械などでカットしてくれる。端材は処分してくれることが多いが、ガイドや下地、試し塗りなどに活用できるので、貰っておいてもよい

ホームセンターでは通常、直線カットのみで、曲線加工やL字形、コの字形などの特殊加工は受け付けていないことが多い

> 工務店との関係づくり

木材カットはホームセンターのほか、工務店に引き受けてもらえるか相談してみてもよい。地域の工務店との関係を普段から築いておけば、DIYに限らず、災害時やメンテナンス時に住まいの相談をしやすくなるというメリットも

切り出すときは切断幅を考慮

部材切り出しや孔あけの作業量が少なければ、自分で行うこともある。その際、鋸の刃の厚さ（切断幅）を考慮し、部材のサイズがずれないように注意が必要だ。

> 墨付け線の外側を切る

墨付け線の外側を切ると

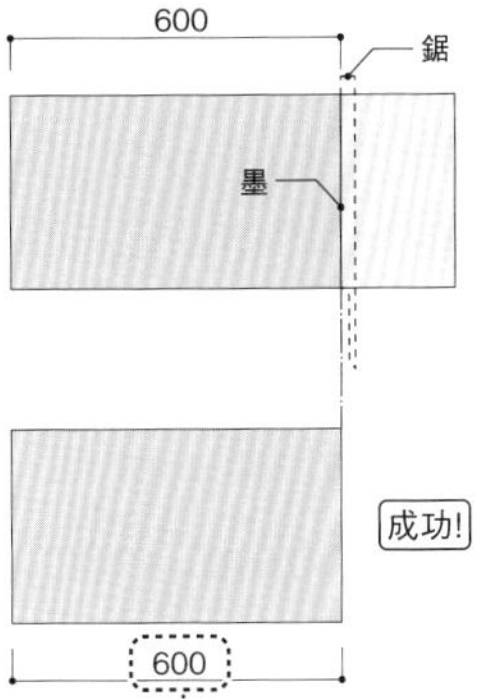

設計寸法どおり
切り出せる

墨付け線の真上または内側を切ると

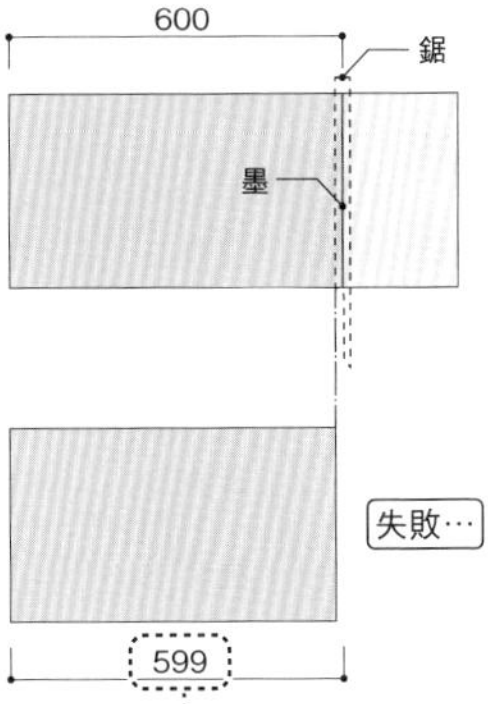

設計寸法より小さく
なってしまう

角切り落とし　孔あけ

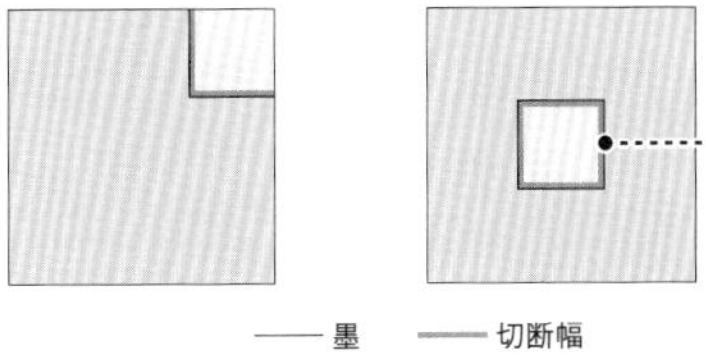

孔あけや角の切り落
としも同様に墨の外
側を切る

> 切断幅に注意

使う切断工具の刃の厚みにも注意。
鋸の切断幅は１㎜程度だ

丸鋸の切断幅は２㎜
程度になる

解説：松原要

仕上げのポイント 端部をきれいに見せる

出来上がった家具が素人っぽく見えてしまうのは、
端部の納まりを間違えているから。
どうすればプロがつくった家具っぽく見えるのでしょうか。

「縦勝ち」「横勝ち」を使い分ける

材どうしがぶつかる部分で伸ばした材のほうを「勝ち」という。側板と天板の留め方、間仕切板と棚板のつなぎ方には縦勝ちと横勝ちの2通りがあり、側板を縦勝ちとするほうが製作が簡単で、きれいに見える。

> 基本形（縦勝ち）

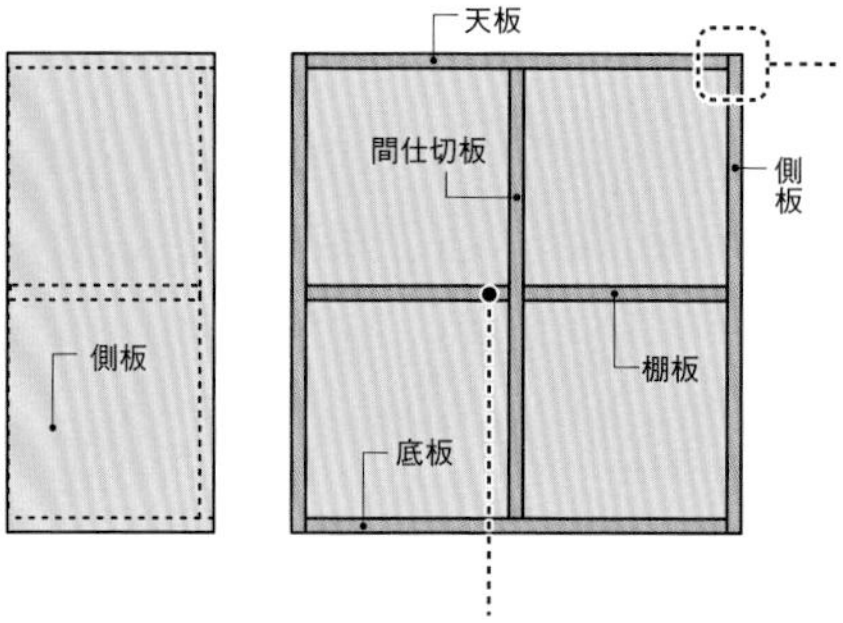

縦材の端部が横材の端部よりも伸びている場合を縦勝ちという。間仕切板と棚板は、縦勝ちが基本形。棚受け材を施せば棚板は可動式にもなる

横材の端部が伸びている場合を横勝ちという。上図は縦勝ちだが、本などの重量物を収納する場合は、間仕切板に棚板を載せて強度をもたせる横勝ちにするとよい

> 化粧天板を載せる場合

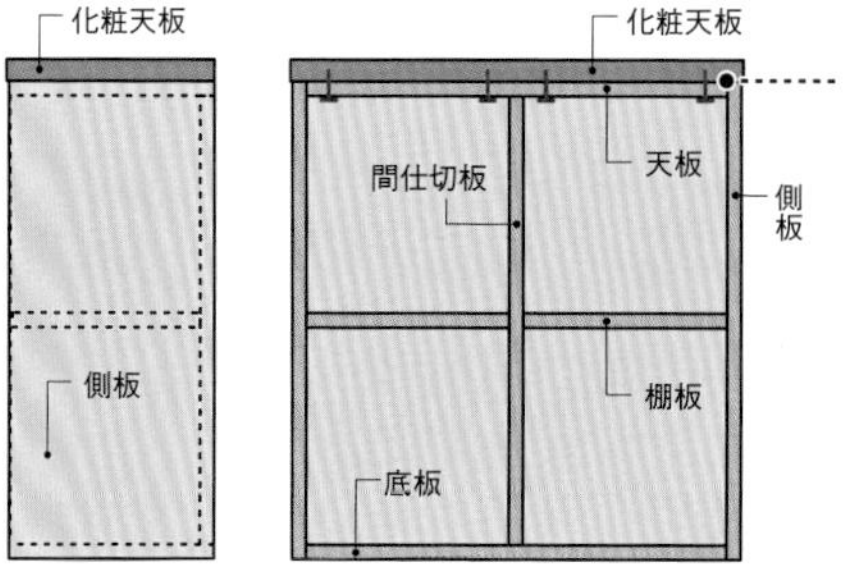

横勝ちの天板は、固定用のビスを天板上面に打つので、ビスが目立つ。化粧天板を2重にして、縦勝ちで下側の天板を固定し、その上に化粧天板を載せて下面からビスを打つとよい

「チリ」でワンランク上の仕上がりに

側板と天板など縦材と横材の端部の納まりには、ぴったり納める面一（つらいち）と、どちらかが飛び出るチリ付けがある。面一のほうがすっきり見えるが、難易度がかなり高い。チリを取るのが基本だ。

＞チリの基本形

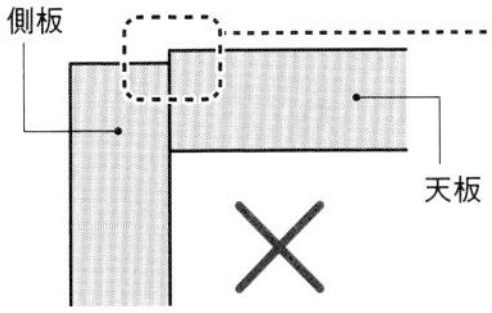

側板と天板の端部を面一にしようとすると、固定する際に天板がずれ上がりやすく、見た目が悪くなる

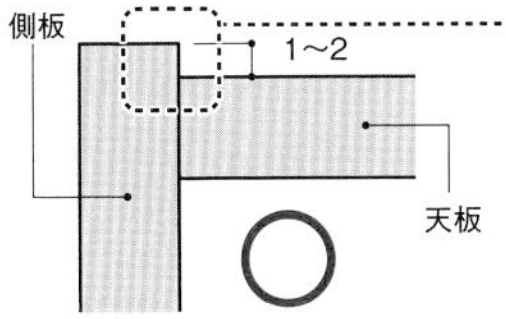

側板を1〜2㎜伸ばして計画すれば、天板がずれてもあまり気にならない

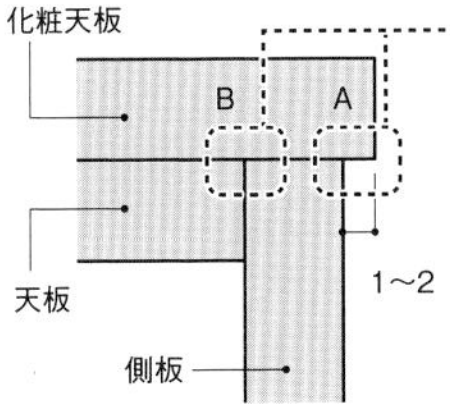

化粧天板の場合は、化粧天板を側板よりも1〜2㎜伸ばす［A］。天板と側板の仕上げ面［B］が多少ずれても目立たない

＞ワンランク上のチリ

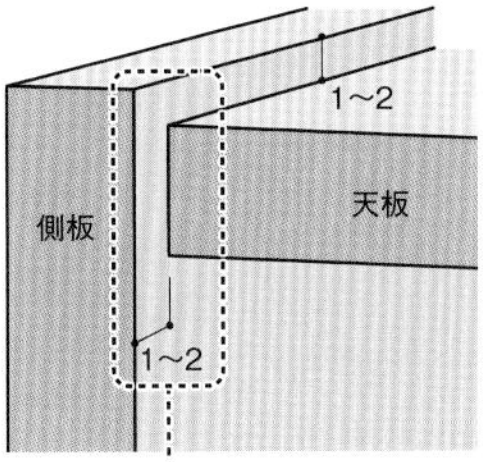

側板と天板は、奥行き方向にも1〜2㎜のチリをつけると納めやすい。縦材が強調されてシャープな印象にもなる

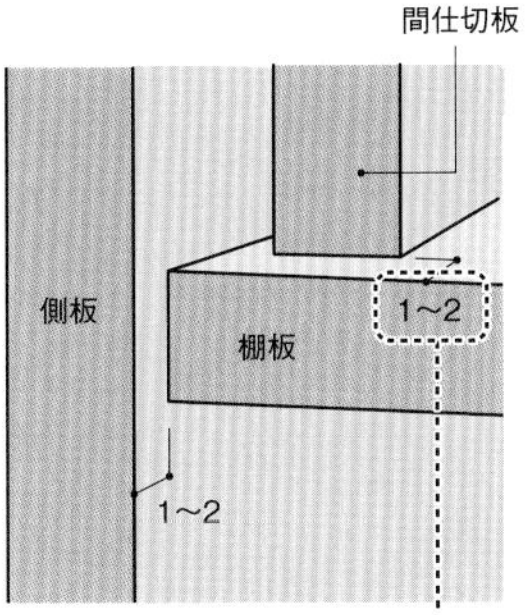

棚板と間仕切板の奥行き方向に1〜2㎜のチリをつけるときれいに仕上がる。横勝ちの場合、側板と棚板、棚板と間仕切板のあいだにチリができるので、各材の奥行き寸法が異なる。木取りの際は要注意

解説：松原要

「小口」はテープで見栄えよく仕上げる

小口《こぐち》とは、木材の繊維方向と垂直方向に切った切断面のこと。小口には、樹種に応じた小口テープを張る。塗装仕上げの場合でもテープを張っておくとよい。平滑に仕上がりにくい繊維断面なども塗装しやすく、見栄えもよくなる。

> 小口テープを張る部分

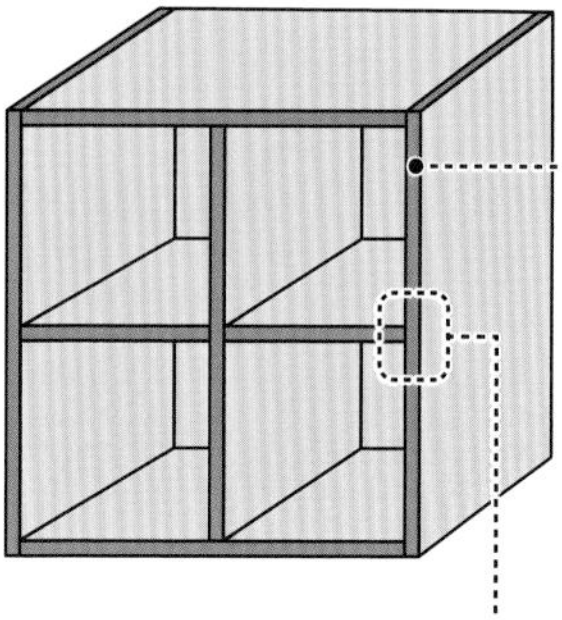

家具を組み立ててから小口テープを張る方法もあるが、小口テープの突き合わせ部分などでは面取りができずしっかり押さえられないため、あとで剥がれてくることも。前もって小口テープを張り、部材ごとに面取りをしてから組み立てることをお勧めしたい

組み立ててから小口テープを張る場合、横材と縦材が接する部分は、テープどうしのあいだに隙間ができないように注意して、部材ごとに小口テープをカットする

> 小口テープの上手な張り方

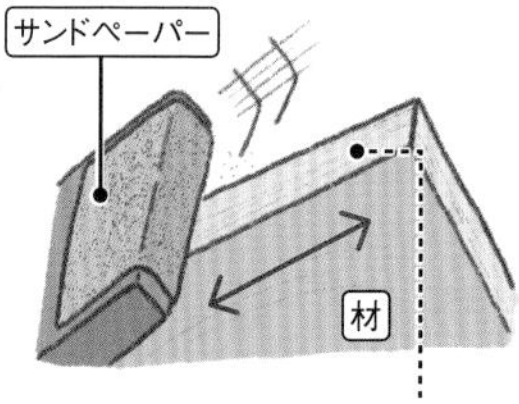

小口に凹凸がある場合は、#100〜120程度のサンドペーパーで平滑にし、削りくずやほこりは丁寧に除去する

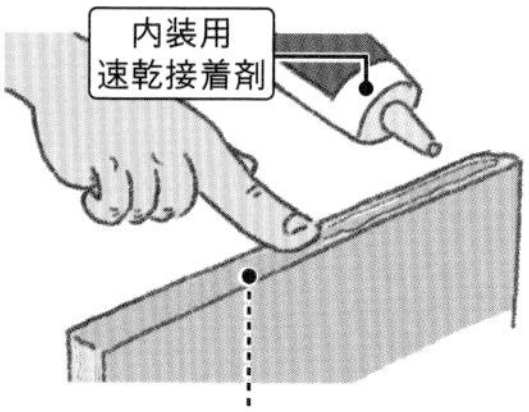

小口全体に、仮留めと剥がれ止め用として内装用速乾接着剤を指で薄くのばして塗る。指につかなくなるまでオープンタイム（数分程度の待ち時間）を取る。小口テープを張り、強く押さえる

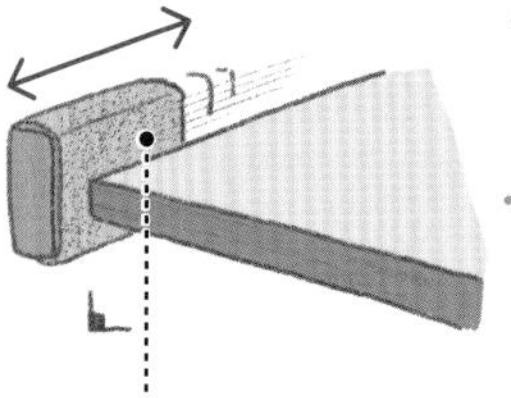

小口に対して水平に、サンドペーパーを大きく動かして研ぐ

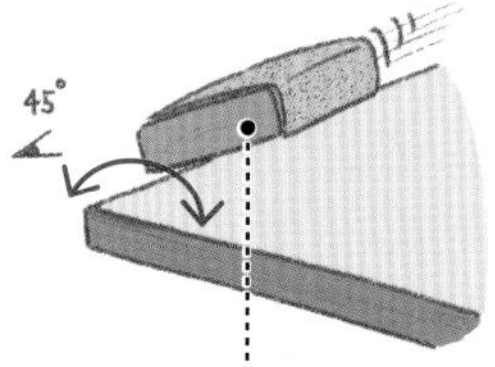

徐々に角度をつけながら角部分を丸く仕上げていく。角を指で触り、引っ掛かりがなくなるまで面取りをする。面取りによりテープがはがれにくくなり、見栄えも格段によくなる

「面取り」で美しく安全に

木材の角には小さな傷やささくれが生じやすい。傷の発生を防ぎ、人が触れたとしてもけがをしないように、家具の端部を面取りしておく。

> 面取りを行う部分

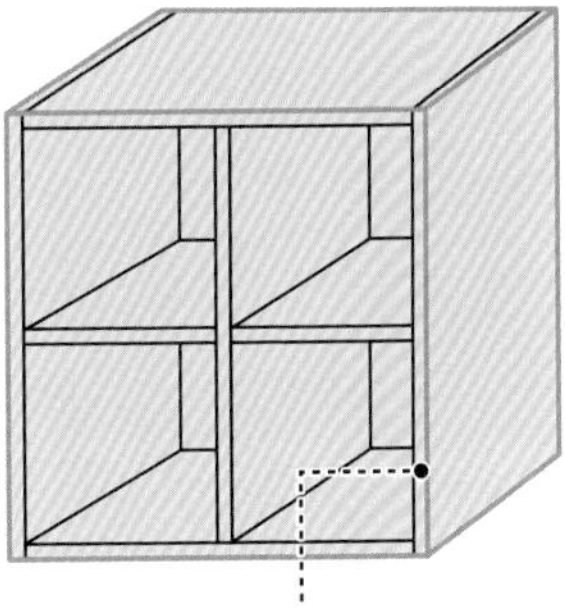

手が触れる部分は面取りをしておく。塗装仕上げの場合も、角部の塗装は剥がれやすいので、面取りをしておくとよい

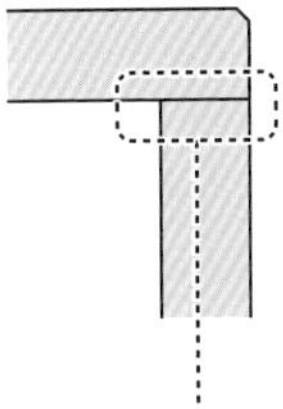

小口テープが接する部分も後で剥がれないように、組み立て前に面取りをしてテープを押さえておく

> 面取りの方法

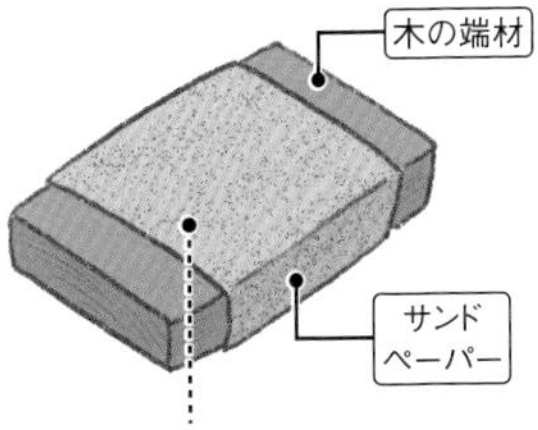

面取りを均一な仕上げにするため、サンドペーパーは木の端材に巻くなど、握りやすいブロック状にして使うとよい[153頁参照]

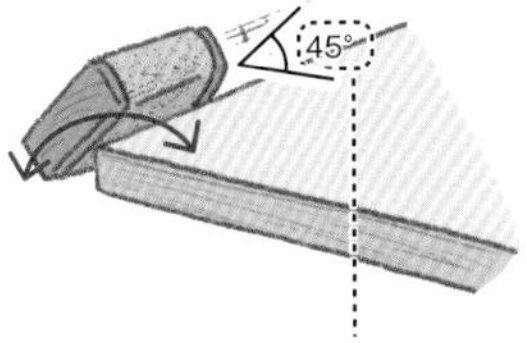

木材をしっかり押さえ、木の角に対して45°にサンドペーパーを当てて研ぐ。木目に沿ってサンドペーパーを動かしながら、材の面と小口を、曲面を描くように動かすとよい

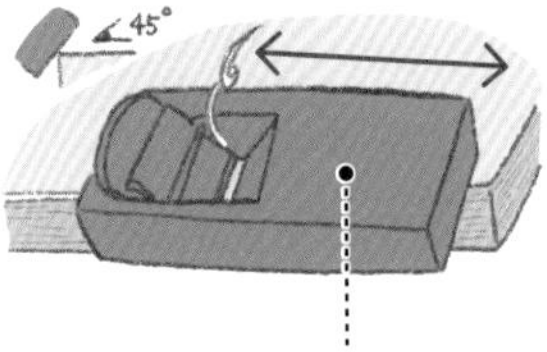

集成材の場合は、鉋《かんな》で粗削りしたあと、サンドペーパーで仕上げるとよい

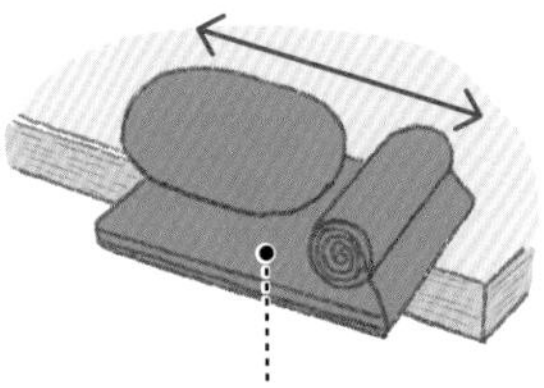

初心者からプロまで幅広く使えるサンドペーパーとして、「スティキット　サンディングブロック」(3M)がお薦め。番手は＃100、＃120が使いやすい

解説：松原要

猫家具の安全な接合方法を知る

接合方法の選択は、安全性や意匠性を高める要となります。部材の正しい接合方法をマスターすれば、耐荷重や安定性を確保でき、見た目にも美しい仕上げとなります。

基本の接合部材の種類と特徴

猫家具のDIYでは、基本的にスリムビス（木ビス）を使用する。猫の体重や、飛び乗った際の衝撃に耐えうる強度を手軽に実現できる。設計に応じて、釘やコーススレッドの活用も検討する。

> 接合部材の選び方

木材固定に適した木ビスの一種であるスリムビスを使用するのがお薦め。ビスの長さは固定する材料の厚さ＋30㎜程度を選ぶ。スリムビスの長さは45、50、55㎜などがあるが、長さ55㎜以上のビスは径が太くなるため、細い部材の接合には注意が必要。ビスが太いほど緊結の強度も高まるので、荷重のかかり方に応じて適切に使い分ける。キッチンや洗面所に置く家具の場合はステンレス製のスリムビスを、それ以外の場所に置く家具の場合は鉄製のスリムビスを使う

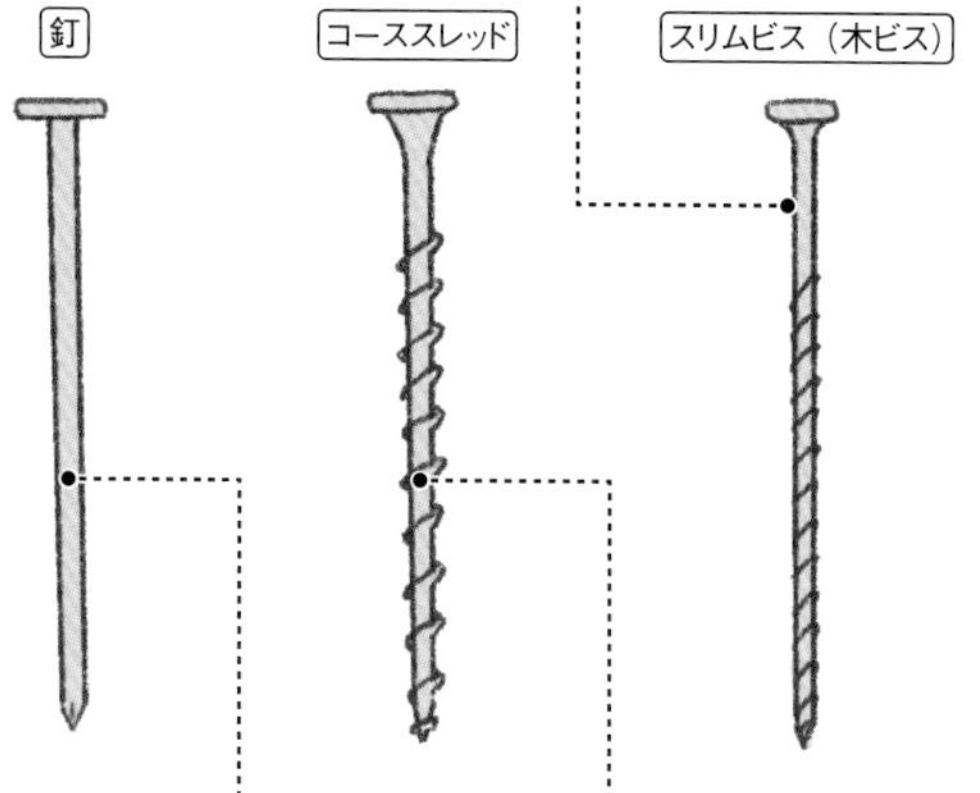

釘は時間がたつと抜けていき、材どうしが離れてしまうので、家具の接合には基本的に向かない。水平方向の力に強いので、建物の外壁の下地などに使用される

コーススレッドもビスの一種。耐久性が高く、打ちやすいため、多くのビスを打つ大型家具などで使用を検討したい。作業性の高さから建設現場、特に下地造作での使用頻度が高い

正しいビスの選び方

ビス形状は半ねじと全ねじの2種類に大別され、接合箇所の状態に応じて使い分ける。ねじ頭の形状は仕上がりを左右するため注意する。

> 全ねじと半ねじの使い分け

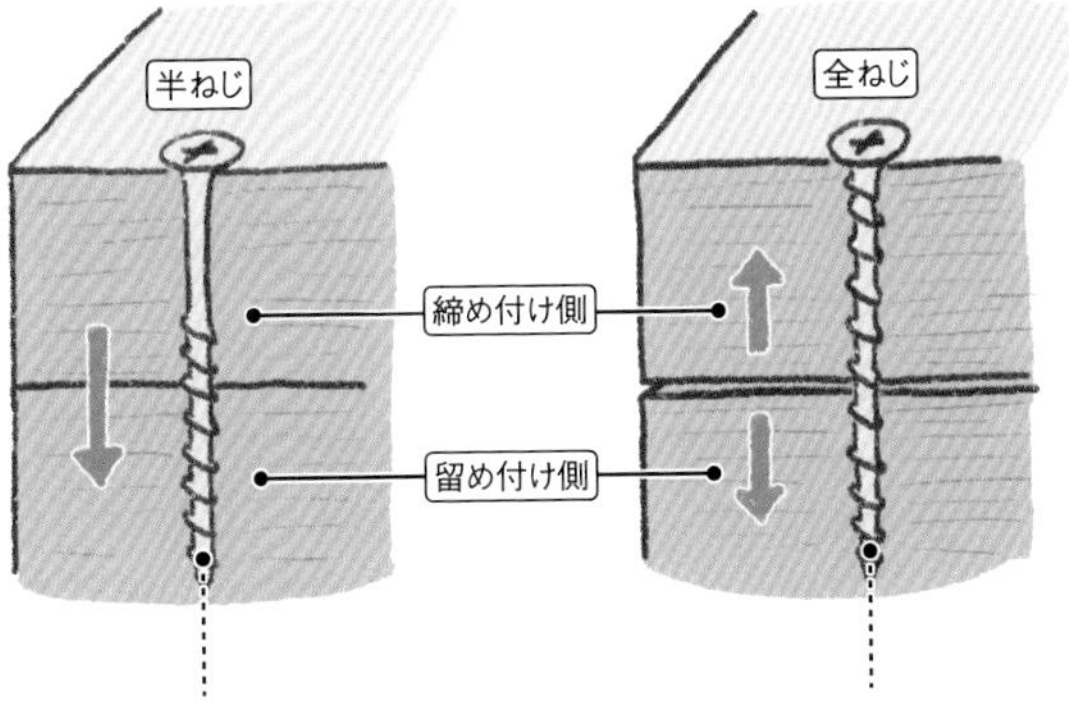

半ねじは先端から中程までねじ山が切られたもの。締め付け側の材料を空回りさせ、留め付け側の材料に密着接合できる

全ねじは薄い木材や金属を取り付ける際に使う。材が反発するため木材どうしの接合には向かない。すでに固定された木材の強度を高める目的で使用することも

> ビスの頭部形状

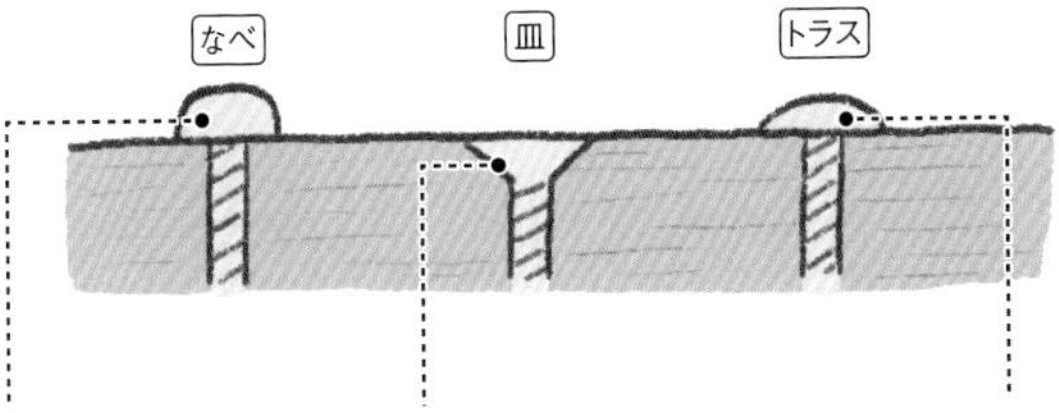

鍋を逆さにしたような頭部形状で、接合部材の上に頭が残る仕上がりになる。小ねじに多くみられる。小ねじとは、呼び径（ねじ部の径）が8mm以下の比較的小さなねじのこと

最も使われる頭部形状。接合部材に埋まるのでフラットな仕上がりに。木栓処理[141頁] などを施す場合も皿を使用する

半円形の頭部形状で、材に接する部分が平面のため、よりしっかりと部材を固定できる。装飾用にも用いられる

解説：松原要

下穴をあけて正確に固定する

ビス留め前に、接合部分に下穴錐で下穴をあけておくと、部材どうしを確実に固定できる。また、ビスの2度打ちでも同等の効果がある。

> 基本の留め方

①

錐《きり》の径はφ3㎜程度が目安。ビスの径より大きくなるとと空回りして固定できないので注意する

下穴は留め付け側の部材まで通す。目安として打つビスの7割程度の長さまで通すことが望ましい

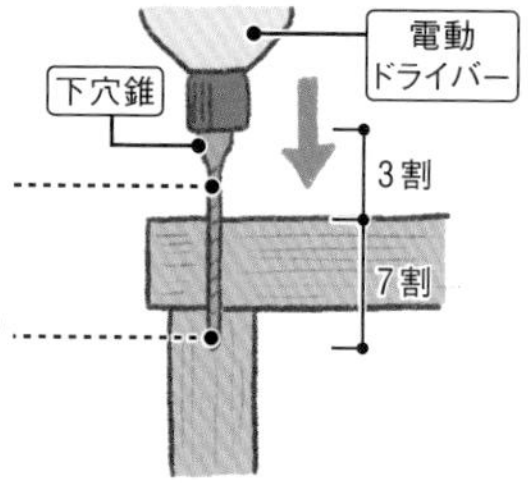

②

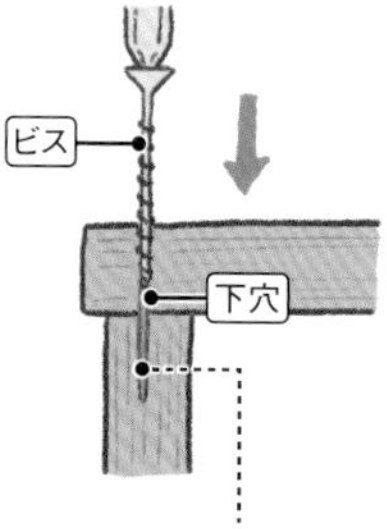

下穴をあけることでビスが入りやすくなるだけでなく、ビスの反発による締め込み側部材の浮き上がりを抑制できる。半ねじの効果をより高め、ビスのコントロールが容易になる

③

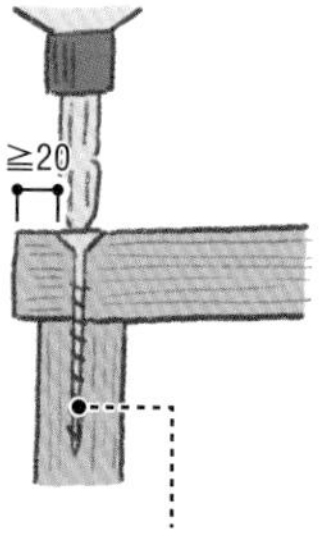

下穴をあけておけば、接合部材の割れが生じにくくなる。硬い材や細い材は必ず下穴をあけてから接合する。無垢材や集成材は割れやすいので打込み位置は材の端部（端から20㎜程度）をなるべく避ける

> スリムビスの2度打ち

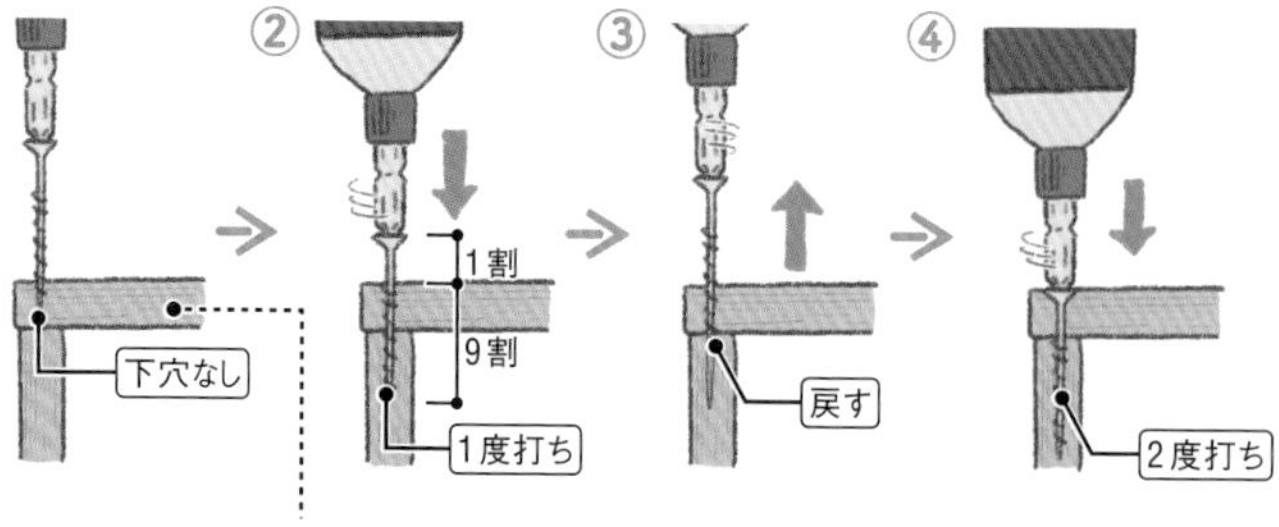

下穴錐がない場合は、「2度打ち」で部材の浮き上がりを抑制できる。これは、ビスを9割程度打った後、ドライバーを逆回転させて1度ビスを戻し、再度打つ加工手順のこと。最初にビスを入れた際の穴が下穴の役割を果たし、しっかりと接合される

木栓処理でより自然な風合いに

木栓《もくせん》（ダボ）とは、ビス頭を隠したり、可動棚を支えたりする目的で使用される3㎝程度の円柱状の材。木栓処理は、接合部のビスを木栓で隠すテクニックだ。ビス頭が隠れるので、無骨な印象になるのを避けられる。

> 木栓処理の流れ

①

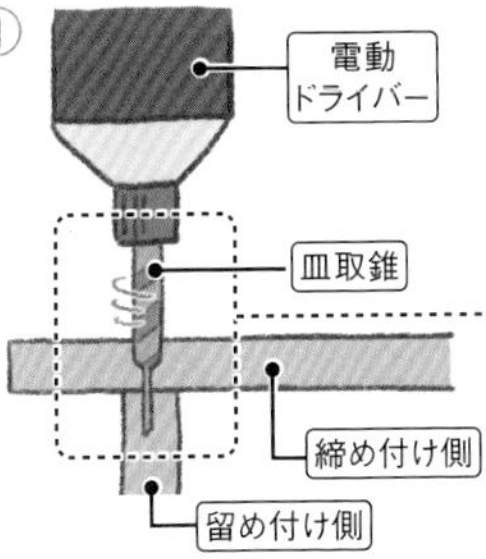

ビスを締め付け側の材の厚さ1／3くらいまでダボ穴をあける。皿取錐を取り付けた電動ドライバーで彫り込む

②

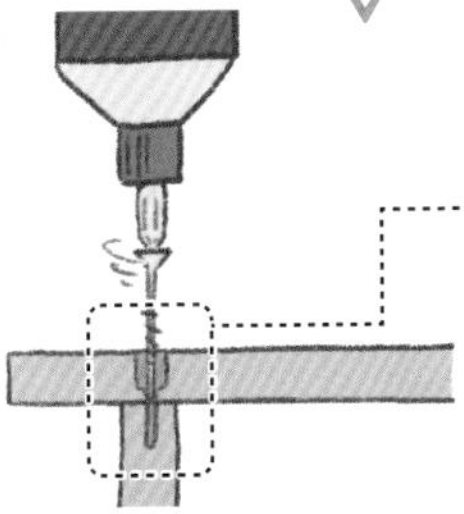

ダボ穴から下穴錐でビスの7割程度の長さまで下穴をあける。そこにビスをダボ穴の底面までしっかりと打つ

③

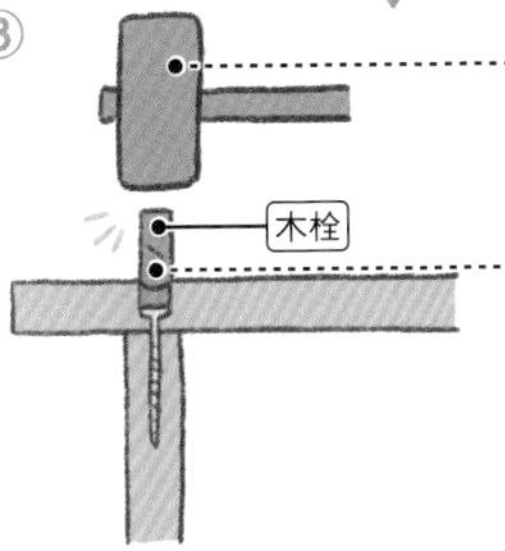

木栓を金づちや木づちなどで確実に奥まで入れる。ビスに当たると音が少し高くなるため、そこまでしっかりと打ち込む

木栓を締め付け側の材（または同じ樹種）から切り出すと、木栓が目立たず美しい仕上がりとなる。切り出した木栓の場合、木栓の木目を締め付け側の材の木目にそろえるとより自然になる

④

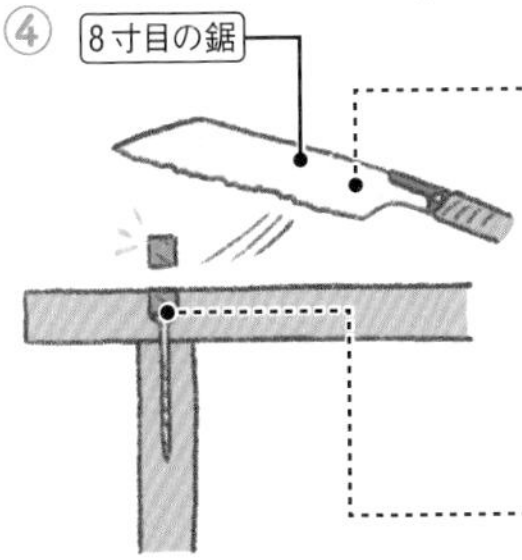

アサリ（鋸の鋸身よりはみ出た刃の先端の開き）のない鋸や8寸目の鋸［150頁参照］を用いて余分な木栓を切り取る。力を抜いて材の表面をすべらせるのがポイント。切り終わりの反動で、鋸が自分の手に当たらないよう注意する

表面をサンドペーパー＃120で磨き、木栓を締め付け側の材になじませる。異なる樹種を木栓に用いる場合は、木材保護塗料［145頁参照］などを塗ると風合いがよくなる

解説：松原要

さまざまな種類の蝶番を使いこなす

扉がある家具は、蝶番の選び方がポイント。取り付け方や構造だけでなく、見た目にも差が出るので注意する。特にスライド蝶番は3種類あり、扉に取り付ける位置がそれぞれ異なるので、デザイン性や使い勝手に応じて選択しよう。

> 代表的な蝶番の種類

平蝶番

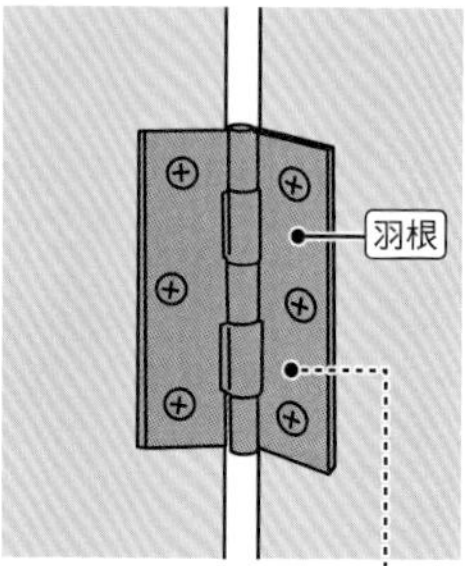

最もシンプルな蝶番。羽根部分が2枚重なるため、単純に接合するだけでは、蝶番を閉じたとき、部材の間に隙間ができる。両方の接合面を蝶番の羽根の厚さ分彫り込むと、隙間なく開閉できる

フラッシュ蝶番

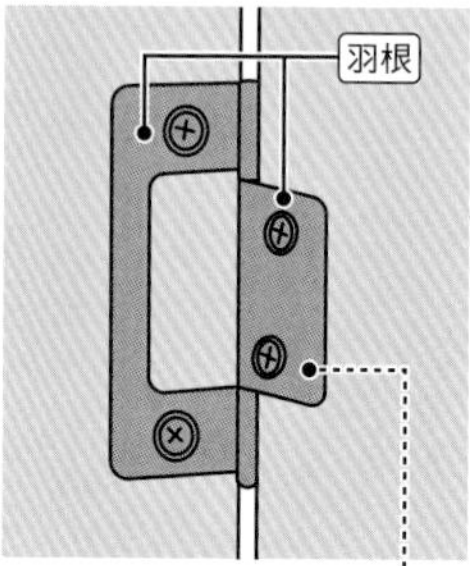

羽根部分が重ならない蝶番。重なる羽根の厚さが1枚分になるため、平蝶番より閉じたときの隙間が小さい。隙間を完全になくしたい場合は、大きいほうの羽根の接合面を羽根の厚さ分彫り込むとよい

抜き差し蝶番

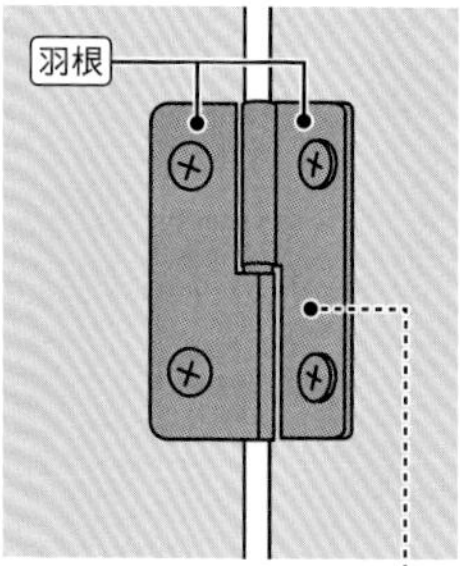

扉を持ち上げることで、取り付け後も扉の取り外しができる蝶番。扉側と固定側の羽根を分離できるため、吊り込み作業がしやすく、取り換えなどのメンテナンスにも適している

スライド蝶番

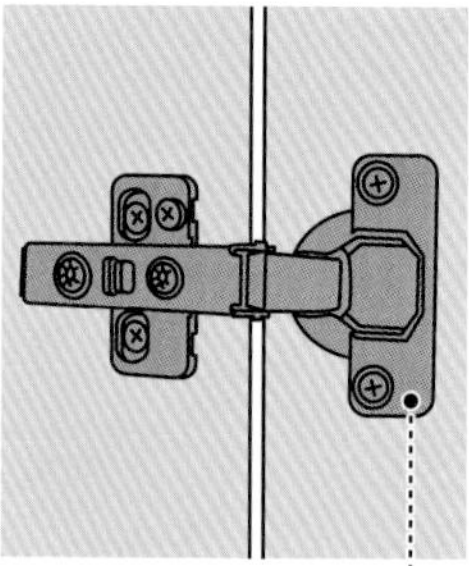

扉の内側に電動ドライバーなどで座彫り穴をあけて取り付ける。羽根がスライドして重ならないので、接合面の隙間が生じない。開き方は3種類［左頁参照］。扉の位置が変わるため、設計時および購入時に注意

> 平蝶番の取り付け方

①

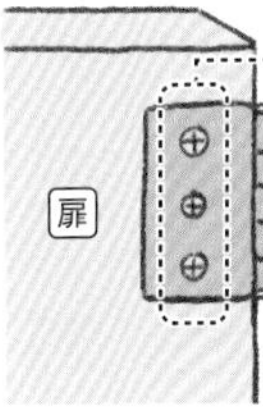

扉に蝶番の位置を墨付けし、下穴錐で下穴をあけてからビスで留める。ビスは電動ドライバーを低速にして打つか、手動ドライバーで確実に留め付ける

②

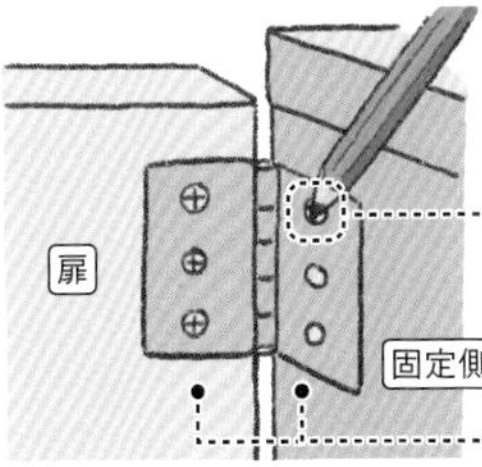

扉を取り付ける。蝶番1つにつき1カ所に墨付けをし、下穴をあけ、ビスで仮留めする

仮留めができたら、一度扉側を閉めて扉が正しく作動するかを確認する。傾斜がついているなど不具合があれば、ビスを外して調節し、蝶番の別の孔から下穴をあけてビスを留める

③

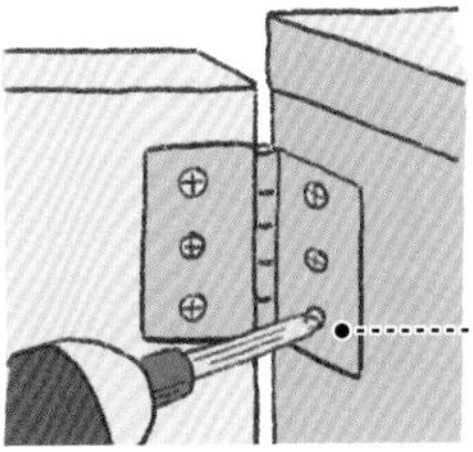

建て付けの確認ができたら、残りの下穴をあけ、ビスですべて留める

> スライド蝶番の種類と扉の納まり

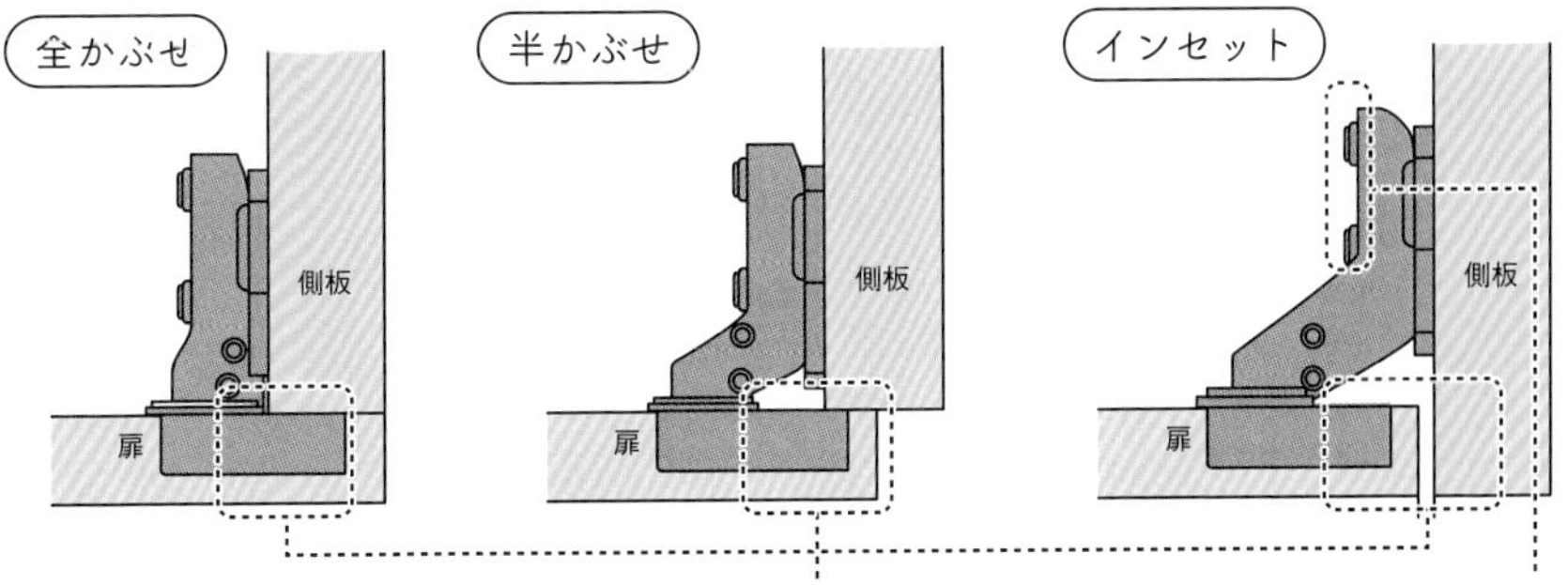

スライド蝶番は側板が正面から見えない「全かぶせ」、側板が半分程度隠れる「半かぶせ」、側板の内側に納まる「インセット」の3種類ある

蝶番の調整用ビスを調節すれば、取り付けた後に扉位置を上下・左右・前後に微調整できる［75頁参照］

解説：松原要

木工用速乾接着剤で接合する

接着剤をビス留めと併用すれば、材の接合強度がより強くなる。組み立て時にビスで留める接合面に塗布し、ビスを補助したり、小口テープの強度を高めたりする目的で使用される。

瞬間接着剤＋硬化促進剤

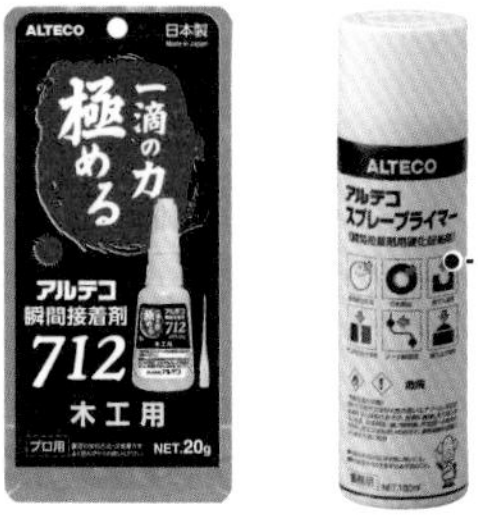

左：「アルテコ712」（アルテコ）
右：「スプレープライマー」（アルテコ）

小型の置物などであれば、瞬間接着剤と硬化促進剤で接合できる。接合面の一方に瞬間接着剤を塗布し、一方に硬化促進剤を吹付けてから接着することで、素早く接合強度が確保できる

内装用速乾接着剤

「ボンド G10」（コニシ）

内装用速乾接着剤は速乾性が高く、初期接着が強力。金属や硬質プラスチックなどとも材を接着できる。接合する材の両面に塗布し、オープンタイム（張り合わせるまで開放しておく時間）を取ってから張り合わせて圧着する。張り合わせる面にもともと粘着性能がある場合は粘着性能がない片側だけ塗布する

木工用速乾接着剤

「ボンド 木工用速乾」
（コニシ）

木工用速乾接着剤は木工用接着剤に比べて速く乾くので、初心者にも扱いやすい。塗布して材を密着させたら、位置を調整しビスやクランプで固定する。接着剤がはみ出た場合は、乾く前に濡らした布などで拭き取る

材の隙間を埋める・つなぐ

ほこりや水分の侵入・侵出を防ぐ必要がある家具は、塗装後に接合部の隙間をシーリング材などで埋める。

壁用充填材

「ボンド コークホワイト」（コニシ）

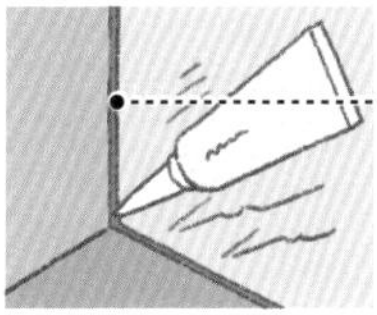

1㎜未満の隙間には壁用充填材で対応する。塗り込んでから濡らした布などではみ出した充填材を取り除くとよい

シーリング材（コーキング材）

「ボンド変成シリコンコークホワイト」（コニシ）

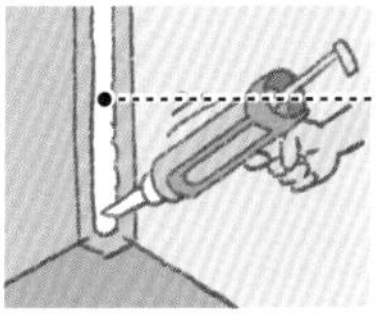

壁用充填材で対応できない1㎜以上の隙間はシーリング材で対応する。隙間が広い場合はバッカ―材（目地底をつくり、シーリング材を補助するポリエチレン発泡体）を隙間に入れ、材料を確実に固着させる。シーリング材が乾燥すると取れなくなるので隙間以外の部分は予めマスキングテープなどで養生し、汚れを防ぐ

木材保護塗料の選び方

木製の家具はオイルなどで塗装を施すと耐久性・耐候性が高まるとともに、よい質感の家具となる。塗料は猫にも人にも安全な自然塗料がお薦め。

自然塗料なら猫にも安心

「オスモカラー」（OSMO＆EDEL）は植物油と植物ワックスからできており、動物にも安全な塗料である。浸透性なので、よく材になじむだけでなく、木の調湿機能を損なうこともない

木材保護塗料の塗り方

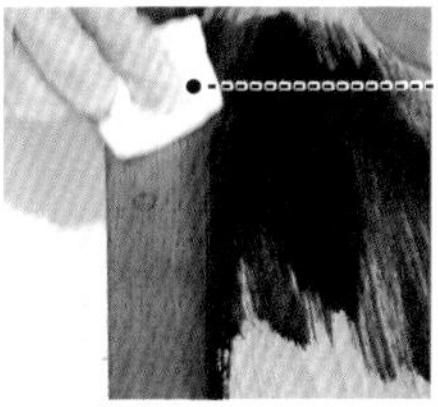

刷毛で塗料を材の上にざっと塗り、ウエス（布）で拭きながら染み込ませる

↓

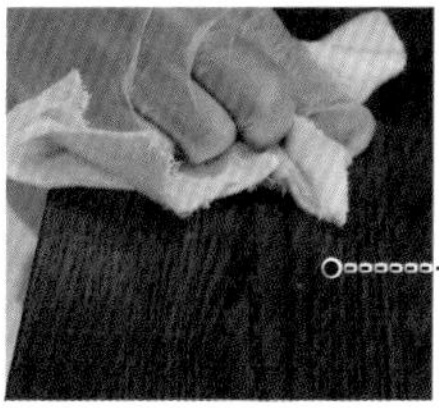

ある程度塗布した後、からぶき用のウエスで強めに拭き、余分な塗料を除去する。塗料のムラを防ぎ、きれいに仕上げられる

解説：松原要

徹底解説！
DIY工具の使い方

家具を美しく仕上げるには、工具をうまく使いこなすことが大切です。基礎をしっかり押さえれば、あとは練習あるのみ。正しい扱いをマスターして、理想の家具をつくりましょう！

―測る―
メジャーで正確に測定を

寸法測定に必要不可欠なメジャー。DIY用ならば3.5mまたは5.5m巻きの製品が適している。家具づくりには自分が扱いやすい軽さを基準に選ぶとよい。

> メジャーの選び方

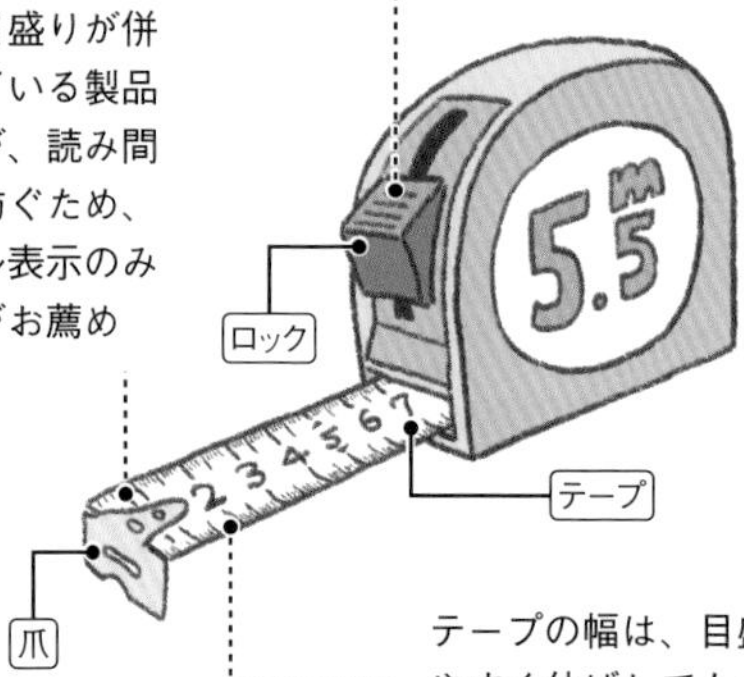

尺相当目盛りが併記されている製品もあるが、読み間違いを防ぐため、メートル表示のみの製品がお薦め

引き出したテープをロックして固定できる機能のある製品のほうが、作業しやすい

テープの幅は、目盛りが読みやすく伸ばしてもへたれにくい25mm程度のものがよい

> 測り方

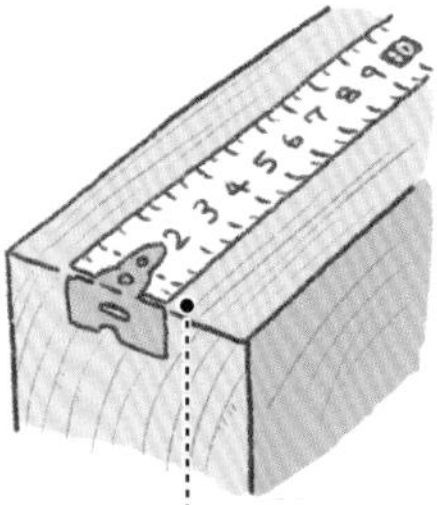

先端の爪を材に引っ掛けて測る。内法を測る際は爪を材に押し当てて測る

手が届かない天井高さなどを測るには、爪の外面を床に当て、テープを繰り出しながら天井に押しつけるようにして測るとよい

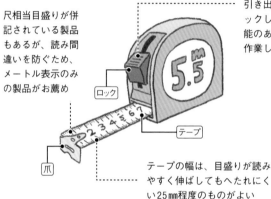

墨付け

墨付けは曲尺におまかせ

寸法の計測、直角の確認、墨付けなど、さまざまな用途に重宝する曲尺《かなじゃく》。組み立て時の間違いを減らすため、ビスの位置や切り落とし線などは細かく墨付けをしていこう。

長手側の安定する位置を持ち、妻手の外側に合わせて墨付けをする

墨付けには鉛筆や専用の墨付けシャープペンシルを用いる

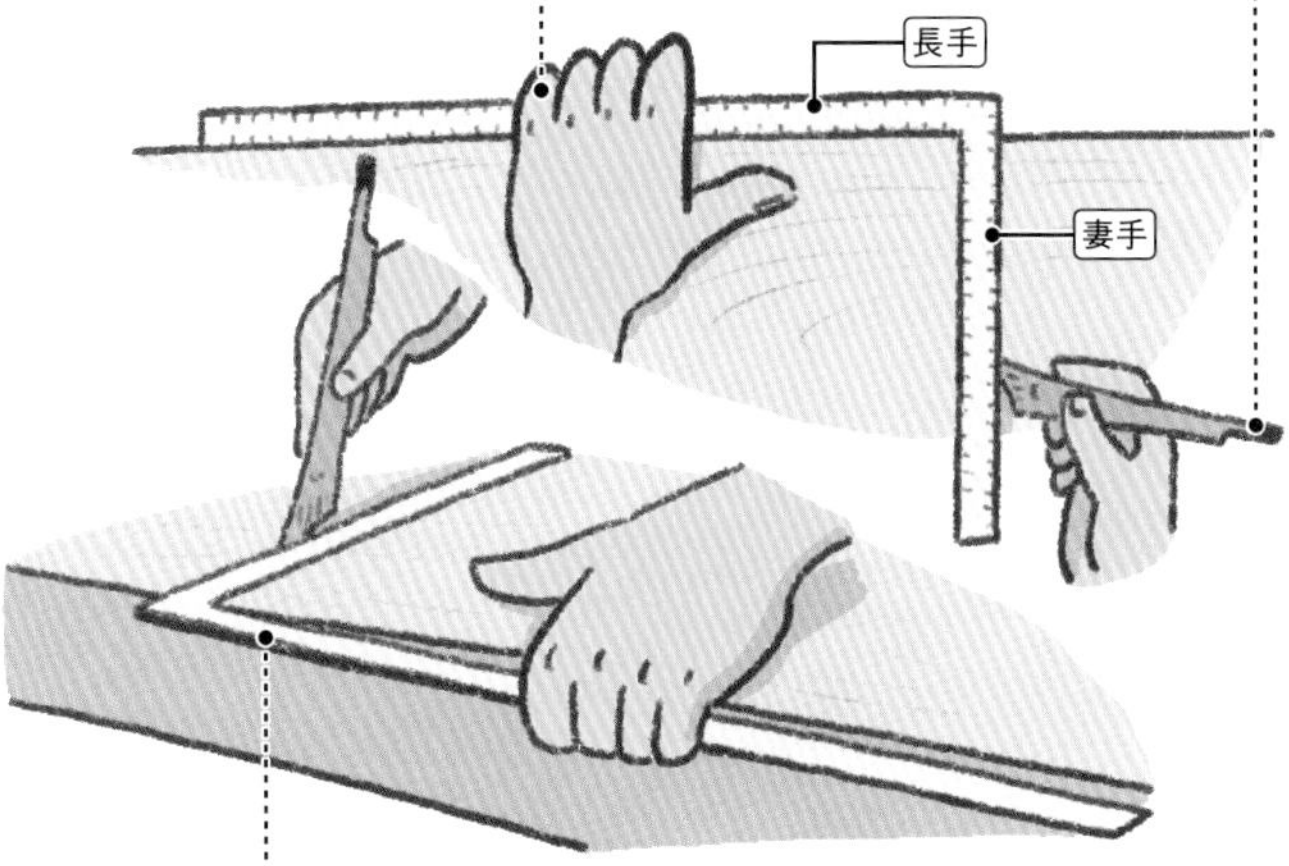

材の端部に曲尺を掛ければ、小口に対して垂直に墨付け線を引ける。ただし、小口の断面が斜めだと垂直が出せないので注意

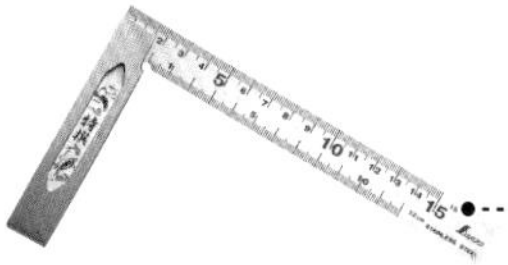

写真提供：シンワ測定

妻手部分に厚みがある完全スコヤは、直角に精度が求められる場合に使う

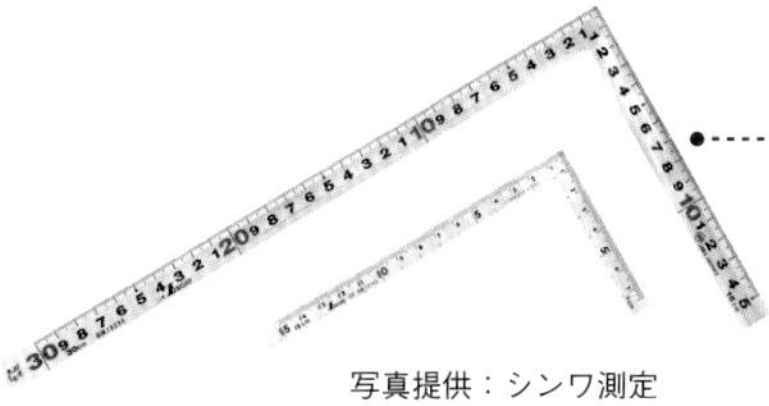

写真提供：シンワ測定

曲尺は、小回りのきく小型（15㎝）のものと、大きな材の墨付けに便利な大型（30㎝）のものを併用するとよい。DIYには裏表ともセンチ表示の製品が適している

解説：松原要

—留める・あける— 電動ドライバー

ビス留めや穴あけが簡単にでき、DIYに欠かせない電動ドライバー。先端のビットを付け替えて、さまざまな用途に活用してみよう。

> 電動ドライバー

電動ドライバーは作業時の反動が小さいので、初心者向け。インパクトドライバーよりパワーは劣るが、DIYなら電動ドライバーで十分

押すことで正回転・逆回転が切り替わる。ビスを抜き差しして2度打ち［140頁参照］する際に使用

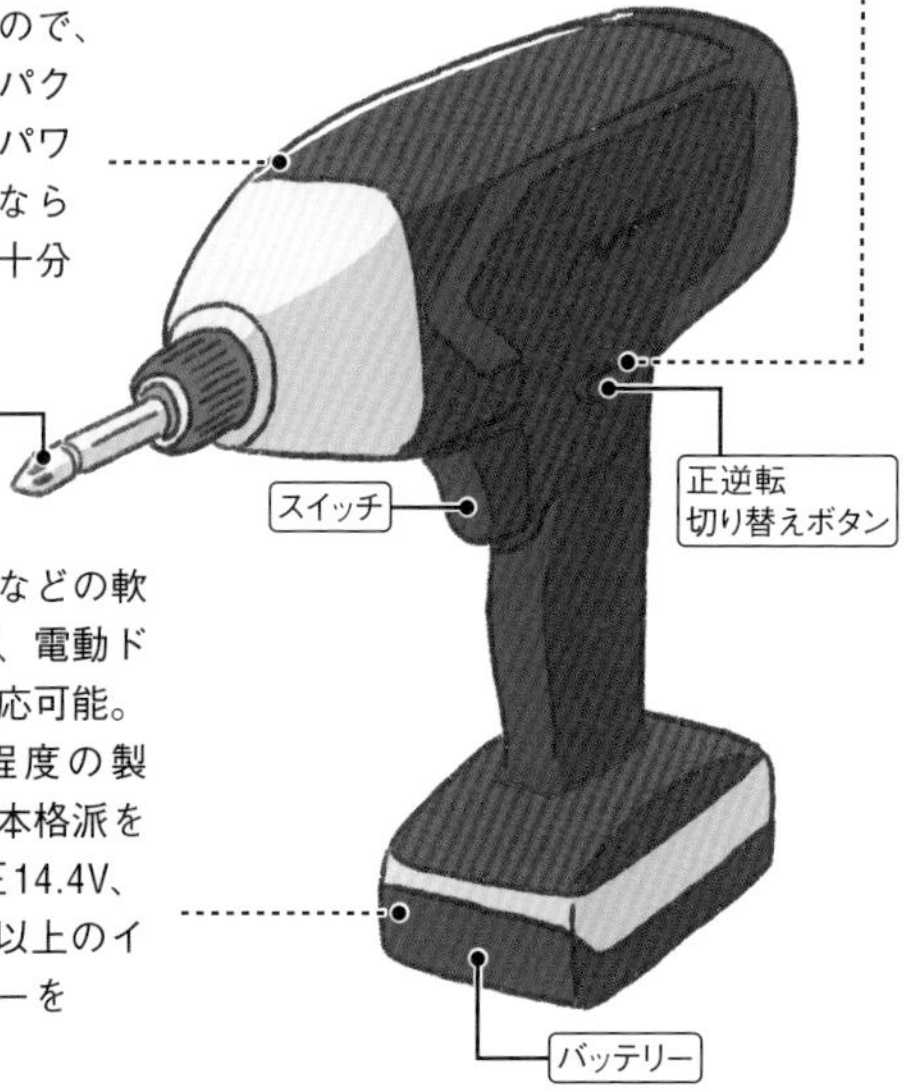

ラジアータパインなどの軟らかい材であれば、電動ドライバーで十分対応可能。電圧7.2〜10.8V程度の製品を選ぶとよい。本格派を目指すなら、電圧14.4V、アンペア数6.0Ah以上のインパクトドライバーを

> インパクトドライバー

インパクトドライバーは電動ドライバーの一種。内蔵されたハンマーがドリルの回転に打撃も与えるので、強力。木材が硬い場合に便利だが、反面、初心者には扱いが難しい。室内での使用には、低騒音型のオイルパルス式がお薦め

> バッテリーは使いまわせる

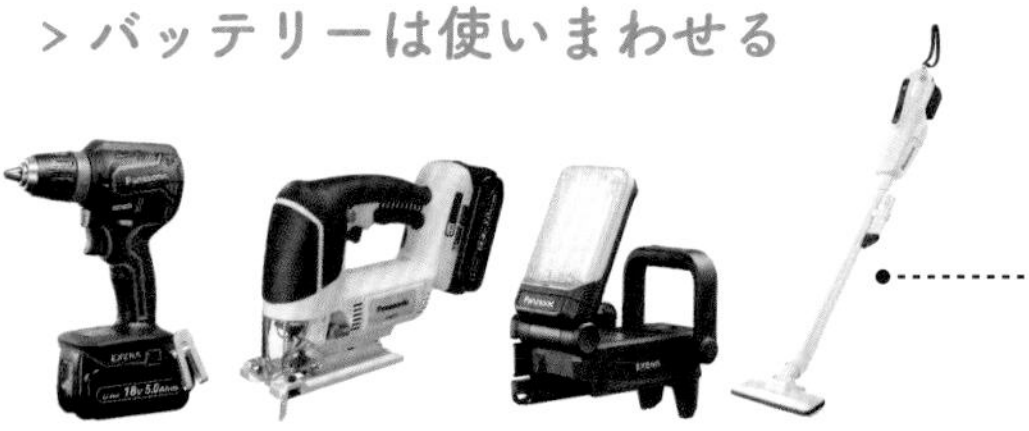

電動工具を一式買いそろえるのなら、同じメーカーの製品で統一するとバッテリーを使いまわせて便利

写真提供：パナソニック

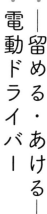

> ビットの種類

ビス留め用ドライバービット

ビス留めにはビス留め用のビットを装着する。通常は長さ65㎜のビット、ドライバーが入らない場所はロングビットまたはロングビットホルダーなどを用いてビットの長さを延長する

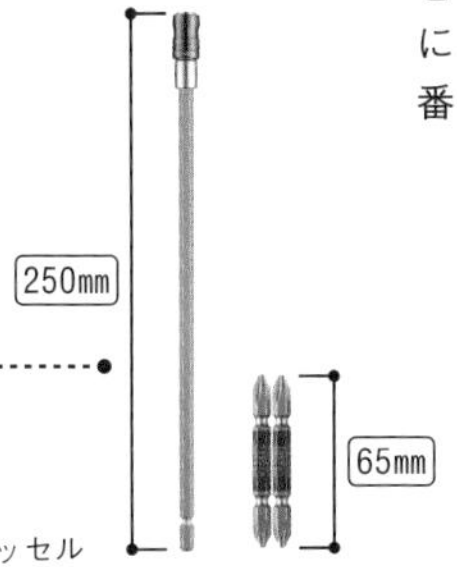

写真提供：ベッセル

ビットは使うビスのネジ穴サイズによって使い分ける。DIYには1番と2番を用意しておくとよい

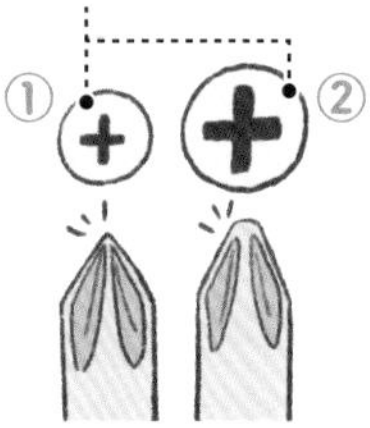

下穴錐

ビス径3.3㎜のビスの下穴あけ[140頁参照]には刃径3㎜の下穴錐《したあなきり》を使う

皿取錐

皿取錐《さらどりきり》は、下穴あけと皿取り加工が同時にできる。皿取錐で下穴をあけると、ビス頭を材の表面よりもへこませることができる。ビスの周りにバリが出ず、きれいに仕上がる

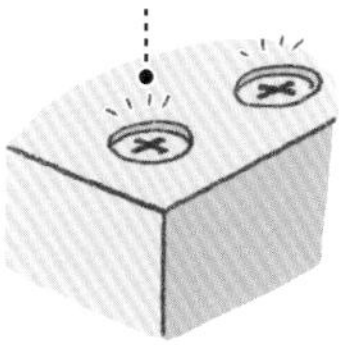

ドリルビット

ドリルビットは材に貫通孔をあける際に使用する

写真提供：スターエム

> ビス留めのやり方

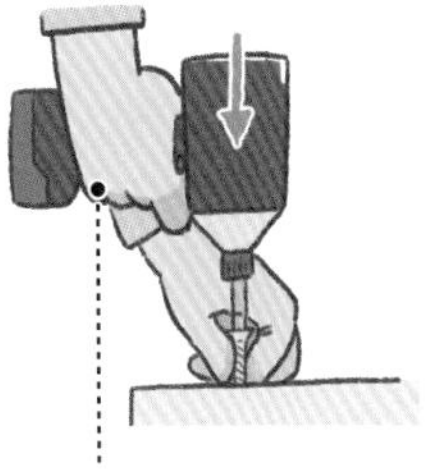

最初はスイッチを軽めに引き、遅い回転速度からビス留めを始める。ビスが材に入るまでは、空いているほうの手でビスを支える。巻きこまれ防止のため、軍手をしたままの作業はNG

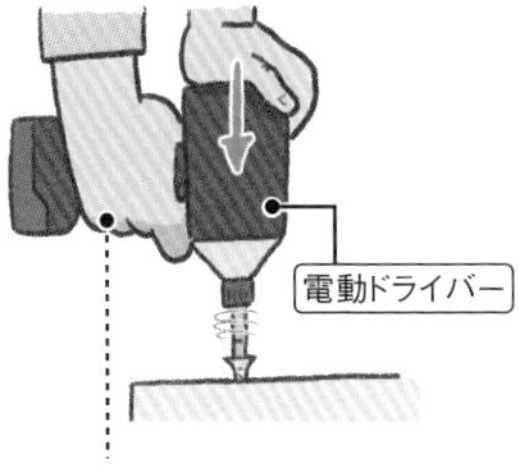

ビスが材に入っていくと反発するので、もう一方の手でドライバーを上からしっかり押さえる。ビスが入り始めたらスイッチを引き、徐々に回転速度を上げる。最後は手動ドライバーで増し締めをするが、インパクトドライバーなら増し締めは不要

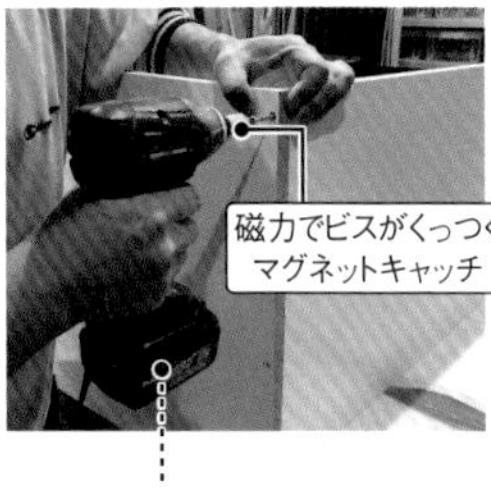

ビスに押し込む力が伝わるよう、ドライバーの角度は材に対して垂直に。硬い材は反発が強いので、反対側の手で材をしっかり押さえる。ビスが曲がって入らないよう、ビットの先をよく見ながら留めていく

解説：松原要

加工は鋸で —切る—

材の直線切り出しはカットサービス［132頁参照］に依頼できるが、孔あけや角部の加工は自分で行う必要がある。そこで鋸《のこ》の出番。使い方をマスターして、美しい切断面に仕上げよう。

> DIYで使う鋸

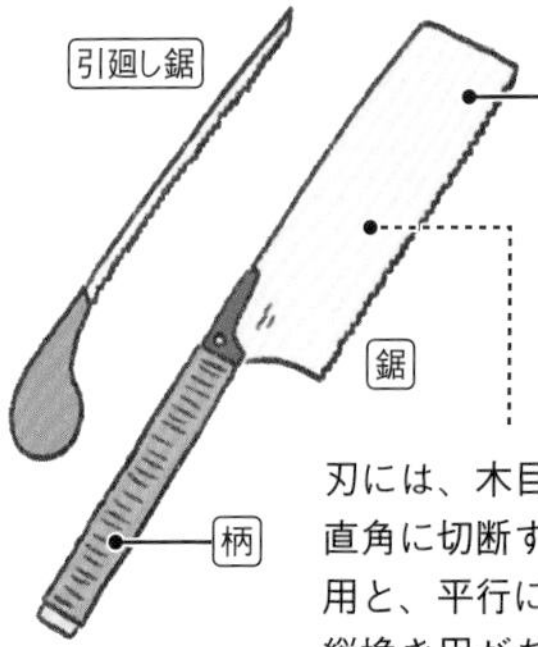

刃には、木目に対して直角に切断する横挽き用と、平行に切断する縦挽き用がある。合板は木目が交互に積層されているため、縦横両用の刃を用いるとよい

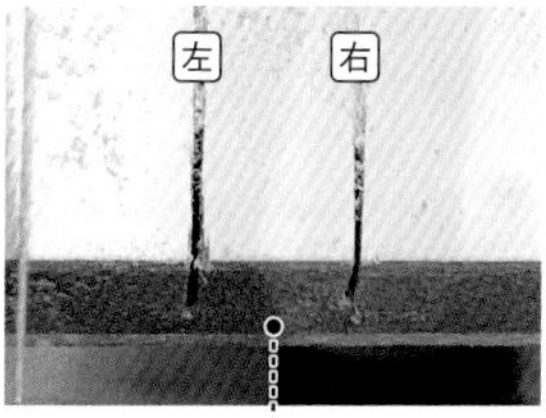

通常の鋸刃の切り幅［左］が0.92㎜に対し、8寸目鋸の切り幅［右］は0.66㎜。8寸目は刃の進みが遅いものの、切断面（小口）にバリが出にくい。切断面が目立つ場合に使用する

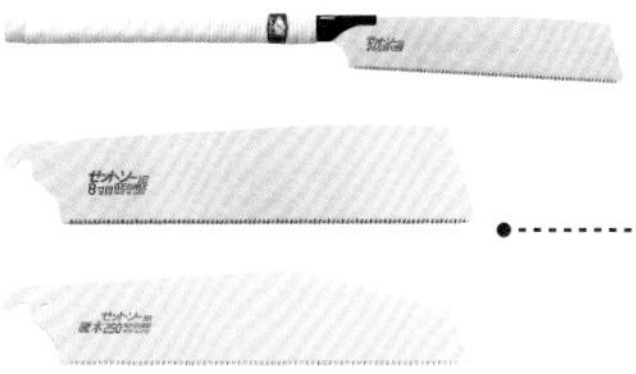

写真提供：岡田金属工業所

鋸は用途によって使い分けられるよう、取り換え刃式のものがお薦め。通常使用の鋸［上］や、仕上げ用の8寸目鋸［中］、タモなどの硬い木を切る硬木用鋸［下］を用意しておこう

> 鋸の基本動作

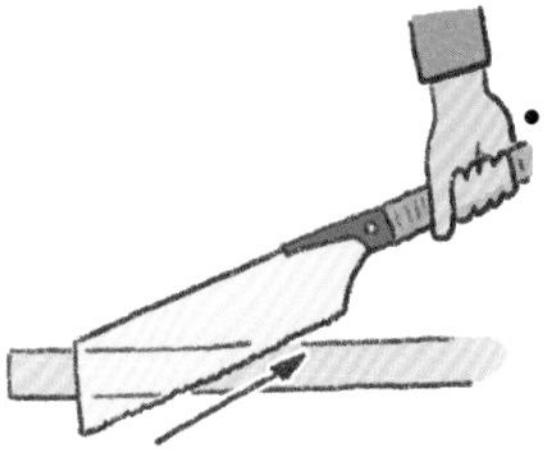

鋸は引くときに材が切れるため、刃全体を大きく動かして切っていく。鋸での作業に慣れるまでは柄の中心あたりを持ち、慣れてきたら柄の後ろのほうを持つとよい。ストロークが大きく作業が進む

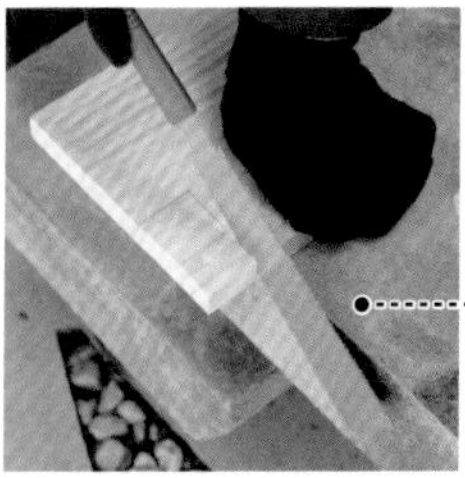

切り落としたいラインを作業台の端部から少しはみ出させ、材をしっかり固定して切り進める

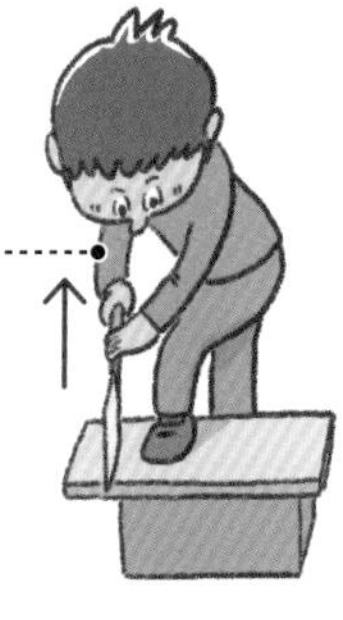

体を少し開き、腕だけでなく肩を使って鋸を引く

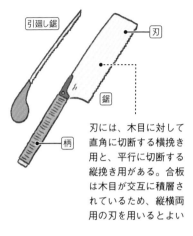

> まっすぐに切る方法

①

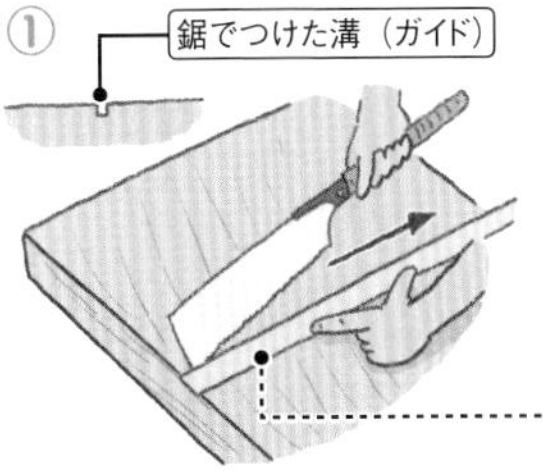

材に引いた墨付け線に合わせて定規を当て、水平に鋸を引く。定規は木材でも代用可能。鋸でつけた溝が、鋸の刃のガイドになる

②

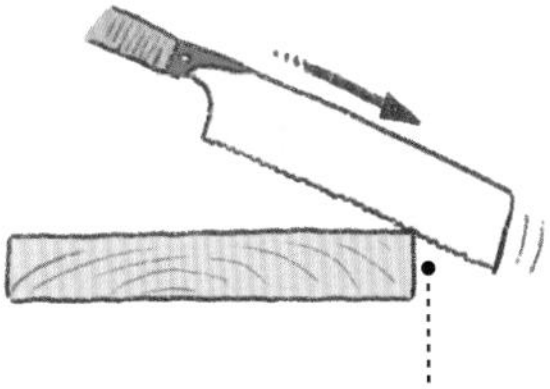

定規を外し、切り始める。始めは水平に近い角度でやさしく押し、切れ目を入れる。こうすると刃が材に引っかからず、失敗しにくい

③

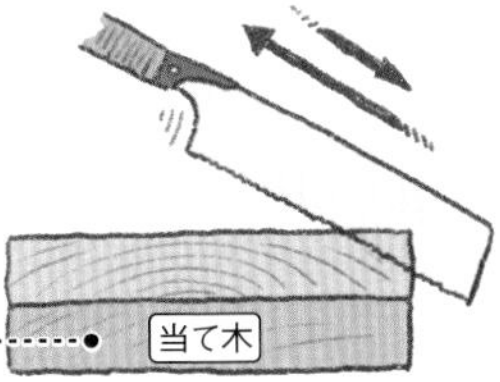

材が薄い場合は下に当て木をし、当て木ごと切り進める。スピードは少し遅くなるが、きれいに切ることができる

> 四角穴のあけ方

①

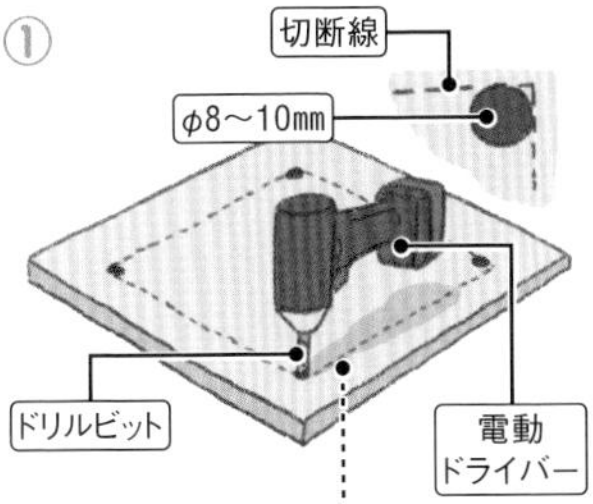

切断線の四隅に、ドリルビットで丸孔をあける。丸孔が切断線より外に出ないよう、ドリルビットを当てる位置に注意

②

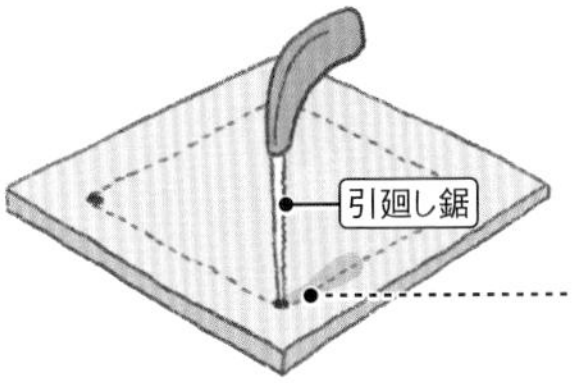

丸孔に刃の細い引廻し鋸を入れ、通常の鋸の先端が入るくらいの深さまで切れ目をつくる

③

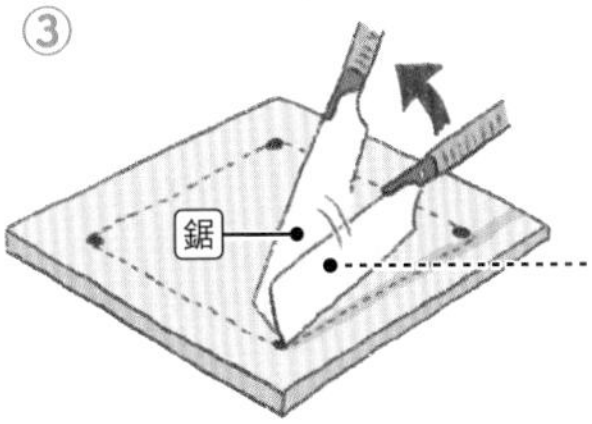

鋸を切れ目から水平に近い角度で入れて引き、少しずつ切れ目を深く広げていく。縦に鋸が入るようになったら、もう一端の孔まで切り進めていく

解説：松原要

磨く
仕上げにサンドペーパー

サンドペーパーは家具づくりの必需品。板面の仕上げや切断面のバリ取り、面取りなどに適切に使用すれば、家具の美しさも安全性も格段にアップする。

> サンドペーパーの選び方

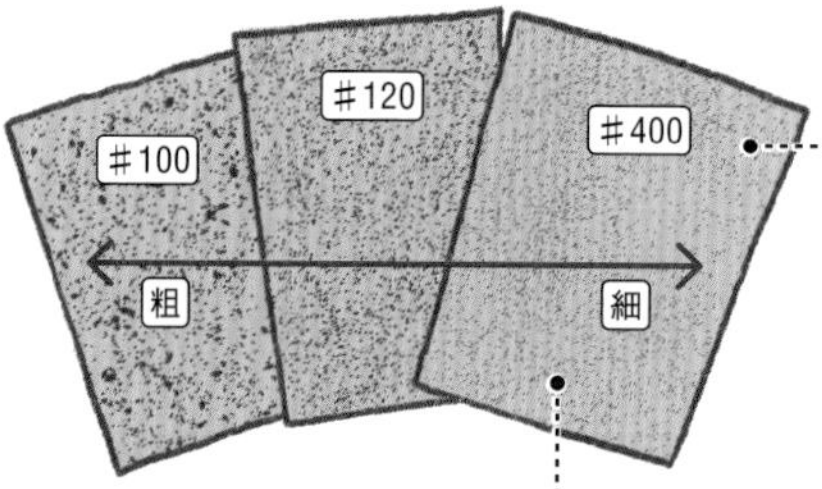

サンドペーパーは番手が小さいほど目が粗く、大きいほど目が細かい。バリ取りや面取りには目が粗い#100を使うとよい。板面の磨きは#120でも十分だが、よりつるつるに仕上げたいなら#400を使う

サンドペーパーをはさみで切ると、はさみの刃が傷んでしまう。定規を当てて、ちぎるように切ること

> 仕上げ・バリ取り

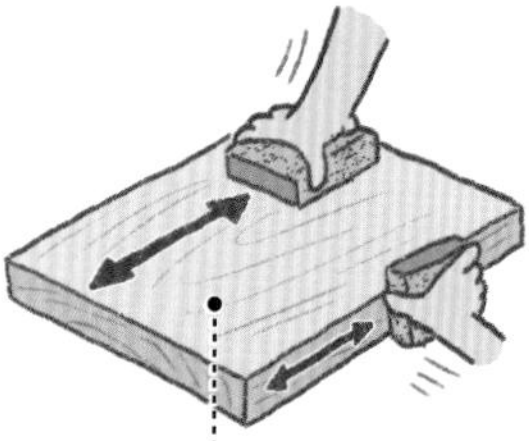

サンドブロック［左頁参照］を木目に沿って大きく往復させる。力を均一にかけ、削り具合にムラが出ないように

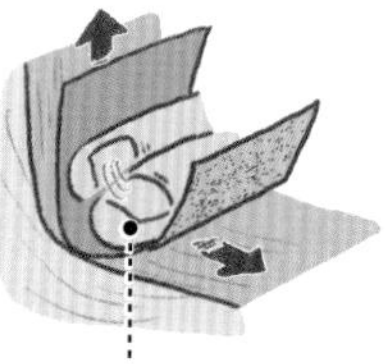

入隅のR（角を丸くする）加工など細かい部分は、指にサンドペーパーを巻き付けるようにしてバリを取る

> 木材が欠けたときは

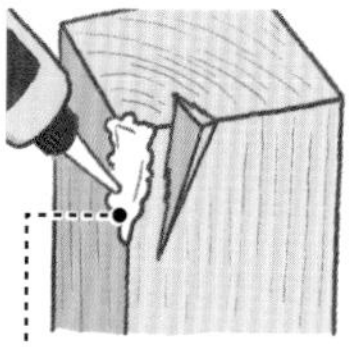

木材の端部が欠けてしまったときに使う裏技。まず、欠けた部分に木工用速乾接着剤を塗り、破片を取り付ける

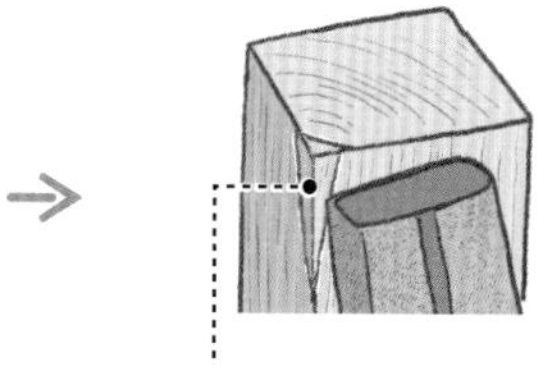

続いて、周囲にサンドペーパーを軽くかけ、出てきた木くずを接着部分からはみ出した接着剤にこすり付ける。こうすれば掛けた箇所が目立たなくなる

> 磨くための道具

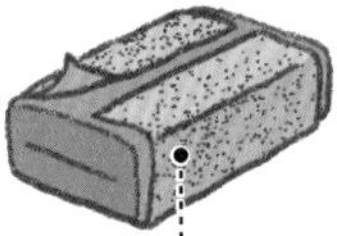

サンドペーパーを巻き付けてつくるサンドブロック。材木の端材などを利用すると手軽

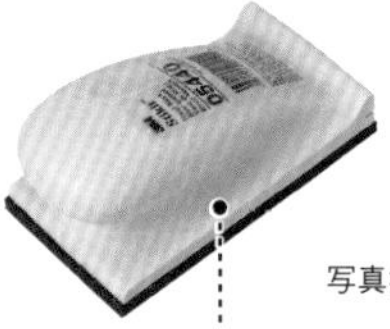

写真提供：3M

市販品のサンドブロックもお薦め。取手がついており、疲れにくい。写真は「ハンドブロック5440」(3M)。専用のロール状サンドペーパーを巻いて使う

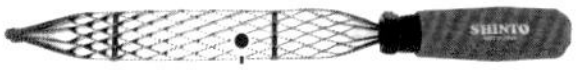

写真提供：神東工業

入隅のR加工や、角部を大きく削る際には、鋸ヤスリを用いるとよい

写真提供：マキタ

何枚もの材の広い面を平滑に仕上げるなら、電動サンダーが便利。木くずが舞い散るので、集塵機能付きのものがお薦め

—挟む—スペーサーは扉取り付けの補助に

扉を少しだけ浮かせたい、テーブルの脚を少しだけ内側に取り付けたい。そんなときにはスペーサーを活用しよう。床から浮かせた状態で組み立てられるので、作業性がアップする。

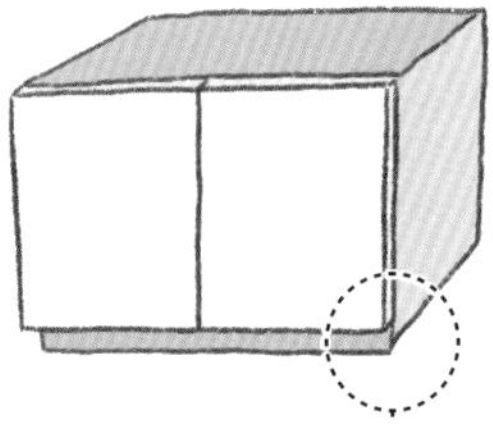

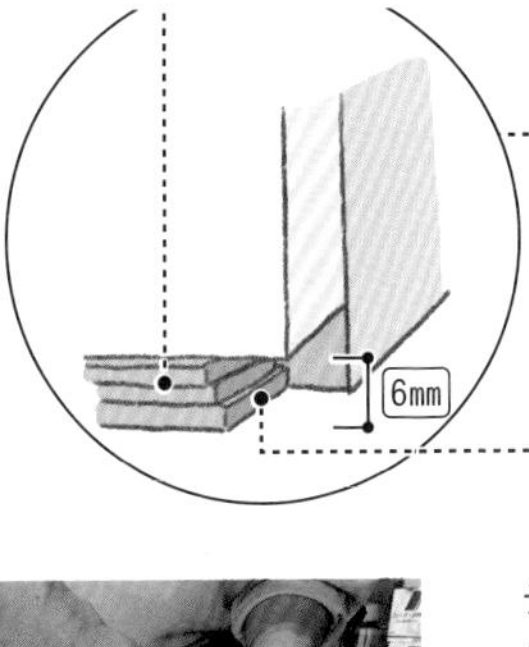

スペーサーには、ホームセンターでも入手できるプラスチック製の万能パッキンや、端材などを利用する

下端から6mmの位置に扉を付ける場合、2mm厚のスペーサーを3枚重ね合わせ、その上に扉を置く

テーブルの脚を天板の端から少しだけ内側に入れる際に、スペーサーをガイドとして利用する方法も。ここでは天板の隅切りに合わせてスペーサーを当て、脚の位置を決める補助としている

解説：松原要

工具を増やす

プラスαの電動工具 ジグソー&トリマー

DIYが上達すると、新しい工具を使ってみたくなるものです。また、それを使って細部にこだわりたくもなってきます。ここでは初心者でも比較的扱いやすい、電動工具2種を紹介します。

—切る— ジグソーのコツ

直線・曲線を切るための電動工具、ジグソー。切断スピードはそれほど速くないものの、危険性が低く初心者にも扱いやすい。孔あけ加工では、引廻し鋸に比べ作業が断然楽になる。

> 切り始め

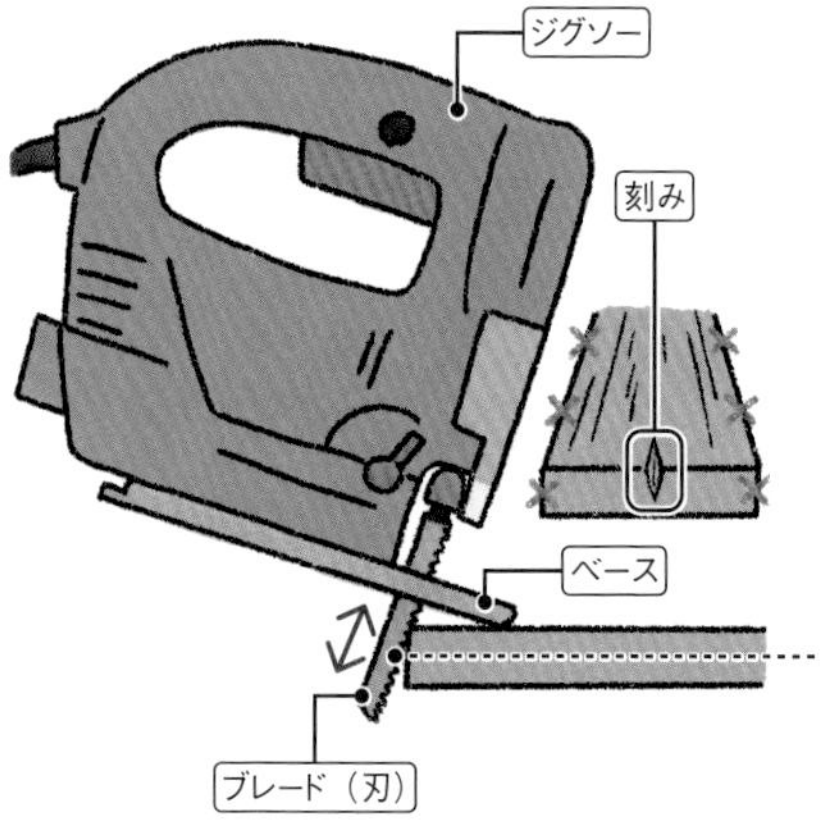

切り始めは、ブレードを止まりそうなくらい弱い上下振動にして材の端に当て、切り出し位置を正確に刻む。鋸で刻みを付けてもよい

> 曲線

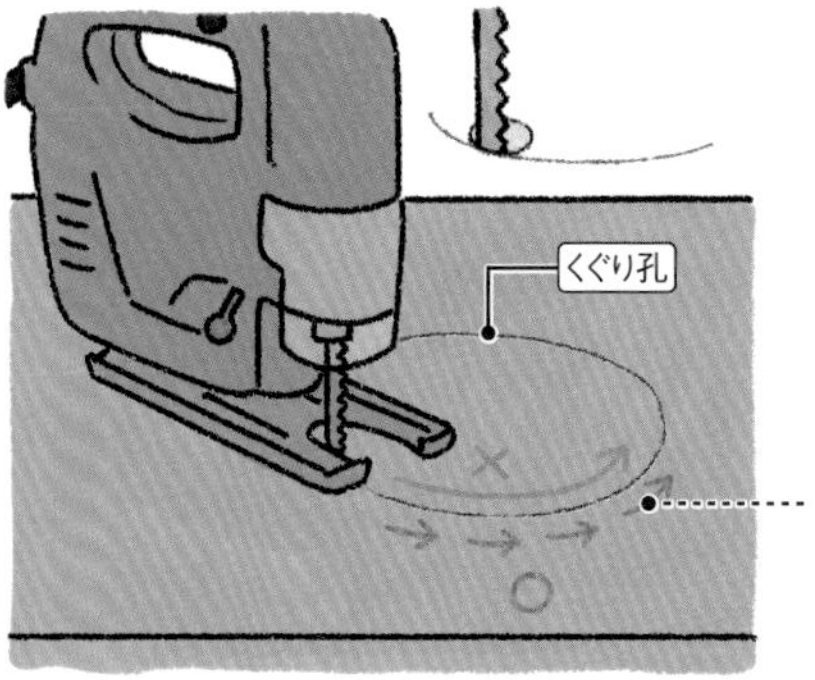

曲線を切るときは、角度を急に斜めにしようとせず、少しずつ曲げていく。オン・オフを繰り返して上下振動のスピードを調整しながら、切り進める。多少でこぼこしてしまっても、鋸ヤスリやサンドペーパーで削って仕上げればきれいになる

トリマーで溝彫り・面取り
—削る・彫る—

トリマーは、木工で面取りや溝彫りをするための電動工具。本特集では最低限の面取りをサンドペーパーで行っているが、トリマーを使えば、額縁のようなワンランク上の面取りが可能になる。

> 溝彫り

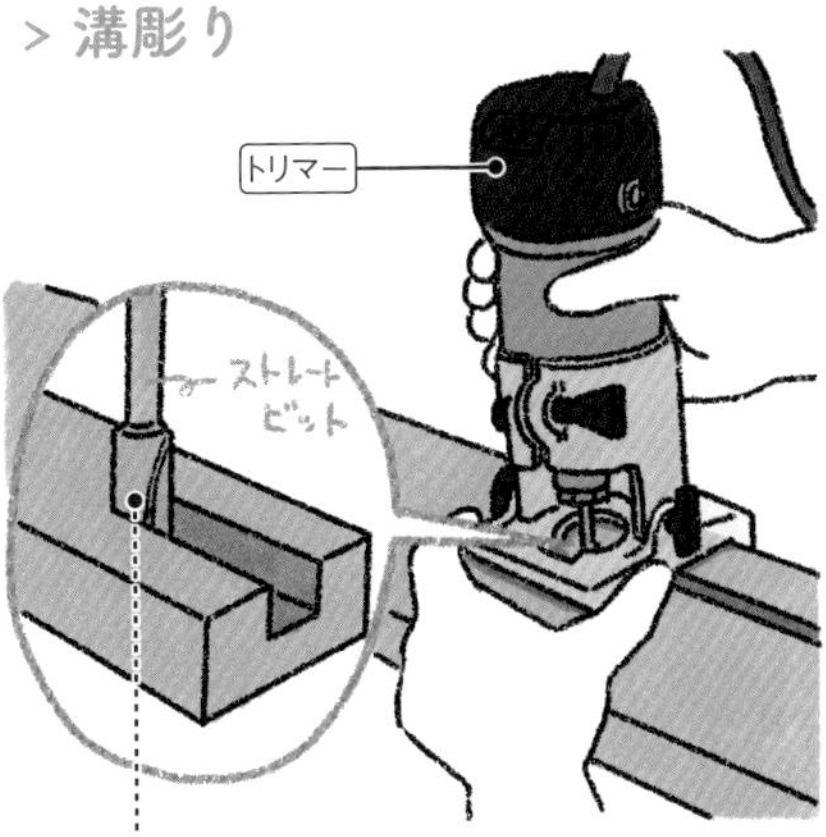

彫りたい溝の幅に合わせたストレートビットを用いる［96頁参照］。U溝、V溝など形状も豊富。組手や、デザインのアクセントにも使いたい

> 飾り面取り

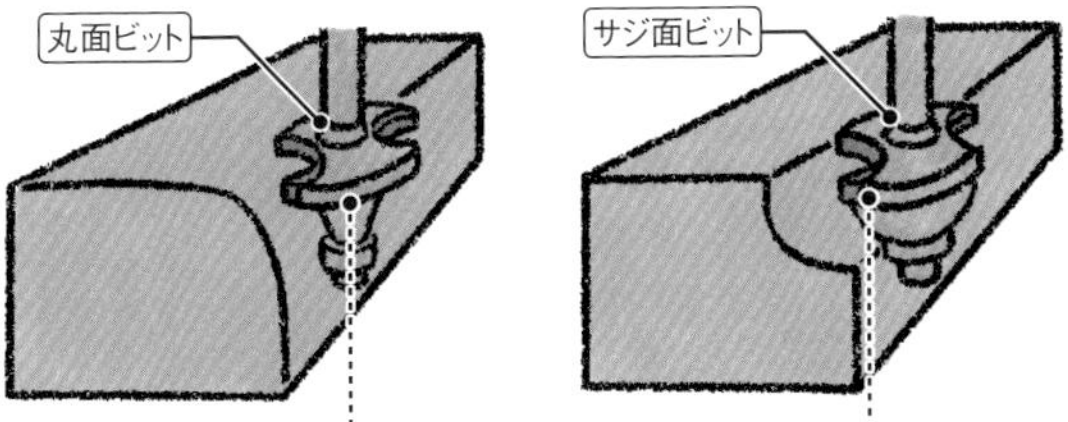

Rを付ける丸面ビット、逆Rを付けるサジ面ビットを基本に、さまざまな形のビットがある。装飾性が高まるので、天板の面取りに適する

> 目地払い

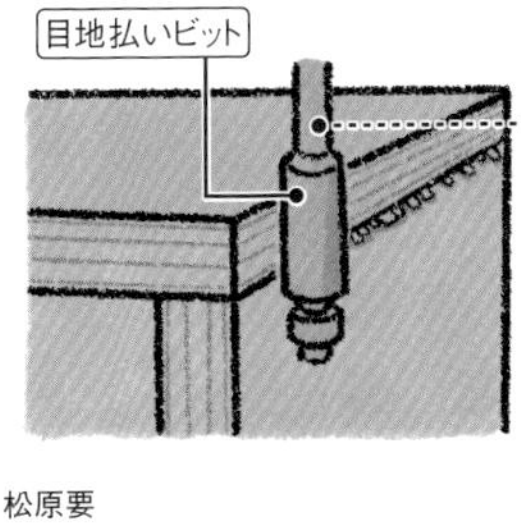

目地払いビットで後からチリ［135頁参照］を削れば、家具を面一《つらいち》に納めることができる

解説：松原要

材料・工具の整理術

大量の材料、道具、図面、ごみなどの整理に苦労する人も多いでしょう。ここではプロの作業場の工夫をご紹介。ぜひ参考にして、より安全に、よりスムーズに家具づくりを進めましょう。

専用の作業場を設けるか一時的な作業スペースか

屋内に専用の作業場を設けるときは、材料・道具が増えても混乱しない、効率のよい動線を確保したい。屋内または外を一時的な作業場とするときは、必要なものだけをコンパクトにまとめることがポイントだ。

> 外で作業する場合

ごみを集めやすいように大きめのブルーシートを敷く

突然の雨などにもすぐ対応できるよう、作業内容ごとに必要な工具をコンパクトにまとめて作業する。雨・風の日の作業は中止となる

> 工具の整理

道具や備品の収納場所に、その道具・備品をかたどった合板の型を置いておくとよい。複数人でDIYしても、誰でも一目で収納場所が分かるうえ、戻っていない道具や在庫切れも把握できる

> 作業台と収納

家具製作では3×6版の板材をよく使うので、作業台もそれが置ける3×6版サイズとする。職人の作業台は脚の高さが600㎜程度で、その上に板材を数枚重ねて加工を行う。脚は、重量のある材料や激しい加工に耐えられるよう頑強なものとする

棚にはコンテナボックスなどを利用して、道具や材料を種類別に分類して収納する

塗装作業時は換気に十分注意する

簡易作業台といえばペケ台。合板2枚を十字に組み合わせて脚をつくり、その上に天板となる合板を載せる。数千円で購入できるが、合板からDIYもできる

作業台下や背面によく使う道具や材料を配置

作業、掃除のしやすい動線を確保

解説：松原要

執筆者プロフィール

藍智子［あい・ともこ］

黒猫組（CAT'S INN TOKYO）

9年暮らしたカナダで動物保護に携わるようになる。福島第一原発事故避難区域での動物の捜索保護を機に2014年、猫と暮らすための住宅を企画紹介する不動産事業を開始。'16年10月、東京・板橋区で里親募集型保護猫カフェ「CAT'S INN TOKYO」をオープン。猫店長サノスケ（推定13歳）はマイペースで猫カフェでも人気

アルブル木工教室［あるぶるもっこうきょうしつ］

大阪市住之江区平林にある木工教室。DIYから本格家具づくりまで、生徒のつくりたいものとペースに沿った指導を行う。「木育」活動にも力を入れており、活動圏を問わず、児童たちと「一緒につくれる家具」の設計・体験プロデュースを手掛ける。看板猫のルドルフ（オス・5歳）は、木に囲まれた環境で今日ものんびり暮らしている

石川淳［いしかわ・じゅん］

石川淳建築設計事務所

1966年神奈川県生まれ。'90年東京理科大学工学部第二部建築学科卒業。2002年に石川淳建築設計事務所設立。'10年に株式会社石川淳建築設計事務所として法人化

勝見紀子［かつみ・のりこ］

アトリエ・ヌック建築事務所

1963年石川県生まれ。'88年連合設計社市谷建築事務所勤務。'99年アトリエ・ヌック建築事務所設立。20歳と16歳のメス猫2匹、17歳の糖尿病闘病中のオス猫1匹と同居中

金巻とも子［かねまき・ともこ］

かねまき・こくぼ空間工房

1966年東京都生まれ。多摩美術大学美術学部建築学科卒業。工学院大学大学院工学研究科建築学専攻博士後期課程修了。'98年かねまき・こくぼ空間工房設立。住宅・店舗の内装設計を主体に、家庭動物住環境研究家としてコーディネート協力業務を行う。東京都動物愛護推進員。雑種猫2匹と暮らす

木津イチロウ［きづ・いちろう］

Gatos Apartment

1971年東京都生まれ。2011年猫と人が快適に住める世界初のデザイナーズ猫専用賃貸Gatos Apartmentを東京の杉並区に竣工。個人賃貸オーナーや大手ディベロッパーなどから依頼を受け、猫専用賃貸の監修、コンサルタントを行う。Gatos Aptを造るキッカケとなった元野良猫のウーが病気で他界し、現在は母猫チーと暮らしている

グローバルベイス［ぐろーばるべいす］

2002年設立。オーダーメイドによる中古マンションリノベーション事業および買取再販事業を関東・関西の都市部に特化して展開する。ユナイテッドアローズ社、ミラーフィット社や動物病院など、異業種とコラボレーションしたリノベーションやIoT技術を活用したリノベーションなどの事業を展開中

櫻井由紀子［さくらい・ゆきこ］

mokumoku

1971年神奈川県川崎市生まれ。横浜市で注文住宅の設計・施工、リフォーム、不動産業、オーダー家具製作を行う。新築だけでなく、リノベーション（マンション・戸建て）も数多く手がける。自然素材を使った、上質な暮らしを提案。茶寮「逢えてよかった」、リンパ・ヒーリングサロン「shanti」を運営。甘えん坊でいたずらっ子のソイル（7歳）、マイペースで脱走犯のジュピター（7歳）という、ギャップが愛らしい猫と暮らす

杉浦充［すぎうら・みつる］

充総合計画

1971年千葉県生まれ。'94年多摩美術大学美術学部建築科卒業。同年ナカノコーポレーション（現：ナカノフドー建設）入社。'99年多摩美術大学大学院修士課程修了。同年復職。2002年充総合計画設立。'10年より京都芸術大学非常勤講師、'21年より日本大学非常勤講師、ICSカレッジオブアーツ非常勤講師。同居中のナイト（オス・4歳）はへそ天ポーズでおっとり平和主義。運動神経抜群の小さな猛獣ムサシ（オス・3歳）はたまに甘えてくるのが愛おしい

鈴木洋子［すずき・ようこ］

鈴木アトリエ

1965年群馬県生まれ。神奈川大学建築学科卒業。大林組横浜支店設計部勤務、白濱謙一教授秘書を経て、'94年鈴木アトリエ設立（鈴木信弘氏と共同主宰）。事務所開設時より看板猫が評判になり、猫と人が快適に暮らせる住空間の実現を目指してきた。建築専門誌の挿絵も多く手がけ、イギリスのライフスタイル情報誌「MONOCLE」2017年5月号の

建築特集の表紙を描く。同居する臆病なロシアンブルーの麦（メス・10歳）を2代目看板猫に訓練中

高木佐保［たかぎ・さほ］
日本学術振興会特別研究員（RPD）／麻布大学
1991年京都府生まれ。2018年京都大学文学研究科博士後期課程修了。博士（文学）。現在、麻布大学にて特別研究員。著書に『知りたい！ネコごころ』（岩波書店）。猫研究グループCAMP NYAN TOKYOにおいて、心理学的調査を通して、猫の心を研究している。やんちゃ盛りの2匹、くらまとみかげ（オス・3歳）と暮らしている

田向健一［たむかい・けんいち］
田園調布動物病院院長
1973年愛知県生まれ。獣医学博士。父は建築士で、建築現場を見ながら育つ。'98年麻布大学獣医学科卒業。東京、神奈川の動物病院勤務を経て、2003年田園調布動物病院開院。犬・猫から小動物まで幅広く診療している。フェネックギツネ1匹と保護猫3匹のほか、小鳥、爬虫類、熱帯魚など30匹のエキゾチックアニマルたちと暮らす

檀上新［だんじょう・あらた］
黒猫組（檀上新建築アトリエ）
1973年東京都生まれ。'95年工学院大学理工学部建築学科卒業。'97年桑沢デザイン研究所卒業。ゼロ建築都市研究所（小学校、ホールなど）、石原設計（住宅・店舗）を経て、2005年檀上新建築アトリエ設立。'19年株式会社檀上新建築アトリエに法人化。17年間連れ添った愛猫オペラが'21年お空のお星様になり、今は道端の野良猫ちゃんに癒され中

檀上千代子［だんじょう・ちよこ］
黒猫組（檀上新建築アトリエ）
1972年東京都生まれ。'97年桑沢デザイン研究所卒業。ウイルを経て、2005年檀上新建築アトリエ設立

仲道弘征［なかみち・ひろゆき］
黒猫組（仲道工務店）
1976年福岡県生まれ。普通高校卒業後、プロを目指して上京、バンド活動に励む。2001年アルバイトで工務店に入門、'10年独立。'13年仲道工務店設立。きょうだいのバロン（オス・4歳）、リロ（メス・4歳）と暮らす。毎日、テレビを倒す勢いで運動会中。2匹に人が轢かれることも

中村幸宏［なかむら・ゆきひろ］
猫と建築社
1969年兵庫県生まれ。英国ノッティンガムトレント大学建築デザイン学科学士号取得。建築設計事務所勤務を経て、2008年design office neno 1365（現・おうち司 なかむら）設立。'13年猫と暮らす住宅に特化したサイト「猫と建築社」を立ち上げる

中村裕実子［なかむら・ゆみこ］
猫と建築社
1969年生まれ。神奈川県在住。2008年design office neno 1365（現・おうち司 なかむら）設立。完全室内飼いの猫にもストレスなく楽しい猫生を送ってもらいたい、という思いから'13年に猫と暮らす住宅に特化したサイト「猫と建築社」を立ち上げ、人も猫も楽しく快適に暮らせる住宅設計を手掛けている。3匹の保護猫たちと同居中

ひのき猫のお父さん
［ひのきねこのおとうさん］ひのき猫Youtubeチャンネル「ひのき猫」を運営。撮影と編集に追われることを幸せに感じる日々。5匹の猫のかわいい様子を映像化し、視聴者の皆さんに癒やしのお裾分け配信中。小上がりも出来たことなので、近々正面のメインキャットウォークを大幅に変更しようと考え中。詳しくは「ひのき猫」で検索

廣田敬一［ひろた・けいいち］
廣田デザイン事務所
1969年大阪府生まれ。'94年ウエストミンスター大学建築工学科卒業。2003年廣田デザイン事務所設立。'08年quality living with cats設立。'11年猫雑貨店La Maison du Chat Noir開業。じじ（オス・18歳）ぽぽ（メス・17歳）あずき（オス・16歳）きなこ（メス・16歳）だいず（オス・16歳）の5匹の親子と暮らしている

松原要［まつばら・かなめ］
LOYD
1961年生まれ。神奈川県在住。2006年Lifestyle Of Your Dream-LOYD設立、代表を務める。自然素材を生かし、人とペットが楽しく生活できる環境を提案・設計・施工。猫カフェプロデュース、スタジオ店舗設計施工、家具造作、デザインリフォーム。ロビー（オス・12歳）セナ（メス・11歳）クー（メス・3歳）の猫3匹と同居

［**五十音順**］

猫のためのDIY家づくり

2023年2月1日　初版第1刷発行
発行者　澤井聖一
発行所　株式会社エクスナレッジ
〒106-0032　東京都港区六本木7-2-26
https://www.xknowledge.co.jp/
問合先　編集　Tel：03-3403-1381
Fax：03-3403-1345
Mail：info@xknowledge.co.jp
販売　Tel：03-3403-1321
Fax：03-3403-1829